李 鹏 / 著

北京工业大学出版社

出版缘起

酒的美，在于万变，也在于唯一。世界上没有完全相同的酒，即便是同一个牌子、同一个年份的酒，因为储存的温度、湿度不同，饮用环境的不同，醒酒时间的不同，晃杯的不同，都会造成不同的口感。因此，酒的美妙之处更多的在于品酒之人。

品酒与喝酒的区别在于思考。品酒的重心贵在品，其中的奥妙韵味无穷。品酒是一种境界，用心品味，方能品出百味人生。其实，品酒与人生是相通的，需慢品方得其中真谛。无论是红酒那深深浅浅的红，那变幻莫测的香，那到了最后依然灵动无限的味；抑或香槟那稍纵即逝的气泡，那上千个金色的泡泡“噼啪”作响所构成的一曲打击交响乐，那妙不可言的美味和香气；或者威士忌那亦刚亦柔的甘醇，那细腻悠长的回味，以及伏特加排山倒海的浓烈……不都诠释了人生的绵长、激情、壮志与澎湃吗？

人生好似一艘跌宕起伏的帆船，暗礁险滩在所难免。郁闷时，斟上美酒一杯，静静地独酌，任凭千头万绪缠绕心头。有道是：“爱过知情重，醉过知酒浓。”红酒好似梦幻大师，沉寂时给你抚慰，愉悦时为你喝彩；香槟犹如快乐天使，欢庆时赋予你激情，让你平添浪漫的幻想，铭记美好的瞬间；威士忌则如一位知心老友，与之单独夜谈，推心置腹，至深、至情、至心……

懂得品味生活的人，必定懂得如何品酒。他们喜欢红酒，就是爱它的红，它的香，它的柔和，还有它那一点点的迷离；他们喜欢香槟，就是喜欢它的热烈，它的甘甜，它的热闹非凡；他们喜欢威士忌，就是喜欢它的沉稳，它的甘醇，它的回味；他们喜欢伏特加，就是喜欢它的浓烈，它的辣，它的火……无论你怎样品它，都会从中体味到酒的内涵与神韵，人生所有的喜怒哀乐得到尽情的释放。这就是品酒的意义所在，是激情和灵魂的交融。

好酒是有生命的，其神奇之处即是它饱含了鲜活的生命原汁，蕴藏了深厚的历史内涵，绵延了高尚的文化积累。正如美国作家威廉·杨格所说的那样："一串葡萄是美丽、静止与纯洁的，但它只是水果而已；一旦压榨后，它就变成了一种动物，因为它变成酒以后就有了动物的生命。"

好酒亦是艺术，其迷人之处即是它能使任何菜色合时宜，使任何餐桌更优美，也使每一天更文明。一位法国美食家就曾说："好酒使生活更艺术。"

当然，好酒必定价值不菲。投资世界顶级名酒一直被称为最有品位的另类投资，其且回报率仅次于石油、黄金等，收藏美酒更被视为一种高雅而细致的情趣。以红酒为例，没有哪一种红酒能像帕图斯那样，既反映了葡萄的品种、产地、土壤、阳光、采摘时间、酿酒技术等的完美结合，又展现了主人的文化、修养以及艺术品位。

大多数人都认为，美酒的最好归宿是作为收藏，而专业的酒评家则认为，顶级美酒的最大价值就是被享用。其实，无论是充满艺术气息、幽静典雅的泰亭爵香槟，还是精致高雅的帕图斯红酒，或是需要用豪情去感悟的格兰罗塞斯威士忌，都是每一位生活鉴赏家们感悟生活的一种方式。因此美酒的价值只在拥有者的心中。

酒之美，在于品之人。正如生活之美，在于体会之人。

目录

Le Pin
POMEROL
2005
MIS EN BOUTEILLE AU CHATEAU

威士忌篇

Glenfiddich
SINGLE MALT
SCOTCH WHISKY
SINCE 1887
18
Glenfiddich
18

PERRIER JOUËT
CUVEE
BELLE EPOQU
CHAMPAGNE
BRUT
PERRIER-JOUËT
BELLE EPOQUE
2000
à Epernay-France
PRODUCT OF FRANCE
香槟篇

LOUIS XIII
RARE CASK

干邑篇

烈酒篇

伟大的梅洛葡萄酒生产者帕图斯酒庄生产出的帕图斯红酒甘美多香，如天鹅绒般润滑，香醇的酒液中溶化出草莓果酱般的浓郁芬芳，将梅洛葡萄酒的优点表现得淋漓尽致。它被誉为液体资产，更被人比喻成一生只能享用一次的葡萄酒。

一生只能享用一次的葡萄酒

帕图斯

帕图斯红酒从籍籍无名到波尔多红酒之王，全仰赖卢贝夫人的苦心经营。卢贝夫人几乎凭借一己之力实现了法国千百家红酒家族十几代人的梦想——成为波尔多的王者。

历史上，法国波尔多是一个有着重要意义的地区，这里不仅是掀起法国大革命的吉伦特派的发祥地，还是哲学家孟德斯鸠、蒙田等杰出人物的故乡。然而，人们熟知波尔多还是因这里盛产的葡萄酒。来到这里，最不可错过的是参观葡萄园、酿酒窖，品尝波尔多红酒。

法国波尔多有八大酒庄赫赫有名，它们分别是拉斐堡、拉图堡、奥比昂酒庄、玛歌堡、木桐堡、

2004
PETRVS
POMEROL
Grand Vin
S.C. DU CHATEAU PETRUS
MIS EN BOUTEILLES AU CHATEAU
APPELLATION POMEROL CONTROLEE

白马酒庄、奥松酒庄和帕图斯酒庄（也译翠柏庄），法国顶级红酒都产自这里。在波尔多八大酒庄之中，帕图斯酒庄既没有漂亮的大房子或古堡，也没有一望无际的葡萄园，帕图斯红酒的产量也少得可怜，但其售价却位列八大酒庄之首，帕图斯红酒被人誉为“红酒之王”。

“Petrus”在拉丁文中的意思是“彼得”，它是以耶稣的门徒圣彼得而命名的，在帕图斯红酒的酒标上，我们既看不到富丽堂皇的城堡，也没有以盾牌、宝剑、雄狮为题材的家族徽章，而是采用耶稣第一门徒圣彼得的画像，他手持一把天堂之门的钥匙。这个酒标含义似乎就是想告诉人们，帕图斯红酒——打开天堂的钥匙。

其实，帕图斯酒庄并不像罗曼尼·康帝酒园的历史那么悠久，甚至到了1945年，它还只是一个默默无闻的小酒庄。“Petrus”这个名字最早出现于

1837 年，那时它在波尔多地区只排在第四、第五名的位置。1893 年，帕图斯酒庄的位置提升到波尔多地区各大酒庄的第二位，但酒的价格并不昂贵。直到 1925 年，卢贝夫人的出现彻底改变了帕图斯酒庄的命运。卢贝夫人经营帕图斯酒庄足有 30 年的时间，在这 30 年里，她几乎是以一人之力实现了法国千百家红酒家族十几代人的梦想——成为波尔多的王者。

在收购帕图斯酒庄之前，卢贝夫人已经是一位成功的企业家了，在当地拥有一家饭店和两间酒厂。1925 年接手帕图斯酒庄时，帕图斯红酒在市场上并无出色的表现。卢贝夫人审时度势，对波尔多 200 年的葡萄酒市场进行了仔细分析后认为，波尔多红酒之所以能走红欧洲，离不开英国市场，法国波尔多各大酒庄几乎都要依赖英国伦敦市场。于是卢贝夫人制订出详细的计划——主攻海外，首取英伦。

此后，卢贝夫人又决定走高端市场的路线，直取英国王室这个市场。卢贝夫人不但是一名出色的战略家，而且还亲自上阵，充分调动家族所有力量，利用波尔多市市长的关系，取得了英国贵族、上流社会的认可。特别是在第二次世界大战期间，卢贝夫人还以自己的葡萄酒事业支持法国政府和参加抗战的英军，这一伟大的举动赢得了英国人的赞赏。

第二次世界大战结束后，帕图斯红酒一炮而红，并且开始向英国出口，刚一上市便占据了高端市场，其价格远远超过了当时所有的波尔多葡萄酒，大有王者归来之势。卢贝夫人乘胜前进，与英国王室建立起亲密的合作关系。在 1947 年，帕图斯红酒成为伊丽莎白女王二世婚宴上的御用红酒。从那以后，帕图斯红酒正式坐在了法国波尔多红酒之王的王位，卢贝夫人也因此成为红酒王国中的女皇。

卢贝夫人并未因此而满足，她是一位不知疲倦的征服者，在攻取传统市场的同时，还把帕图斯红酒销售到了大洋彼岸的新世界——美国。由于当时美国人的消费心理是跟在英国人的后面，美国上层社会看到英国贵族对帕图斯红酒待若上宾，便如法炮制。于是，帕图斯红酒在美国市场大获成功。可以说，卢贝夫人是历史上第一位真正的营销大师，早过美国营销大师菲利普·科特勒整整 20 年。

卢贝夫人不仅是营销大师，还是人力资源管理的先驱。她深知人才的价值，她一方面经营帕图斯酒庄，一方面物色人才——酿酒师。在这方面，卢贝夫人有着独到的眼光，她聘请了简·皮埃尔·莫依克为酒庄首席酿酒师。简·皮埃尔·莫依克在当地颇有名气，卢贝夫人给予简·皮埃尔·莫依克很大的支持，而且特别尊重简·皮埃尔·莫依克的酿酒理念，正是在卢贝夫人大力支持下，简·皮埃尔·莫依克的改革得以实施，从而彻底改变了帕图斯红酒的品质。

帕图斯红酒之所以能够登上波尔多红酒的王位，简·皮埃尔·莫依克功不可没。为了酬谢简·皮埃尔·莫依克对帕图斯酒庄的贡献，在 1961 年卢贝夫人逝世时，按照其遗嘱将帕图斯酒庄三分之一的股份分给简·皮埃尔·莫依克，其余三分之二由其侄儿继承。

1964 年，莫依克家族收购其中一位承继者手中的股份，正式成为帕图斯酒庄的新主人。那时，莫依克家族旗下拥有杜德莱庄园（Trotanoy）、拉图庞玛洛（Latour A Pomerol）及白翠花庄园（La Fleur Petrus）。

今天，帕图斯酒庄的主人仍然遵循当年卢贝夫人的精神，严格按照莫依克家族的理念酿制着世界上最昂贵的葡萄酒。如今帕图斯红酒的知名度遐迩闻名。在红酒界就流行着一句话：如果哪个高级餐厅没有帕图斯，那么它就算不上高级餐厅。

帕图斯红酒的高贵得自于它漫长而细致的酿造方式——将红葡萄及其去皮萃取出的葡萄汁混合，在发酵的过程中，科学地处理浸皮，以控制红酒清激动人的颜色及酒中单宁酸的含量。正是这种对追求酿酒艺术的完美主义态度成就了帕图斯红酒在世界众多红酒品牌中的顶级地位。

“红酒是一种典雅而又挑剔的艺术。顶级红酒不但对葡萄本身的品质要求极为严格，而且对产地当

年的水土、气候、温度湿度等自然因素也有着近乎苛刻的要求……”法国波尔多地区著名评酒师帕特里斯曾这样说道。作为世界上最昂贵的葡萄酒，帕图斯红酒完美地阐释了这句话的真义。

或许很难相信，在20世纪60年代以前，帕图斯红酒还并非赫赫有名，自1962年穆厄斯家族买下这11.4万平方米葡萄园以后，此酒声名大振，一跃成为波尔多红酒之王。当然有此盛誉，全在于酒庄追求完美、一丝不苟的酿酒态度。帕图斯红酒产量极小，需求量却很大。要真正能享受到顶级帕图斯红酒的最佳境界，需要耐心等候多年，直至酒成熟。帕图斯红酒最少需10年左右的时间才适宜开瓶享用。成熟后的帕图斯红酒格外的浓郁，老成醇厚，令人叹服！

帕图斯红酒只靠商业运作是绝对不可能成功的，帕图斯的成功首先是品质取胜。帕图斯庄园占地仅约12万平方米，是波尔多最小的酒庄，年产量只有4500箱酒。其选用的葡萄品种90%以上是梅洛（Merlot），它是世界上最好的梅洛。梅洛葡萄的特点是皮薄、早熟、甜度高。与单宁强劲、结构雄浑、风格严肃的赤霞珠葡萄相比，梅洛葡萄通常以果味浓郁、甜美柔和、果体丰腴而著称。

帕图斯酒庄的葡萄园的种植密度也非常低，一般为1万平方米5000~6000棵。每棵葡萄树的挂果也只限几串葡萄，这样做的原因主要是为了确保每粒葡萄汁液的浓度。每列葡萄树的尽头都种有一株玫瑰，以检测葡萄病变。一旦有葡萄树病死，酒庄将不会在原位置上重新种植葡萄树。这里用于酿酒的葡萄树的树龄都在40~90年之间，采摘时间全部统一在干爽和阳光充足的下午，以确保阳光已将前夜留在葡萄上的露水晒干。如果阳光不充足或风力不够，酒庄会不计成本，用直升机在庄园上空把葡萄吹干后，再去采摘。采摘时，一般酒庄会同时动用200多人同时进行，一次性把葡萄摘完，避免葡萄成熟度不同而影响风味。采摘完毕后，每粒葡萄都要经过严格的手工筛选。不符合标准的葡萄都被清除掉，以免影响酒质。帕图斯红酒的非凡品质在这里得到了第一步的保证。

帕图斯红酒酿造过程也是极为严格和精细的。全由人工将葡萄踩碎，然后再经过若干程序，将这些葡萄汁液放入新的橡木桶中进行发酵。首先，他们用以酿造葡萄酒的葡萄全是产自同一年份，以保证口感一致。其次，他们全部采用全新的橡木桶。不仅如此，每三个月就要更换一次木桶，让酒充分吸收不同橡木的香气。这种不惜成本的做法至今还无人能比。酿成以后的帕图斯红酒浓郁醇厚，具有强烈的黑樱桃颜色，有着梅子的香气、特有的泥土味和清新的松露香，口感柔滑，带有高级成熟的单宁味。

帕图斯红酒的酒质十分稳定，碰到气候较差年份，他们则会更严格地精选酿酒的葡萄，在这种情况下帕图斯红酒通常会减产。为保金字招牌，某些不佳的年份甚至停产，例如1991年帕图斯酒庄就没有生产红酒。一般

1990
PETRVS
POMEROL
Grand Vin
Mme L. P. LACOSTE - LOUBAT
PROPRIÉTAIRE A POMEROL (GIRONDE) FRANCE
MIS EN BOUTEILLES AU CHATEAU
APPELLATION POMEROL CONTRÔLÉE
CONTAINS SULFITES
SEAGRAM
CHATEAU & ESTATE
WINES CO
Shipped by : J.-P. MOUEIX - LIBOURNE - FRANCE

来讲，红酒通常适合早饮，不耐储藏。由于帕图斯酒庄的地质条件特别优越，蕴藏有大量矿物质，因此帕图斯红酒兼具早饮及耐储藏的特色。

唯一可惜的就是帕图斯红酒产量甚少，以至于价格一涨再涨，一瓶酒一般要卖到 2000 美元左右，而且还是踏破铁鞋无觅处。在波尔多的各大红酒产区内，酒庄差不多全是小农作业，面积不到 1 万平方米的有很多。但是物以稀为贵，也许是小酒庄可以精工细作，这里出产的红酒比波尔多其他地区都要贵，而其中帕图斯酒庄又是最小的，因此，帕图斯红酒能成为波尔多红酒之王便不足为奇了。

帕图斯红酒是目前波尔多质量最好、价格最贵的酒中之王，其品质个性尽显酒中王者风范。它集财富、时尚和品位为一体，它酒标上的年份不仅是葡萄酒本身历史的记录，还可以是人生最值得纪念的时刻，这便是帕图斯红酒带给人们的重大价值之一。

帕图斯红酒酒体悦目，果味浓郁，富有丰富的烤橡木和持续不断的果实余韵。帕图斯红酒拥有异常强烈的口感，气味芳香充实，酒体平衡，细致又丰厚，加上松露、巧克力、牛奶、花香、黑莓与浓厚的单宁，发挥出无比细腻及变化无穷的特质。对于一般葡萄酒来说，年份对酒质有很大的影响，但帕图斯红酒却是例外，即使是最差年份的帕图斯红酒也可以与最好年份的拉斐堡相提并论。其味道十分宽广，尽显酒中王者个性。目前，无论品质还是价格，帕斯图红酒都凌驾于其他波尔多酒，成为名副其实的红酒之王。

如果说赤霞珠是穿行政套装的凯萨琳·赫本，那么梅洛就是穿深石榴红天鹅绒露肩长裙的凯萨琳·泽塔·琼斯。帕图斯的葡萄园表层是 60~80 厘米厚的富含氧化铁的黑黏土，次层土壤为蓝黏土和砾石，艰难的生长环境反而赋予了帕图斯的梅洛红酒既有圆润的口感，又有丰富的单宁，通常具有樱桃、李子、松露、巧克力的香气，甚至还有一丝愉悦的奶香。

帕图斯红酒主要由梅洛葡萄酿成。梅洛葡萄一般认为是早熟的葡萄，以其酿制出来的葡萄酒不能久藏，适宜早喝，但是帕图斯红酒打破了这个界限。1964 年的帕图斯红酒的颜色看起来很深，比较像是 20 世纪 80 年代的酒，酒香略带些咖啡木桶、矿物的味道。虽然酒香不算明显，但入口后便会惊叹它的细密口感，丰厚而又精细，绝无粗糙感，有充足果味，余韵悠长。1961 年、1989 年、1990 年、2000 年、2005 年等年份的葡萄酒，都曾被罗伯特·帕克打上 100 分的满分。以梅洛酿制出来的葡萄酒能够达到如此境界，只能归因于帕图斯酒庄高超的酿酒技术。

作为波尔多红酒之王，帕图斯红酒常常被誉为液体资产。长期以来，藏酒家们因此受益良多，却很少对外宣扬。当年，在美国经济泡沫破灭、股市崩溃而引起的经济衰退中，超级巨富们因股票价值的骤降而身价大减，大众的投资亦付诸东流；唯有藏酒家们为窖中的葡萄酒价值依然坚挺，甚至持续上涨而独乐其中。

和古董一样，收藏顶级葡萄酒不仅是高品位的象征，而且还能带来不断增值的财富。葡萄酒被称为“液体资产”，葡萄酒收藏在国外已具有相当长的历史。根据法国波尔多地区提供的数据显示，如果投资法国波尔多地区的 10 种葡萄酒，过去 3 年的回报率为 150%，5 年的回报率为 350%，10 年回报率为 500%，大大超过同期道琼斯和标准普尔指数成分股的增值速度。

红酒增值分为“自然增值”与“市场增值”两

个部分，前者指波尔多等知名产地的红酒价值每年都会有 6%～15%的稳步增长，而后者则与股票类似，部分红酒在供求关系变化与市场“炒作”下会身价倍增。比如，2007 年 6 月的《滗酒器》杂志刊登的《波尔多价格指数》一文中就写道：以 2007 年当时价格计算，一箱（12 瓶）1990 年的帕图斯红酒高达 21850 英镑，比 2006 年 14375 英镑整整提高了 7475 英镑；1995 年的帕图斯红酒售价为 10580 英镑，比 2006 年的 5500 英镑提高了 5080 英镑；1998 年的帕图斯售价为 18975 英镑，比 2006 年 7480 英镑提高了 11495 英镑；2000 年的帕图斯红酒更是高达 25300 英镑，比 2006 年 17450 英镑提高了 7850 英镑。由此可以清楚地看到帕图斯红酒的升值幅度。上述 1990 年、1995 年、1998 年、2000 年等 4 个年份的帕图斯红酒，一年之间的升幅分别高达 52%、92%、154%、45%。

一般来讲，大多数葡萄酒没有陈年潜力，一般须在上市后两三年内饮用。从葡萄酒收藏史来看，仅有不到 100 种葡萄酒可以成为投资级葡萄酒。传统上，提到投资级葡萄酒，便是波尔多顶级红酒、顶级甜白酒和波特酒。衡量一瓶红酒的收藏价值，产地、年份是必不可少，而等级、酒庄甚至“证书”也都很重要。就产地而言，一般还是比较认同法国产的葡萄酒。全球每年会评出 30 款左右的名葡萄酒，其中有 80%产自法国。而法国的名酒又大多出自五大名庄。一些 20 世纪 90 年代法国一等酒庄如拉图堡、玛歌堡、拉斐堡、帕图斯酒庄生产的顶级葡萄酒，目前收益率已达 100%。其中帕图斯红酒的收益最高，而且还极具收藏价值。

同一品牌的名酒，其收藏价值很大程度取决于其出产年份。但这并不等于说，两种同品牌的酒时间越长的就越有收藏价值，由于红酒的特殊酿造工艺，还要参考其出产年份时该产地的气候、产量等因素。2009年苏富比拍卖会上，一箱1978年份帕图斯红酒以7425英镑的价格拍卖出去，高出预期价的两倍。这还不算什么，1961年的帕图斯红酒，其价格当年标价为68000美元，约合人民币51.7万元，在中国差不多可以买一辆奔驰E200K或者宝马520i。帕图斯酒庄的管理者十分严谨，他们在气候较差的年份会进行深层精选酿酒的葡萄，因此会减产。在某些不佳的年份甚至会选择停产，比如1991年因为霜冻问题，当年的葡萄质量不好，帕图斯酒庄作出一个艰难而痛苦的决定，那就是这一年不出产葡萄酒。因此，市面上根本没有1991年的帕图斯红酒。

无论是投资还是收藏红酒，其中一个重要指标就是该红酒的“身份证明”。目前，世界上公认的葡萄酒鉴赏权威除了美国《葡萄酒观察家》、英国《滗酒器》之外，还有美国人罗伯特·帕克的“印章说明”，这个“印章说明”是所谓“顶级红酒”的“世界认证”。他说买什么牌子的红酒，投资者与收藏家就会疯狂地跟随。有红酒商人打比方说：罗伯特·帕克在国际葡萄酒业的地位，就像格林斯潘在华尔街股市的地位一样。如1961年的帕图斯红酒就被美国《葡萄酒观察家》杂志评为“20世纪的12瓶梦幻之酒”；1998年的帕图斯红酒入选英国《滗酒器》杂志2004年8月发布的“今生不容错过的100瓶葡萄酒”排行榜；著名红酒品鉴家罗伯特·帕克将1961年、1989年、1990年、2000年、2005年的帕图斯红酒评为满分的红酒。

除此之外，以下年份的帕图斯红酒都是被世界红酒投资者或收藏家作为投资收藏对象的，它们分别是1945年、1947年、1949年、1950年、1953年、1964年、1970年、1975年、1982年、1985年、1986年、1995年、1996年、1998年、2002年。

法国人常说：“上帝赐予葡萄，我们用心智把它变成人间佳酿。”正因为红酒是用心智酿成的，因此在西方鉴赏红酒一直是有闲阶层的风雅之举，收藏红酒更被视为一种高雅而别致的情趣。一瓶顶级红酒意味着葡萄的品种、产地、土壤、阳光、采摘时间、酿酒技术等的完美结合，正如一件珍藏的古董反映着主人的文化、修养以及艺术品位。没有任何一款红酒能比帕图斯红酒更完美地体现这一点了。

几千年前，耶稣曾说："面包是我的肉，葡萄酒是我的血。"于是那些隐修苦行的西多会教士们用生命与信仰酿制出了这种被基督徒们称为圣血的葡萄酒，传至今天。传说神的一滴血可让万物重生，凡间无人能消受得起。而罗曼尼·康帝红酒便是"上帝遗留在人间的一滴圣血"，非凡夫俗子所能享有。

ROMANÉE-CONTI

遗留人间的神之血

罗曼尼·康帝

无论是谁，只要游走在勃艮第，都会不知不觉地融化在曾经孕育法国葡萄酒的艺术氛围之中，恨自己不能生来就是勃艮第人，不能与这片土地相守终生。对于那些葡萄酒品鉴家来说，勃艮第就是天堂。因为他们在这里可以找到被称为"遗留于人间的神之血"——世界上最好、最昂贵的葡萄酒——罗曼尼·康帝葡萄酒。

葡萄酒起源于何时何地，如今已无据可考。《圣经·创世纪》中就曾提到诺亚醉酒的故事，可见葡萄酒有着悠久的历史。

在人类历史上，葡萄酒不仅是贸易的货物，同时还是宗教仪式的用品。早在公元前700年前，希腊人就曾举行葡萄酒庆典以表现对神话中酒神的崇敬。到了中世纪，葡萄酒的发展更得益于基督教

MONOPOLE
1986
ANÉE-CONTI
004038
ANNÉE 1986

会。耶稣在最后的晚餐上就曾说过这样一句话："面包是我的肉，葡萄酒是我的血。"因此基督教把葡萄酒视为圣血，那些传教士更是把葡萄种植和葡萄酒酿造作为自己一项神圣的本职工作。

公元768年至814年统治法兰克王国加洛林王朝的国王、查理曼帝国的皇帝——查理曼大帝，他影响了葡萄酒的发展。这位伟大的皇帝预见了法国南部到德国北边葡萄园遍布的远景，著名勃艮第产区的"可登·查理曼"顶级葡萄园就曾经一度是他的产业。法国勃艮第地区的葡萄酒可以说是法国传统葡萄酒的典范。然而很少人知道，它的源头竟然是教会——西多会（Cistercians）。

罗曼尼·康帝葡萄酒沁人心脾的醇香一直可追溯到公元900年左右。当时整个勃艮第地区遍布着上千座大大小小的葡萄园，葡萄酒业极为发达。勃艮第当地一个贵族维吉（Vergy）家族掌管了现今包括罗曼尼·康帝酒庄在内的大片葡萄园。后来，维吉家族将一块不到2万平方米的葡萄园捐赠给了当地西多会的圣维旺·德·维吉修道院。从那时起，罗曼尼·康帝葡萄酒的传奇开始了。

勃艮第地区早期的西多会教士对葡萄酒的酿制有着相当高的水平，这些身披长袍的教士们可以说是中世纪的葡萄酒酿制专家。很少有人知道，他们高超的酿酒技艺则来自于严格的，甚至可以说是残酷的西多会戒律。

传说西多会的创始人是一个名叫伯纳·杜方丹的修道士，当年他带领300多名信徒从克吕尼修道院叛逃到勃艮第的科尔多省，建立起西多会，并制定了极为残酷的教规戒律。据说所有的西多会教士在这一戒律的影响下，没有一个活过30岁，他们都是短命的，平均寿命为28岁。这条令人恐怖的戒律的主要内容就是要求这些修道士每天在废弃的葡萄园里砸石头，用舌头品尝土壤的滋味。谁也没有想到，这条戒律后来竟然成为西多会教士种植葡萄的独门绝技。为了研究和改良葡萄品种，找到适合葡萄种植的土壤，这些传道士用舌头来分辨不同地域土壤的成分。

虽然这一说法充满传奇色彩，但他们的确培育出欧洲最好的葡萄品种，并于12世纪酿造出震惊世界的极品葡萄酒，这其中就包括了全世界葡萄酒中最著名的品牌"罗曼尼·康帝"。可以说，正是这些西多会教士造就了罗曼尼·康帝葡萄酒的传奇。

在西多会教士的努力下，从 12 世纪开始，圣维旺·德·维吉修道院酿制的葡萄酒开始享誉欧洲。直到 1232 年，维吉家族的艾利克丝·德·维吉（Alix de Vergy）接管了该庄园，并享有种植葡萄和收获葡萄的一切特权，给这位勃艮第女公爵带来巨大的财富。

13 世纪时，圣维旺·德·维吉修道院财力充足，并开始不断扩张，陆续购买周边的一些园区。与此同时，它也向一些望门贵族捐赠葡萄园。1276 年 10 月，时任修道院院长的伊夫·德夏桑（Yvesde Chasans）买下了一块园区，其中就包含现在的罗曼尼·康帝酒园。此后 400 年间，罗曼尼·康帝酒庄一直为天主教的产业，所产的葡萄酒也均未外流。

1631 年，圣维旺·德·维吉修道院为响应狂热基督教人士所发动的一次战争，将此酒园卖给了克伦堡家族，以筹措军费。克伦堡家族管理罗曼尼酒庄有将近 200 年的历史，直到 1760 年，克伦堡家族由于债务缠身被迫出售罗曼尼酒庄，以解燃眉之急。此时的罗曼尼酒庄已经是整个勃艮第地区最著名，同时也是最昂贵的酒庄。

当克伦堡家族准备出让罗曼尼酒庄的消息传出后，一些财力雄厚的贵族开始坐不住了，尽管克伦堡家族的标价在当时是一串天文数字，但仍不乏想要染指此园的名门望族。在众多竞争者中，有两个人最具实力，同时也是最有可能成为罗曼尼酒庄的新主人。一位是皇亲国戚——法国国王路易十五的堂兄弟康帝亲王；另一位则是法国国王路易十五的情人——蓬巴杜夫人。正因为这两个人都有要收购的意愿，那些毫无背景的人也就不做他想了。蓬巴杜夫人是一位拥有铁腕的女强人，她凭借自己的才色，深深地影响到路易十五的统治和法国的艺术。不仅如此，她的艺术鉴赏品位极高，同时在政治及敛财方面的手腕也堪称一流，当时的她可以说是权倾一时。康帝亲王不仅是著名的艺术品收藏家、美食家，更难得的是他思想极为开通，这在当时的皇族中尤为少见。蓬巴杜夫人对这位同法国国王相当友好的康帝公爵并无好感，所以，收购罗曼尼·康帝酒庄成了两人之间权力与实力的竞争。

最终还是罗曼尼·康帝公爵购得罗曼尼酒庄，并给葡萄园冠上自己的姓氏，自此罗曼尼·康帝这个名字一直被沿用至今。康帝亲王自从拥有该园后，对于领土内的葡萄园酒质如数家珍，视之若掌上明珠，悉心打理，所作佳酿除了供奉皇室外，绝不馈赠他人。

但好景不长，随着法国大革命狂潮的袭来，康帝家族被迫逃往海外，家族的财产全部充公。此后，罗曼尼·康帝酒庄多次转手，直到1869年被杜渥·布罗杰买下，自此再未转卖。1942年，亨利·勒华（Henri Leroy）从布罗杰家族手中购得酒园一半股权，两家族共同经营，并在1974年成立董事会，以统筹酒园的运作与行销，从而使罗曼尼·康帝酒庄逃过了被分割的命运。自此，罗曼尼·康帝酒园一直为两个家族共同拥有。

令人神往的佳酿、悠远的历史和极为有限的产量造就了罗曼尼·康帝在葡萄酒世界中的传奇，同时也令拍卖市场上不乏你争我抢的热烈场面。正如著名酒评家罗伯特·帕克所说：“罗曼尼·康帝是百万富翁喝的酒，但只有亿万富翁才喝得到。”

几百年前，那些西多会教士就信奉“好葡萄酒是种出来的”这一信条。红酒好坏的先决条件是产地，没有合适的环境和得天独厚的自然条件，名贵的葡萄品种就难以生存；没有品质优异的酿酒葡萄原料，酿造顶级的红酒也就无从谈起。几百年后，罗曼尼·康帝酒庄的管理者继承了这一信条，他们对酒庄的管理极其严格，由于罗曼尼·康帝葡萄园地处山坡之上，一旦遭遇连绵的阴雨天气，葡萄园中的土壤很容易被冲到坡下面去，造成土壤的流失。因此一旦经过连绵的雨季后，罗曼尼·康帝酒园的工人们经常拿着铁锹和铁桶，把冲走的土壤搬回到葡萄园中，甚至从附近的拉·塔切庄园中借土，以保证葡萄的品质。

一些酒瓶的瓶颈部位会印有“MONOPOLE”的字样。在勃艮第的顶级葡萄园（Grand Cru）可谓是寸土寸金，一个顶级葡萄园往往会被不同的家族分割共同拥有。“MONOPOLE”意味着独家拥有的意思。康帝酒庄拥有两个完整的顶级葡萄园，1.8 万平方米的罗曼尼·康帝酒园与 6.06 万平方米的拉塔希（La Tache）酒园，唯有出自于这两个酒园的葡萄酒才有资格被称为“MONOPOLE”。

另外，罗曼尼·康帝庄园葡萄的栽种护理方面完全采用手工作业，不使用任何化学杀虫剂。1866年时，法国爆发了根瘤蚜虫病，很多庄园受到影响甚至数年颗粒无收。罗曼尼·康帝庄园不惜血本，第一次使用了化学原料取代可能传染蚜虫病的天然堆肥，利用本园苗圃的苗木进行压条繁殖，才躲过此劫。由此可见庄园对葡萄看护的精心程度。每年在葡萄成熟的季节，罗曼尼·康帝庄园就禁止任何参观访问活动，谢绝闲杂人等入园。葡萄成熟时，熟练的工人手提小竹篮小心地将完全成熟的葡萄串采下，立即送到酿酒房，然后经过严格的人工筛选，才能够酿酒。

罗曼尼·康帝酒在酿造的时候不用现在广泛使用的恒温不锈钢发酵罐，而是在开盖的木桶中发酵，发酵过程中，每天都将漂浮在表层的葡萄用气压机压入酒液中，以释放更多的汁液。所有葡萄酒都要在全新的橡木桶中酿造，罗曼尼·康帝庄园有自己的制桶厂，他们将采购来的橡木板风干，3年后再经过特殊的低温烘烤，然后才进行制桶。

第二次世界大战给罗曼尼·康帝庄园带来了有史以来最大的灾难，到了1945年，园主已经没有足够的资金对罗曼尼·康帝庄园进行投资；由于大量的青壮年劳动力死于战争，劳动力也极为缺乏。1945年的春季，严重的冰雹灾害又伤到了罗曼尼·康帝酒庄的大部分老植株。那一年罗曼尼·康帝庄园只生产了600瓶酒。到了1946年，罗曼尼·康帝庄园不得已将老植株铲除，并从拉·塔切庄园引进植株种植。因此，1946年至1951年罗曼尼·康帝庄园没有出过一瓶酒。

另外，罗曼尼·康帝酒庄的葡萄园总面积只有1.8万平方米，还不到巴黎协和广场的一半。全部种植着世界上最名贵、最难栽培的黑皮诺葡萄(波尔多地区主要种植赤霞珠和梅洛，而勃艮第以黑皮诺为主)，平均树龄已近50年。由此可见，葡萄收获量是极低的。如果说每1万平方米平均种植一万株葡萄树，葡萄酒的年产量2500升，平均每三株葡萄树才能酿出一瓶罗曼尼·康帝顶级红酒。罗曼尼·康帝红酒的年产量因此少之又少，只有区区的5000~6000瓶，还不及拉斐堡酒庄产量的1/50。正因为此，罗曼尼·康帝葡萄酒被行家一致评为世界红酒之冠，在全世界热爱葡萄酒的人们的心中，它更像是一个不朽的传说。由于品质极高，产量极少，它曾创出过每瓶1万法郎的天价。

世界著名酒评家，美国《葡萄酒倡导者》主编罗伯特·帕克曾经说过这样一句极为恰当地描述了罗曼尼·康帝葡萄酒的身价的话："罗曼尼·康帝是百万富翁喝的酒，但只有亿万富翁才能喝得到"。试想一下，罗曼尼·康帝的年产量在最好的年份也只有区区5000瓶，往往百万富翁还没有来得及出手，它们早已是亿万富翁名下的"期酒"了。而且这些亿万富翁一旦到手，哪肯轻易出手，起码得放上十几年、几十年！如果你确实想买到一瓶，那就只好到苏富比、佳士得之类的拍卖行了，但这些地方显然不是百万富翁经常光顾的地方。

今天的罗曼尼·康帝酒园依然沿袭着18世纪的耕作方法和酿造工艺，比如，犁耕、有机堆肥、人工踩皮榨汁等。几百年过去了，如今罗曼尼·康帝酒园里的人们对葡萄酒业所倾注的这种甚至有些执拗的人文传统，都毫无疑问地融入了那些泛着红色光泽的美酒中。以至于一代文学家王尔德在他的传世名作《我的死去了的回忆》中这样描述："那是我迄今唯一能想得出来的让我一辈子安宁的地方，唯美的境界里有着我生命的唯美归宿。"只有大自然的洗礼才是对葡萄树最好的呵护。

罗曼尼·康帝酒庄，这个世界闻名的庄园常被酒评家简称为DRC（Domaine de la Romanee Conti），它是勃艮第产区最具知名度的酒庄。有人说，波尔多的五大名庄撑起了波尔多在世界葡萄酒业的地位，而对于同样知名的产区勃艮第来说，有罗曼尼·康帝一个就可以把勃艮第提升到非常高的地位，由此可见罗曼尼·康帝的声望。

罗曼尼·康帝红酒特有的低调含蓄的贵族气质，让每一位品尝过它的人都会产生"令人感动"的情怀并心存敬意。正如一位评酒家所说的那样，罗曼尼·康帝红酒"有即将凋谢的玫瑰花的香气，令人流连忘返，可以说这是上帝遗留在人间的东西"。

无论哪一位红酒爱好者，如果被告之第二天将有机会品尝到罗曼尼·康帝红酒，恐怕都会激动得失眠。因为抛开罗曼尼·康帝红酒高达几千欧元的身价因素之外，还有就是它在市场上几乎是找不到的，而且根本没有零售。你只能在一些特别的地方，比如苏富比、佳士得之类拍卖行才能找得到它的身影。可以说，对于一般的红酒爱好者而言，想要看一眼罗曼尼·康帝红酒的尊容都很困难，更别提拥有它了。

从酒的色泽、酒瓶以及外包装看，罗曼尼·康帝红酒和普通的红酒没有什么不同，但它的口感却显示出了王者风范。罗曼尼·康帝红酒之所以如此昂贵，不仅因为它稀少的产量，还在于它完美的品质。喝过罗曼尼·康帝的人无不赞叹感慨，罗曼尼·康帝红酒将黑皮诺的各项迷人特质完美地展现出来，馥郁持久的香气精致醇厚，虽然单宁相对低一些，但不会让人觉得柔软；虽然口感偏淡，但又不会让你觉得没有力量；虽然没有那么重的酒体，但并不欠缺集中度……罗曼尼·康帝红酒本身已经代表了很多东西，无论哪个年份，都能表现出非凡的精致、玲珑剔透的质地及口感。其香气在复杂度和优雅度方面更是没得说，你能够捕捉到各类的花香与水果香气，其中还夹杂着甜梨的气息。另外，紫罗兰和青草也是它经常透露出的香气。

它所有的一切都恰到好处，无愧“完美”二字。曾经有人就这样形容罗曼尼·康帝的红酒：“有即将凋谢的玫瑰花的香气，令人流连忘返，可以说这是上帝遗留在人间的东西。”

在进入21世纪的头10年里，成分酒品的价格加权值增长率高达178.3%，也就是说，若10年前购买到罗曼尼·康帝红葡萄酒，如今的价值至少是原来的2.8倍。投资罗曼尼·康帝红葡萄酒让你快乐的绝不是钱，而是对于“卓越境界”的追求。

在欧洲，衡量一个人富裕的一个高标准就是看他拥有多少稀世珍酿，就是窖藏好葡萄酒的数量，这其中自然少不了罗曼尼·康帝红葡萄酒。因为罗曼尼·康帝红葡萄酒一直被业内人士看作难得的收藏品。一些专业经济学家曾作过调查，投资罗曼尼·康帝葡萄酒的收益率比投资黄金要高出几十倍。

2006年10月20日至21日，在巴黎市政厅举行了一次红酒拍卖会上，有6000瓶葡萄酒参与了竞拍，而这些葡萄酒的主人是当时的法国总统希拉克。他从1977年到1995年三次出任巴黎市市长期间，一共在巴黎市政厅地下酒窖里收藏了1.8万瓶葡萄酒。最终，有两瓶1986年的“勃艮第红酒之王”罗曼尼·康帝葡萄酒以每瓶5000欧元的价格，

MONOPOLE
1998
ROMANÉE-CONTI

成为当场单瓶成交价格最贵的葡萄酒。拍得这两瓶酒的豪客是来自英国古董葡萄酒公司的老板史蒂芬·威廉姆斯。

当然，并不是所有顶级红酒收藏家都能有幸在第一时间订购到罗曼尼·康帝红酒的，毕竟它的产量有限，而且凡是订到罗曼尼·康帝红酒的人，必须先买下同属于罗曼尼·康帝酒庄另外的几款酒：拉·塔切、罗曼尼·圣·维旺、葛朗·埃切索、丽奇堡、埃切索、蒙塔榭。自然它们的身价也是高得惊人。

没有哪种酒是最好的，只有哪一年的酒是最好的。这是专业葡萄酒收藏家经常强调的一点，也是葡萄酒与其他奢侈品的重要区别，罗曼尼·康帝红葡萄酒也是如此。葡萄酒在装瓶后，都需要经过一段成熟期才能达到顶峰，也就是说品质达到最完美。每一年的罗曼尼·康帝红葡萄酒都要经过 10 年至 15 年的时间才能达到顶峰期。比如，1990 年的罗曼尼·康帝红葡萄酒，石榴红色带着一丝微微的棕色；成熟的甜椒、香料和皮革的气息，华丽的酒体，极为悠长的回味。它估计应该在 15 年左右才可以完全成熟。有的年份则需要 20 年的成熟期。比如，2001 年的罗曼尼·康帝红葡萄酒拥有纯净明亮的上等色泽，入口强劲、致密，有复杂度，人们能强烈地感受到产地的特质，香料、黑色水果、李子和甜软的土壤气息；充盈在口中，只要聚精会神地品味，就可以感到其单宁平衡细致；这一年的罗曼尼·康帝红葡萄酒有着更长的生命周期，顶峰期至少需要 15 年，甚至超过 20 年。

在这里，我们需要特别提出 1945 年的罗曼尼·康帝红葡萄酒，因为那一年由于春天的冰雹和战争导致的人工短缺，罗曼尼·康帝酒庄只出了 600 瓶，如今被少数的红酒收藏家珍藏。1990 年时，一些品酒家有幸品尝到了这一年份的罗曼尼·康帝红酒，并给它作了如下记录：深邃的颜色，令人赞叹的东方香料的气息，透出李子和异域浆果的芳香，口中果香充盈，持续极长，以辛香收尾，完美的平衡，是勃艮第百年难遇的完美佳酿。

有人说过：“懂得品鉴红酒的人，才会是真正有品位的贵族！”号称亿万富翁才喝得起的罗曼尼·康帝红酒，在市场上难得一见，即使有也是少则数千欧元、多则上万欧元，基本为收藏者的镇宅或镇窖之宝。由于其极致的品质、承载的深远历史和稀少的产量，我们可以想象罗曼尼·康帝有多么的抢手了！

木桐堡因为达利、塞尚和毕加索这些伟大的艺术家而成为艺术的宫殿；木桐堡红酒更因为超绝的品质而成为真正能流芳百世的葡萄酒。正是这种艺术与品质的结合，成就了历史上最奇异的波尔多红酒。

Château
Mouton Rothschild

艺术与品质的完美结晶

木桐堡红酒

当年纳萨尼尔男爵买下木桐堡后并未能使之成为最顶尖的酒园，之后的几位继任者也都不是真正的葡萄酒热爱者，直到1922年，纳萨尼尔男爵的孙子、年仅20的菲利普·罗斯柴尔德接管木桐酒庄后，木桐堡才进入了黄金发展时期。菲利普男爵掌管木桐长达65年之久，其革新精神为酒庄发展注入了源源活力。

木桐酒庄的历史可以追溯到波旁王朝时期。木桐酒庄真正成名于18世纪，1725年约瑟夫·布兰(Joscpn de Braue)家族在波尔多梅多克波依雅克地区购得一块葡萄园，取名为布兰·木桐堡(Brane-Mouton)。

1830年，布兰·木桐堡卖给了巴黎的银行家雷

Château
Mouton Rothschild

萨卡·杜雷（Lsaac Thuret）家族。1853年，欧洲金融财团老大、犹太人罗斯柴尔德家族的英国支派银行家纳萨尼尔·罗斯柴尔德（Baron Nathaniel de Rothschild）家族登陆法国，收购了雷萨卡·杜雷家族的木桐园股份，并将其改名为木桐·罗斯柴尔德园（Chateau Mouton Rothschild）。当时，整个波尔多地区还是一大片沼泽，无法种植葡萄。罗斯柴尔德家族深知“太阳王”路易十四喜好葡萄酒，便在南方购置了葡萄园并开始酿酒，然后进贡皇室。

两年后，也就是1855年，巴黎举办了世界第二届博览会，法国政府明确指示波尔多酒商要积极参展以展示法国的经济实力。波尔多省的波尔多市是法国最早成立工商管理部门的地方政府，又是组织葡萄酒业行业协会的地区。地方协会组织酒庄参展，但必须参加评级。波尔多左岸地区积极参加评选，而右岸地区的各大酒庄却全然不予理会。当时有200多家酒庄参加评级，但评级的标准并不系统，只是按照各大酒庄以往的产量、出口量以及市场价格等条件进行评选。在罗斯柴尔德家族未接手木桐堡之前，木桐堡的经营状况很糟，所以在这次评选中只被评为二级酒庄。纳萨尼尔·罗斯柴尔德怎能咽下这口气，但因忙于伦敦英格兰皇家银行的事情，不得不将木桐堡评级之事放在一边。直到1867年，纳萨尼尔·罗斯柴尔德的弟弟詹姆斯·罗斯柴尔德收购了拉斐堡，并将其被评为一级特等酒庄，纳萨尼尔·罗斯柴尔德才想到自己的酒庄，他本想放开手脚光复木桐堡，只可惜他没等到这一天便驾鹤西去。

虽然纳萨尼尔·罗斯柴尔德没能改变木桐堡而成为他一生的遗憾，但他的孙子菲利普·罗斯柴尔德男爵（Philippe Rothschild）却帮助祖父完成了心愿。1922年，菲利普·罗斯柴尔德男爵成为庄园的主人，那时的他年仅20岁，他为木桐堡整整奋斗了一生，直到1988年离开人世。菲利普·罗斯柴尔德男爵是个诗人、剧团经理、海上游艇赛手。他喜欢驰骋想象，是个精力无穷、争强好胜的人。在他眼里，木桐堡位于二等园的地位简直是个奇耻大辱，因此他开始全力管理庄园。

1925年，他率先实施瓶装酒，即在酒庄直接将葡萄酒装瓶进行销售，这种做法在当时绝对是革命性的，比法国政府法律规定强制在酒庄装瓶整整早了47年。第二次世界大战中，菲利普·罗斯柴尔德男爵因为是犹太人

而被捕入狱，后来逃离法国，在伦敦参加了自由法军。第二次世界大战结束后，菲利普·罗斯柴尔德男爵重新回到庄园，继续为庄园晋级而努力。为了纪念第二次世界大战的胜利，菲利普·罗斯柴尔德男爵想出了一个独树一帜的主意，那就是邀请各国的艺术家在酒标上进行创作，每年各不相同。润笔费是5箱（60瓶）不同年份、至少窖藏10年的木桐堡干红葡萄酒，该年份出厂的酒装瓶后，再送5箱。面对这一诱惑，萨尔瓦多·达利、亨利·摩尔等许多著名的画家都欣然应允，为其设计酒标。除了设计酒标、更新酒标之外，木桐堡开始全面学习邻园拉斐堡的酿造理念和技术，以提高酒品质量。1973年，木桐堡终于实现了自己的梦想，被晋升为一级酒庄，从此与拉斐堡、拉图堡、玛歌堡、奥比昂并称“波尔多五大顶级酒庄”。

罗斯柴尔德家族的五支箭头。罗斯柴尔德家族原来是德国法兰克福著名的银行世家。为了开拓海外业务，罗斯柴尔德家族分成五系，除一支还留在法兰克福以外，其他 4 支分别在伦敦、维也纳、巴黎和那不勒斯。拉斐堡就是属于在巴黎的那一支系，而木桐堡则属于在伦敦的那一支系。虽然同属一个家族，但是他们两家却老死不相往来，不过我们从木桐堡和拉斐堡酒的软木塞上的标记可以看见，两家人都用了家族标志——5 支箭，这也是他们共同引以为傲的地方。

说起木桐堡晋升为一级酒庄，不得不提一个人，他就是前任法国总理希拉克。希拉克不仅是法国政坛上一位杰出的政治家，同时还是一位艺术家，他酷爱收藏，尤其喜爱收藏葡萄酒。20 世纪初开始，法国政府为保护法国国计民生的支柱产业之一葡萄酒业的利益，借鉴保护奶酪的原产地命名制度，在葡萄酒行业推行 AOC 制。AOC 制的操作大权在法国农业部，具体签字权就在农业部长手里，而当时的法国农业部长就是希拉克。希拉克是法国政坛上，从法兰西第一共和国 1792 年到第五共和国的今天 200 多年的政府官员中酷爱葡萄酒收藏的第一人，自然是懂得葡萄酒价值与法国国家利益相关联的人士。从希拉克的 40 年官场生涯来看，他是一位我行我素、勇于负责的政治家，在他主持农业部短短的时间，力排传统给木桐堡晋级时种种压力和非议，让木桐堡晋级为一级酒庄，这在历史上是唯一的一次。

木桐堡晋级一级酒庄，无论对于木桐本身，还是对于法国波尔多红酒界，乃至世界红酒界都算一个大事件，这完全是一次历史性的风云际会，是诸多历史背景因素的巧合，缺少哪一个因素都将影响木桶堡晋级一级酒庄。

木桐堡在未被评为一级酒庄之前的箴言是：即使不能成为第一，也不愿甘做第二。当木桐堡升为一级酒园之后，其箴言改为：我是第一，我曾经是第二，但木桐永远都不会改变。现在木桐堡的确是世界第一了，而且出产的是世界上最好的酒!

法国一位美食作家这样说过："酒能使任何菜色合时宜，使任何餐桌更优美，也使每天更文明。"而那些喜爱波尔多五大名庄之一——木桐堡的人一定还要多说一句："酒使生活更艺术。"

曾几何时，罗斯柴尔德家族酿制的葡萄酒一直备受法国皇室的青睐，以至于相当长一段时期内，"太阳王"只喝罗斯柴尔德家族酿制的酒。为了表彰罗斯柴尔德家族对皇室的忠诚，酷爱艺术的路易十四国王将普桑的名画《酒神节》赐给了罗斯柴尔德家族。

尽管原来的木桐堡表现极为平庸，但在菲利普·罗斯柴尔德毕生的努力下，终于在1973年被法国葡萄酒界评为一等庄园，以确认其葡萄酒质级数。作为木桐堡的主人，罗斯柴尔德家族历经三代人的不懈努力，酿出了不多见的带着奇异酒香、醇厚酒体和饱满酒色的真正极品葡萄酒——历史上最奇异的波尔多红酒。

今天在法国，木桐堡可以说是波尔多地区最吸引人的酒庄，世界各地的葡萄酒和艺术爱好者视这儿为心中的圣地。在这里不仅能买到当年路易十四喜爱的顶级好酒，还能参观酒庄中著名的藏画和珍贵的酒标原作。

木桐堡把艺术与葡萄酒做到了完美的结合，该酒庄所产的红酒一直是葡萄酒收藏者的不二选择。特别是它的标签，从1945年至今，木桐堡酒庄每年都会邀请一位著名的艺术家为该年份的酒瓶标签做设计，因此每个年份的酒瓶都是一件艺术品。

自从著名画家乔治·勃拉克为木桐堡专门创作了一幅酒标之后，吸引了世界上众多艺术家的兴趣，超现实派大师萨尔瓦多·达利、雕塑家亨利·摩尔、法国大文豪雨果的孙子让·胡克等世界著名画家都曾为木桐堡创作过酒标。

有人将木桐堡的酒标比作艺术博物馆，方寸之间精彩纷呈，它囊括了印象派、抽象派、具象派、立体主义、表现主义、超现实主义、波普艺术以及涂鸦艺术等20世纪以来最重要的美术流派。如果像集邮一样每年收藏一瓶，那就几乎是一部浓缩的20世纪世界美术史。所以木桐酒庄被称为“波尔多的卢浮宫”。为木桐堡创作过1958年份酒标的超现实主义艺术大师达利曾经说过：“唯有法国葡萄酒才配得上艺术的绘画，谁让品尝法国葡萄酒已成为一种艺术的享受呢？”1973年份的木桐酒标采用的是毕加索的名画《酒神狂欢图》，虽然这一年的酒质一般，但却因毕加索的这枚酒标而成为流芳百世的藏品。

60多年来，为木桐堡画过酒标

的画家涉及法国、英国、德国、意大利、美国、西班牙、俄罗斯、加拿大、比利时、瑞士、日本、丹麦、荷兰、墨西哥等20多个国家。从1945年到2004年，木桐酒庄有4个年份没有请人画酒标，即：1953年，纪念罗斯柴尔德家族买下木桐酒庄100周年，选用了菲利普男爵的曾祖父那塔尼耶·德·罗斯柴尔德男爵的一幅肖像画；1977年，纪念英国女王莅临酒庄，酒标只写了一段文字“献给伊丽莎白陛下”；2000年，千禧年纪念版，没有贴酒标，直接在瓶身刻了一只金羊（酒庄标志，“Mouton”的原意为“绵羊”）；2003年，纪念罗斯柴尔德家族入主木桐150周年，选用了那塔尼耶男爵一幅全身照片，并以当年购买酒庄的合同文字为背景。

2004年是英法友好协约签署100周年，所以他们选用了查尔斯王子的一幅画作为纪念。酒标上还有查尔斯王子的亲笔题词：“庆祝英法友好协约100周年。查尔斯，2004。”如此说来，查尔斯王子应该是为木桐堡画酒标的第55位画家。

看到木桐堡红酒，所有人都会有这样一个疑问：它是酒，还是艺术品？这个答案也许只有那些真正懂红酒的品鉴家才会知道。

尽管那些充满艺术气息的酒标已成为木桐最吸引眼球的华丽外衣，但如果没有好酒，木桐堡也不可能有今时的辉煌。典型的木桐堡红酒口感强劲，单宁饱满而质地极佳，具有充沛的醋栗与红色水果香，充满迷人的韵味。正如菲利普男爵在1973年的酒标上对家族座右铭所作的更改：“现在是一级，以前是二级，木桐从未变！”

木桐堡红酒绝非仅靠酒标闻名于世，它完美的品质、奇异的风味赢得了许多葡萄酒鉴赏家的称赞。木桐堡红酒被誉为“法国波尔多最奇异的红酒”，与其他酒庄出产的红酒不同，它有一种特殊成熟的黑加仑子果香，其中还散发着咖啡、烤木的香气，单宁劲道，而且成熟期漫长，特别适合收藏。一般来讲，每一瓶木桐堡红酒都需在瓶中存储7~15年才能呈现出最完美的品质，才是饮用的最佳时刻。

木桐堡红酒的魅力首先要归功于大自然的造化，布满砾石的土地将太阳的热量一直储存到暮色降临许久之后，并温暖着一条大河的两岸；宽阔的河流滋润着地表下深层的土壤；湿润的冬季和燥热的夏天构成了极端的气候；由于临近海岸，来自大西洋的暴风亦在这里肆虐。木桐堡的葡萄扭曲盘根深入地下，在多石的土地中形成了独特的品性，历经多年之后，全在葡萄酒中显现出来。

这里的人们挚爱木桐堡，世世代代培育、呵护、捍卫着葡萄。收获的秋季，人们用葡萄酿制美酒，年复一年……木桐酒庄拥有82万平方米葡萄园，赤霞珠占据了77%，10%为品丽珠，11%为梅洛，2%为味而多。整个酒庄采取了现代化管理，每一寸葡萄园都由资深葡萄种植专家专门负责。酒庄的种植密度为每1万平方米8500株，平均树龄都达到了40年以上。不过在采摘葡萄时，仍采用传统的人工采摘，而且只采摘那些完全成熟的葡萄，只有这些葡萄才能被允许送到酒坊。

历史上，葡萄酒的酿制一直采用橡木发酵桶发酵，木桐堡也是当今一直使用木发酵桶的少数波尔多酒庄之一。一般发酵时间为21~31天；然后再转入新的橡木桶熟化18~22个月，每年产量在30万瓶左右。

木桐堡酒庄拥有世界最先进的试验室，现任酿酒师帕特里克·莱恩（Patrick Léon）是波尔多农业

木桐堡每个年份的酒标都是一件艺术品

商会监管下的酿酒实验室经理，对现代酿酒科技非常熟悉并重视。从这点上来说，木桐堡红酒可以说是法国上千年的酿酒传统与现代科学的完美结晶。

在木桐堡酒庄中，1945 年出产的木桐堡红酒堪称世界上最完美的红酒。世界著名酒评家罗伯特·帕克甚至将其比喻成 20 世纪里真正流芳百世的酒。该酒在 1997 年品评时，果香依然丰富，口感浓郁醇厚，酒却依然年轻。罗伯特·帕克给出了 100 分的满分，并声称：“1945 年的木桐堡还可以再收藏 50 年。”如果算一下，那将是 2045 年。如果你要体验一下什么才是“流芳百世”的味道，只要品一品 1945 年的木桐堡红酒就会明白。

当然，能有机会品尝到 1945 年木桐堡的人毕竟是少数，但也不必遗憾，因为木桐堡其他年份的红酒同样会带给你与众不同的体验，它们都具有木桐堡那份独特的“木桐香气”熟美的黑色浆果香，丰满的口感和经典的烟熏气，强烈的黑醋栗果味持续不断，余韵极为悠长。如果搭配上等牛柳、羊肋骨、红烧鲍鱼、蓝莓奶酪，绝对会令你大饱口福。

木桐堡拥有独特的“木桐香气”，素以漫长的成熟期闻名于世。法国木桐堡酒庄运用如同炼金术的先进科技，酿造出世界上最奇异的波尔多红酒，赢得世界葡萄酒收藏家的青睐，也成为红酒投资者钟情的选择。

2006年，英国古董葡萄酒公司的老板史蒂芬·威廉姆斯在巴黎市政厅举行的一次拍卖会上，一次性以1万英镑购得希拉克珍藏的两瓶罗曼尼·康帝红酒。他在拍卖会后接受媒体采访时这样说道：“民众对希拉克花费奢华给予了批评。但不管怎样，通过这次拍卖会，我想人们或许可以得出这样的结论，这其实是一项很好的投资。要知道希拉克当年每瓶只花了相当于现在的600欧元而已，而我今天居然用将近10倍的价格买下它们，我绝非意气用事，也许在十年后，会有人花更高的价钱来找我。”

与勃艮第红酒之王罗曼尼·康帝相比，木桐堡红酒绝不逊色。英国葡萄酒杂志《滗酒器》曾在2004年评选出100款今生不能错过的葡萄酒，该杂志综合了三十几位葡萄酒专家的意见，请这些专家想象一下在最后一顿晚餐中，挑选出最想喝的酒。这些专家推荐的100款必喝的酒单中，就有1945年的木桐堡红酒。

1945年，第二次世界大战结束，世界重新获得了和平。对于那些葡萄酒庄而言，这一年被公认为自 1929 年后所遇到的最好年份之一，世界著名的葡萄酒专家迈克尔·勃德本（Michael Broadben）称这一年是 20 世纪最好的三个波尔多年份中的一个，他认为 1945 年比 1961 年更好。而 1945 年的木桐堡除了在 2004 年《滗酒器》杂志上被选为“一生中必尝的百大好酒”第一名外，这瓶酒也被众多的葡萄酒专家视为 20 世纪最好的波尔多酒。该年份的木桐堡完美无瑕，被酒评家一致评为 100 分的酒，大大高于顶级酒庄拉斐堡和拉图堡的评分。

世界著名酒评家罗伯特·帕克（Robert Parker）评论这款酒时认为，1945 年的木桐堡酒是一款持之以恒的 100 分酒，是真正流芳百世的酒。该酒在 1997 年伦敦的克里斯蒂拍卖行上拍出了 11.4614 万美元的天价，成为现今有记载的最贵的大瓶装葡萄酒。

1973 年，木桐堡酒庄被法国政府破格晋升为一级酒庄。为纪念这一历史时刻，木桐堡酒庄全部采用毕加索的名画《酒神的狂欢图》作为酒标。这一年的木桐堡红酒在一次拍卖会上，拍出了 7 万英镑的天价，许多葡萄酒收藏家以拥有该年份的木桐堡红酒为收藏的最高境界。

除了 1945 年、1973 年的木桐堡红酒之外，木桐堡历史上 1959 年，1982 年和 1986 年份的酒均是满分酒，都是那些葡萄酒收藏者竞相购买的目标，一瓶 1982 年份的木桐堡红酒均价为 11800 美元。

我们都知道红酒作为投资是一个很专业的门类，而且它的门槛很高，不仅需要掌握丰富的红酒知识，而且要对红酒酿造酒庄以至全球红酒市场行情有一定了解，当然资金支持更为重要。此外，收藏红酒还需要特定的环境和设备，通常红酒要被储藏于温度 16~20℃的酒窖里，而且并不是年份越久，价值与酒质越高，而是有 10~30 年的适饮期。

如果你具备这样实力，想要做这方面的投资，选择木桐堡红酒无疑是最好的选择，因为在享用美酒的同时，它还会带给你无价的艺术熏陶。

我的王，难道您不知道我找到了那能够使人恢复青春的泉水？我发现拉斐堡葡萄酒是一件万能而美味的滋补饮料，可与奥林匹斯山上众神饮用的玉液琼浆相媲美！

——马雷夏·德·黎世留

众神的快乐之源

拉斐堡红酒

一次次历史的变迁让拥有百年历史的拉斐堡饱经风霜，拉斐堡同时也见证了法国的历史。从雅克·德·西格尔侯爵到詹姆斯·德·罗斯柴尔德男爵，再到埃德蒙男爵，拉斐堡变得更加成熟和坚定。可以说，拉斐堡红酒是数代酿酒师的心血之作，如今的它不仅是法国顶级极品红酒的象征，还凝聚着几百年数代人对葡萄酒事业的执着与专注。

历史上对拉斐堡最早的记录可以追溯至公元1234年，当时的法国正处于中世纪，修道院遍布大小村庄城镇，位于波尔多波亚克村北部的维尔得耶（Vertheuil）修道院就是今天拉斐堡的所在地。

从14世纪起，拉斐堡一直属于当地的领主。在加斯科涅（Gascogne，法国西南部比利牛斯地区

MIS EN BOUTEILLE AU CHATEAU
CHATEAU LAFITE ROTHSCHIL
2004
PAUILLAC

旧时称加斯科涅省）方言中“lafite”意为“小山丘”，“拉斐”因此而得名。那时可能就已经有人在这里栽种葡萄树了。不过大约三个世纪之后，这里才开始大规模种植葡萄树。当时拉斐堡隶属于西格尔家族，拉斐堡就是在他们手中逐渐发展成法国波尔多顶级葡萄园的。

史料记载，雅克·德·西格尔侯爵是建立拉斐堡葡萄园的第一人，时间在1670年左右到17世纪80年代初期。他的儿子亚历山大于1695年继承了庄园，并通过联姻取得了邻近另一所著名酒庄拉图堡的掌管权。这正是拉斐堡与拉图堡两大波尔多酒庄共同书写的历史的最初篇章。

如今人们已经很难弄清拉斐堡葡萄酒是在什么时候进入英国的，一般认为18世纪初拉斐堡葡萄酒开始出现在伦敦市场上。一些资料表明，在1707年出版的一份伦敦公报上曾经出现过拉斐堡的名字。由于当时正值西班牙王位继承战争如火如荼之际，因此这些葡萄酒都是由英国皇家海军亲自专门护送到大不列颠的。拉斐堡的葡萄酒被运到伦敦的公众拍卖会上，公报上将拉斐堡葡萄酒与它的“同伴”——一起参加拍卖的其他法国酒——取名为“新法国红酒”，且特别标出了产地，不久后又加注上年份。没有想到的是，拉斐堡的葡萄酒在英国取得了巨大的成功，以致当时的英国首相罗伯特·沃尔波每三个月就要购一桶拉斐堡。或许令人感到不可思议的是，当时的法国人尚不知，就在二三十年之后，他们将以波尔多葡萄酒为傲。

为了巩固自己家族的事业，雅克·德·西格尔侯爵全力投入一项宏伟的计划。在马雷夏·德·黎世留首相的支持下，雅克·德·西格尔侯爵从路易十五处获得了“葡萄王子”的“钦封”，拉斐堡的酒也荣升为“国王之酒”。从那以后，整个凡尔赛宫内开始谈论拉斐堡红酒，所有人都想要喝到它，蓬巴杜夫人在自己举行的那些小型晚宴上用它来招待贵客。不久之后，人们甚至传说蓬巴杜夫人给自己增加了一项特别的“义务”：夫人不再喝别的饮料来解渴——除了拉斐堡红酒！

然而，尽管雅克·德·西格尔侯爵苦心经营，酒庄还是负债累累，1784年不得不出卖果园。当时拉斐堡将被出售的消息引起了不小的轰动，波尔多第一届议会主席尼古拉·皮埃尔·德·皮歇尔得知这一消息后，马上予以干预，最终拉斐堡还是归西格尔家族所有。

法国大革命前夕，拉斐堡的葡萄酒已经攀上葡萄酒世界的顶峰，可就在法国大革命期间，拉斐堡遭到重创被公开拍卖。从那以后，拉斐堡沉寂了将近几十年，直到 1868 年 8 月 8 日。这一天是拉斐堡最有意义的一天，金融巨鳄罗斯柴尔德家族的詹姆斯·德·罗斯柴尔德男爵成为拉斐堡的新主人。对拉斐堡来说，自从詹姆斯·德·罗斯柴尔德男爵入主以后，拉斐堡葡萄酒进入发展繁荣时期；更辉煌的成就是这一年拉斐堡葡萄酒的售价达到了有史以来的最高价 6250 法郎，相当于今天的 4700 欧元，这一价格在此后的一个世纪内无人超越。不幸的是，詹姆斯·德·罗斯柴尔德男爵在买下拉斐堡的三个月后即不幸去世，其三个儿子共同继承了酒庄，其中包括后来为酒庄发展作出不朽贡献的埃德蒙男爵。

第二次世界大战的爆发，给拉斐堡酒庄带来了更大的磨难，随着 1940 年 6 月法国的陷落，梅多克地区被德军占领，拉斐堡与木桐堡皆未能幸免于德军的入侵。罗斯柴尔德家族的酒庄被扣押，成为由公众管理的财产。临时政府为保护拉斐堡免遭德军破坏，于 1942 年将拉斐堡征用为农业学校。城堡被征用，陈酒被劫掠，加之战争时期能源匮乏、供应短缺，拉斐堡经受了前所未有的严峻考验。直到战争结束，1945 年年底，罗斯柴尔德家族终于重新成为拉斐堡的主人，由埃德蒙男爵主管酒庄复兴工程。1945 年、1947 年与 1949 年的酒是这段重建时期的佳作。

在埃德蒙男爵的管理下，一系列重建工作在葡萄园和酒窖内有条不紊地开展起来。与此同时，埃德蒙男爵对管理人员进行了彻底重组。1985 年，为推动酒庄发展，埃德蒙男爵使拉斐堡与摄影家握起手来，法国著名摄影师雅克·亨利·拉蒂克、美国时装摄影大师欧文·佩恩、法国最受欢迎最多产的报道摄影家之一罗伯特·杜瓦诺，以及享有崇高威望的美国时尚摄影师理查德·艾维登等著名摄影家纷纷走进拉斐堡拍摄照片。埃德蒙男爵还通过购买法国其他地区酒庄以及国外葡萄园而成功地扩大了拉斐堡的发展空间。20 世纪 80 年代，拉斐堡可谓佳作频出，比如 1982 年、1985 年、1986 年与 1990 年皆是上好的特佳年份，价格更是创下了新纪录。

到了 20 世纪 90 年代，拉斐堡进入了鼎盛时期。当新世纪在无声中完成交替时，拉斐堡的酒窖中陈放的美酒向人们孕育着美好的承诺，其在

1995年、1996年、1998年、1999年与2000年酿制的酒是在20世纪最后十年中的至美之作，将随时间洗练而放射出耀眼的光芒。150年以来，拉斐堡始终坚持着对杰出品质的不懈追求，在葡萄酒王国中屡创佳绩，将顶级的佳酿呈献给世人。

拉斐堡红酒一直以严格选用最高质的葡萄酿制而闻名于世，其独有的典雅风格在18世纪便已形成，不仅赢得法国国王的青睐，一时成为法国宫廷的时尚，还受到了英国皇室的欢迎。作为法国顶级酒庄之一，拉斐堡的尊贵一部分源自历史，更多的则来自拉斐堡对酿酒技艺的专注，正是这些因素造就了拉斐堡的高贵精神。

如果要问法国波尔多五大顶级葡萄园所出产的红酒哪一个最具典雅风范，恐怕非拉斐堡莫属。早在18世纪时，拉斐堡红酒就已享誉欧洲，当时不仅被法国国王路易十五钦点为宫廷用酒，而且在英国皇室也备受推崇。

关于拉斐堡红酒还流传着这样一个故事。1755年，黎世留被选为圭亚那地方总督，临行前，波尔多一位医生为他开了一副独特的“处方”：常饮拉斐堡的葡萄酒，这是令脸色红润健康的最有效、最美妙的“药”。此“药”果然灵验，甚至引起了国王的注意。

当黎世留回到巴黎后，国王路易十五特别向他问道：“亲爱的马雷夏，我实在要说，自从您赴圭亚那上任以来，您看上去至少年轻了25岁！”黎世留则回答道：“我的王，难道您不知道我找到了那能够使人恢复青春的泉水？我发现拉斐堡葡萄酒是一种万能而美味的滋补饮料，可与奥林匹斯山上众神饮用的玉液琼浆相媲美！”从此，王后和宠妃们都争喝拉斐堡红酒，饮用拉斐堡红酒一时成为宫廷时尚。

1815年，波尔多著名的葡萄酒经纪人劳顿先生建起第一套波尔多梅多克地区葡萄酒分级表，此表与1855年的分级颇为近似，拉斐堡列于首位。“我将拉斐置于榜首，是因在前三款（顶级酒）中，拉斐最为优雅与精致，它的酒液至为细腻。”他说，“拉斐的葡萄园位于梅多克风景最美之处。”

1855年，世界万国博览会在巴黎举行。为了弘扬法国的美酒文化，当时的法兰西第二帝国皇帝拿破仑三世命令波尔多商会将波尔多产区的葡萄酒进行等级评定。在经过一些大小波折之后，此分级制度作为官方的标准确立了拉斐堡红酒的“顶级一等”地位，并为梅多克开创一个没有前例的繁荣时代。在1855年之后的各种分级标准的品评会上，拉斐堡红酒的品级更得到了一致确认。

此外，对法国葡萄酒痴迷有加的美国总统托马斯·杰斐逊也对拉斐堡红酒评价甚高。托马斯当时作为美利坚合众国的大使，出使到凡尔赛宫。有着种植园主、商人、政客、法学家、外交官等多重身份背景的杰斐逊先生被法国宫廷中的葡萄酒文化深深地吸引，以至萌生了在美国发展红酒业的心愿。在他自己拟订的梅多克地区葡萄酒分级表中，排行前四名的酒庄——其中就包括拉斐堡——恰是1855年分级制度中的前四家，而他本人从此也成为波尔多顶级酒的忠实拥护者。

若说拉斐堡是男高音，那么拉图堡便是男低音；若说拉斐堡是一首抒情诗，那么拉图堡则为一篇史诗；若说拉斐堡是一曲婉约的轮旋舞，那么拉图堡必是人声鼎沸的游行。这两种著名的酒是否具有一阴一阳或一刚一柔的个性，只有你自己去体会。

之所以拉斐堡葡萄酒的品质和个性无与伦比，能拥有世界顶级的优秀品质，当然首先是拉斐堡的土壤及所处地得天独厚的微型气候。拉斐堡总面积90万平方米，每1万平方米种植着8500棵葡萄树。其中赤霞珠占70%左右，梅洛占20%左右，其余为品丽珠，平均树龄在40年以上。拉斐堡红酒之所以能够创造出如此多的奇迹，完全源于酒庄苛刻的管理制度和精湛的酿酒技艺。据说，拉斐堡每2~3棵葡萄树才能生产一瓶750毫升的红酒，每年的产量大约3万箱酒（按每箱12瓶、每瓶750毫升计算），此产量居世界顶级名庄之冠。以此产量及其能维持的价格相比，拉斐堡的成就更是无人能比。

拉斐堡各年份的价格
2003年330欧元/支
2001年600欧元/支
1996年210欧元/支
1990年700欧元/支
1984年225欧元/支
1982年2400欧元/支
1976年500欧元/支

拉斐堡的葡萄种植采用非常传统的方法，基本不使用化学药物和化学肥料，在葡萄完全成熟后才进行采摘。采摘时，熟练的工人会对葡萄进行初步筛选，不够标准的不采。葡萄采摘后送去压榨前会被更高级的技术工人进行第二次筛选，确保被压榨的每一粒葡萄都达到高质量的要求。为了保护这些珍贵的葡萄树，如没有总公司的特许，拉斐堡一般是不允许别人参观的。除此之外，拉斐堡更是不惜重金聘请世界最顶级的酿酒大师。

在如此苛刻的条件下，拉斐堡红酒展现出了超强的陈年能力，人们戏称它比较内向，必须等到至

少10年，它真正的面貌才会呈现出来，芳醇、水果香，还夹杂着很多丰富的味觉。有人称拉斐堡是葡萄酒王国中的巨人，也有人将拉斐堡的神秘比喻成大家闺秀，不管怎样说，拉斐堡红酒都展现出极强的吸引力。度过“青涩期”的拉斐堡红酒有着极丰富的层次感，丰满而细腻。英国著名的品酒家休强生曾形容拉斐堡红酒与拉图堡红酒的个性：若说拉斐堡是男高音，那么拉图堡便是男低音；若说拉斐堡是一首抒情诗，那么拉图堡则为一篇史诗；若说拉斐堡是一曲婉约的轮旋舞，那么拉图堡必是人声鼎沸的游行。这两种著名的酒是否具有一阴一阳或一刚一柔的个性，只有你自己去体会。

作为法国极品红酒的代表，拉斐堡红酒在红酒市场上的表现简直令人瞠目结舌。完美的品质、超长的储存能力让拉斐堡具备了巨大的升值潜力，更让其成为全世界红酒爱好者与投资者竞相购买的红酒。不过，专业的酒评家则认为，拉斐堡顶级红酒最大价值不应该被收藏，而是应该被喝掉。拉斐堡红酒的真正价值也许应该在拥有者的心中。

多年来，拉斐堡红酒在世界各大拍卖行上的表现简直令人难以置信，人们对拉斐堡的狂热已经无法用语言来形容了，只有一串串的数字能代替它的价值。葡萄酒爱好者都知道，1855年波尔多地区对各大酒庄进行了统一评级。当时人们在多如繁星的庄园中选出了61个最优秀的酒庄，并将这61个优秀的酒庄划分成五个级别，其中一级有四个最著名的酒庄，它们分别是拉斐堡、拉图堡、玛歌堡和奥比昂，而拉斐堡名列第一。拉斐堡葡萄酒的个性温柔婉细，较为内向，不像同产于名庄拉图堡的刚强个性。拉斐堡红酒的花香、果香突出，芳醇柔顺，所以很多葡萄酒爱好者称拉斐堡红酒为葡萄王国中的“皇后”。

19 世纪末至 20 世纪初，欧洲的根瘤蚜虫害、霜霉病成了各大葡萄园的噩梦，以及假酒事件、两次世界大战、严重的经济危机……这些都导致各大酒庄的命运跌至谷底，拉斐堡也未能幸免。不过，无论外界环境如何恶劣，拉斐堡每一时期都不乏佳酿。早在拉斐堡动荡不安的那段时期，拉斐堡于 1795 年、1798 年出产的都是非常经典的葡萄酒，此时期的最佳年份可推选 1801 年、1802 年、1814 年、1815 年、1818 年、1847 年、1848 年、1858 年、1864 年、1868 年，1869 年和 1870 年。1868 年对拉斐堡来说是最值得纪念的一年：迎来了新主人；葡萄酒进入发展繁荣时期；取得更辉煌的成就，这一年的拉斐堡红酒创造了有史以来的最高售价——6250 法郎。今天，这一价格已被大大超越，特别是 1818 年份的拉斐堡葡萄酒，其价格在今天已经无法估量，这充分展现了拉斐堡人对顶级品质不懈的追求精神。

第一次世界大战期间，由于战争动员而限制供给，拉斐堡的发展大受影响。20 世纪 30 年代史无前例的金融危机更迫使葡萄园缩减种植面积。所幸的是拉斐堡仍有佳作出产，比如，1899 年、1900 年、1906 年、1926 年以及 1929 年的酒皆是优等年份。第二次世界大战之后，拉斐堡的 1945 年、1947 年与 1949 年份的酒是这段重建时期的佳作。人们还将 1955 年出产的拉斐堡红酒视作拉斐堡复兴的标志。然而，波尔多的葡萄园还是没能逃过 1956 年横扫整个欧洲的霜冻，虽然那一年拉斐堡又遭重创，但在三年后拉斐堡又出产了经典之作，那就是 1959 年的拉斐堡红酒，两年后的 1961 年拉斐堡红酒开启了拉斐堡真正的复苏时代。20 世纪 60 年代是拉斐堡红酒的辉煌期，市场不断扩大，特别是美国市场的开拓；价格回升，拉斐堡红酒与木桐堡红酒之间的竞争更促使酒价扶摇直上。

到了 20 世纪 80 年代，拉斐堡红酒进入了它的辉煌期，1982 年、1985 年、1986 年与 1990 年皆是特佳年份，价格更是创下新纪录。一瓶 1983 年的拉斐堡红酒的标价为 5800 元人民币，而一瓶 1982 年的拉斐堡红酒竟然为 1.6 万元人民币；拉斐堡 2000 年产的葡萄酒，一瓶居然高达 8 万元人民币。

在葡萄酒市场上，拉斐堡红酒一直都在不断地刷新自己的纪录，并且是目前世界上最贵一瓶葡萄酒的纪录保持者。1869 年的拉斐堡红酒就曾拍出

2010年3月28日，Acker Merrall & Condit在中国香港举行了一次葡萄酒拍卖会。

会上最备受瞩目的是“跨越四世纪拉斐堡(Chateau Lafite Rothschild)”珍酿系列，经过逾20口价的激烈竞投后，最终以2,562,000港元高价成交，远超拍卖前估价（原先估价为100万~140万港元），全场报以热烈的掌声，刷新了一批拉斐堡佳酿拍卖的最高成交价世界纪录。这批佳酿精选了70瓶由1799至2003年间上佳年份的精品，囊括了所有拉斐堡获最高评价的年份，弥足珍贵，世间难求。这个系列是来自当今世上其中一个最显赫的私人珍藏，更显尊贵非凡。

23.39 万美元的天价，创造了世界葡萄酒拍卖历史上最高拍卖纪录。1985 年伦敦佳士得拍卖会上，一瓶 1787 年美国的第三任总统托马斯·杰斐逊亲笔签名的拉斐堡红酒更是以 10.5 万英镑的高价被《福布斯》杂志的老板马尔克姆·福布斯（Malcolm Forbes）购得，创下并保持了世界上最贵一瓶葡萄酒的纪录，如今这瓶葡萄酒藏于福布斯收藏馆，瓶身蚀刻有杰斐逊总统的姓名缩写。

不仅如此，各个年份的拉斐堡红酒都展现出了极大的投资价值，因此在葡萄酒拍卖会上拉斐堡红酒总是那些红酒收藏者和投资者的主要竞拍对象。据最新资料统计，1929 年的拉斐堡红酒的价格高达 34316 美元 / 每瓶；1945 年的拉斐堡红酒价格为 24957 美元 / 每瓶；1949 年的拉菲堡红酒价格为 17678 美元 / 每瓶；1961 年的拉菲堡红酒价格为 10398 美元 / 每瓶……可以说，这些经典佳酿无论从品质还是价钱上都差不多达到了顶峰。当然你也不必为错过这些经典年份的拉斐堡红酒而感到惋惜，拉斐堡红酒最大的价值就是每个年份都有极大的升值空间。如 2009 年的拉斐堡红酒曾在一次拍卖会上的成交价就是 34316 美元 / 每箱，而且未来升值的可能性极大。

在拉斐堡红酒中，1982 年的拉斐堡红酒特别受市场追捧，因此其价格一直是其他年份的数倍，比如在欧洲市场上，1976 年的拉斐堡红酒的售价为 500 欧元 / 每瓶，1982 年的拉斐堡红酒几乎是它的五倍，高达 2400 欧元 / 每瓶。在中国市场上，1982 年的拉斐堡红酒的售价更是稳居两万人民币而雷打不动。2002 年 8 月世界著名评酒师罗伯特·帕克品尝 1982 年的拉斐堡红酒时就给出了满分，他说道："这个酒的成熟期，也就是最佳饮用时间大概在 2004~2040 年"。传说他 11 次盲品这个年份的拉斐堡红酒，每次都满意地打出 100 分。正因为此，导致了 1982 年拉斐堡红酒得到市场追捧。

在一些资深葡萄酒爱好者眼中，1982 年拉斐堡红酒之所以能够卖到如此高的价格，全因 1982 年的年份具有特殊的转折意义。因为在 1982 年之前，拉斐堡出产的红酒酒质不是十分稳定，即使是经典年份的红酒也显得比较平庸，但在 1982 年之后，拉斐堡红酒发生了质量的提升，而且愈加醇厚，显示出超强的陈年期。

如今将 1982 年拉斐堡红酒作为投资又将如何呢？一位专业红酒投资家曾说："1982 年拉斐堡葡萄酒已经接近它的巅峰，作为投资利已不多，所

以法国酒商已经有了抛售的动作。如果你恰好家中有，又不打算赚钱，那么最好的办法是喝掉它。”大多数人都认为顶级红酒的最好归宿是作为收藏，而专业的酒评家则认为，这些顶级红酒的最大价值就是被喝掉。

不过，收藏家们爱之至深，或许下不了手。正如法国一位葡萄酒收藏家说的那样：“我很愿意拥有一瓶上个世纪的拉斐堡红酒，那是许多人梦寐以求的。可让我去喝掉它，还是算了，估计味道一定不怎么样。”

其实如果真爱红酒，拥有一瓶不为别人所好的好酒又有何妨，在它的品质至巅峰时狂热一饮，感觉一定是无比畅快的。酒的价值应该在拥有者的心中。

GRAND VIN
DE
CHATEAU LATOUR
PREMIER GRAND CRU CLASSÉ
2000
PAUILLAC

它是上天的恩赐——来自第四纪冰川时期冰河融化侵蚀后的土壤，赋予了此佳酿浓郁的香气和复杂的结构；它拥有毋庸置疑的贵族血统——被西格尔家族掌管了近三个世纪；它是波尔多五大名庄中的佼佼者——第一中的第一。它就是法国人心目中的国宝——拉图堡。

波尔多的雄壮之酒

拉图堡红酒

拉图堡红酒，旧译“拉都”，颇有气势，与充满力度的酒体相得益彰。酒评家林裕森形容拉图堡红酒：“有着一贯的坚实硬骨，如铁一般固执的单宁，像是一只壮硕的兽——除了时间，没有人可以驯服。”

法国有一句谚语：“只有能看得到河流的葡萄才能酿出好酒。”波尔多的吉伦特河口处矗立着一座古老的白塔，曾经是古代用于防御海盗的要塞。现在这座石塔下面，离吉伦特河岸大约300米有一座被玫瑰花环抱的葡萄园，这里就是波尔多著名的酒庄——拉图堡（Chateau Latour）。

在法文中，Latour（拉图堡）的意思是指

“塔”，在 20 世纪六七十年代，人们管它叫“塔牌”，这全因酒庄之中有一座历史久远的塔而得名。不要取笑这个名字老土，在不少波尔多红酒客的心目之中，它可是酒皇之中的酒皇！因为拉图堡红酒的风格雄浑刚劲、绝不妥协，它有着一贯的坚实的硬骨，如铁一般固执的单宁像是一只壮硕的巨兽，除了时间，没人能够驯服它。一些原本喜爱烈酒的酒客，因为健康原因而改喝红酒，拉图堡红酒便成了他们的首选。另外，拉图堡红酒因众多酒客捧场，成为酒价最高的酒庄之一。

实际上，早在 14 世纪的历史文献中就已经提到过拉图堡了，只不过那时这里还不是酒庄，直到两个世纪后它才被开垦为葡萄园。1331 年 10 月 18 日，卡斯蒂隆（Castillon）的领主庞斯（Pons）批准当时梅多克地区一个极为富有的让赛莫·德·卡斯蒂隆家族（Gaucelme de Castillon）在此地建造堡垒。15 世纪中期，位于距吉伦特河岸大约 300 米的地方建造了用于河口防御的瞭望塔，被称为“圣·莫伯特塔”（Saint-Maubert Tower），是一个至少有两层的方形瞭望塔。拉图堡正牌葡萄酒酒标——Grand Vin de Chateau

Latour 与副牌——Les Forts de Latour 就分别是根据以前的“圣·莫伯特塔”和当时堡垒的建筑设计的。现在这个被称为“圣·莫伯特塔”的建筑早已经不存在了，建于 1620~1630 年之间的圆形白色石塔原来是一个鸽舍，现已成为拉图堡酒庄的标志性建筑，矗立在那里目睹了 300 多年酒庄的沧桑变幻。

1670 年，法国路易十四的私人秘书戴·夏凡尼买下了这座古老的酒庄，从那以后拉图堡酒庄便一直在法国的贵族之间不断地转手。1677 年，拉图堡酒庄移归戴·克劳塞家族。1695 年，这个古老的庄园作为玛丽·特丽丝·克劳塞的嫁妆，送给了玛丽的丈夫，即著名的“葡萄酒王子”尼古拉·亚历山大·西格尔。从那时起，拉图堡才算真正成为酒庄，开始了酿造葡萄酒的历史。随着西格尔家族的衰落，“葡萄酒王子”尼古拉逝世后，拉图堡酒庄和拉斐堡酒庄由夫妻两人的大女儿及其儿子亚历山大伯爵继承。后来伯爵再将此酒庄交给三位妻妹，拉图堡酒庄正式和拉斐堡酒庄分家，日后此酒庄分别由三家所有。

法国大革命爆发时，西格尔家族的卡巴纳伯爵拥有拉图堡酒庄四分之一的股权，可是卡巴纳伯爵流亡海外，革命政府便将其产权拍卖。几经转手，拉图堡酒庄的另一位股东伯蒙家族在 1841 年以 150 万法郎购得。作为拥有拉图堡酒庄的三大家族之一，伯蒙家族从此成为拉图堡酒庄最大的股东。为了避免重蹈西格尔家族的覆辙，伯蒙家族依法设立一个法人，使得拉图堡酒庄不至于因继承问题而被瓜分。虽然酒庄的产权被分割，但是其中有相当部分还是掌握在西格尔家族后裔的手中。

西格尔家族拥有拉图堡酒庄一直到 1962 年。然而就在 1963 年，当时掌握拉图堡酒庄的三大家族中的伯蒙和考提龙因为不愿将每年的红利分给 68 位股东，竟把酒园 79%的股份卖给了英国的波森与哈维两大集团，后来又追加到 93%。当这一消息传出后，举国震惊，不少法国人视其与卖国行为无异。直到 1989 年，已成为哈维集团股东的里昂联合集团以近 2 亿美元的天价把在波森集团手中的股份购回：每 1 万平方米的单价为 1400 万法郎，换算到每株葡萄树即值 1800 法郎，堪称全球最昂贵的酒庄！1993 年，法国百货业巨子春天百货公司的老板弗朗索瓦·皮诺尔以 8600 万英镑购下拉图堡酒庄的主控权，成为拉图堡酒庄新的主人，拉图堡酒庄重新回到法国人的怀抱。

1963 年，英国公司虽然购得拉图堡酒庄，但英国人完全听从“内行领导”，将酒厂委托由酿酒大师加德尔（Jean-Paul Gardere）全权处理。加德尔不负所托，进行一连串的改革，使得拉图堡酒庄脱胎换骨。拉图堡酒庄收购了庄园周围共计 12.5 万平方米的两块葡萄园，而且铲除了许多过于老化的植株。

最重要的改革是在 1964 年，拉图堡酒庄率先在法国顶级酒庄中采用控制温度的不锈钢发酵罐，代替老的木制发酵槽。加德尔引进这种可控制温度、控制发酵进度，容量达 14000 升的不锈钢槽，虽然此举一度引起业界的质疑声浪，但结果证明加德尔的做法是正确的。现代化的发酵方式比起传统方式要减少一半的时间，同时改善了拉图堡红酒的高度涩感和必须放置至少 10 年以上方可入口的问题。此举让拉图堡迅速摆脱第二次世界大战的影响，进入了它的黄金时代。

其实，拉图堡红酒早在清末就已被中国人认识，在当时的葡萄酒谱里，这类顶级酒被称为“大酒”，音译为“拉都”，似乎比现今的“拉图”这个名称更有王者之气。如今，随着进口优质葡萄酒在中国市场日趋流行，拉图堡红酒早已成为时尚新贵们的杯中珍品，价格一直保持在数千元，甚至数万元之巨，成为时尚奢华以及判断成功者品位的重要标志之一。

250 年来，人们喝拉图堡红酒，谈论它，同朋友分享，拉图堡红酒的声誉像滚雪球那样成长起来，这不是一朝一夕可以做到的。拉图堡人倾向于把他们的产品看作是来自土地给予人的礼物，而不是一个品牌。

拉图堡早在 18 世纪就成为欧洲最具名望的酒庄，它所出产的红酒受到了法国、英国王室和贵族们的极大欢迎。在当时，很多贵族与达官贵人都热衷于波尔多几个著名酒庄的红酒，拉图堡酒庄就是

GRAND
DE
CHATEAU
PREMIER GRAND
1993
12,5 % Vol.
APPELLATION PAUILLAC
DU VIGNOBLE DE CHATEAU LATOUR,
DEPOSE
GRAND VIN
DE
CHATEAU LATOU
PREMIER GRAND CRU CLASSÉ
2000
PAUILLAC

其中之一。

19 世纪中叶，由于波尔多毗邻吉伦特河的地理优势，葡萄酒贸易在这里得到飞速发展，并且推动欧洲的消费者越来越喜爱波尔多的葡萄酒。此时一瓶拉图堡红酒的价格是其他普通波尔多酒的 20 倍，即便如此，那些大人物仍不惜重金购买。1855 年，法国推行的葡萄酒分级制度更加强化了拉图堡红酒在葡萄酒界的地位。

拉图堡酒庄的葡萄园占地 62 万平方米，1 万平方米大约种植 1 万棵葡萄树，这个比例在法国各大酒庄属于比较密集的。拉图堡之所以这样做的原因，就是园中种植的葡萄树多为 30~40 年的老植株，虽然葡萄的质量很高，但产量极少，1 万平方米的产量不过 5000 升，远少于其他酒庄的产量。

对于拉图堡酒庄采用不锈钢发酵这一做法，许多人并不喜欢，甚至拉图堡酒庄的员工、酿酒师都拒绝那么做，因为他们的父亲、祖父从来都是按照古老的方法酿酒的，他们不愿意改变。拉图堡酒庄总裁弗雷德里克·恩杰尔表示：“如果是个 20 多岁的年轻人，可能你告诉他这么做那么做他就照办了，但是对于那些 50 多岁的老员工，他们很难被说服。当然他们都是很棒的工人。这就像你重建一座大楼一样，先把旧的拆掉，再把新的重新建造起来，不是一个轻而易举的工程。”这些人非常注重葡萄酒的酿制传统，希望酒是自然的产物，痛恨一丝一毫的人工雕琢。他们认为，葡萄酒本身不是一种产品，更多的是土地、大自然表达的一种情怀。

人们之所以关心拉图堡酒庄的改革，是希望它能一如既往保持完美的品质。可贵的是，经过改革的拉图堡酒庄并没让人失望，反而走向更高的巅峰。正如拉图堡酒庄总裁弗雷德里克·恩杰尔说的那样：“拉图堡酒庄不做什么市场推广，我们的市场推广都做在瓶子里。拉图堡不是奢侈品牌，法拉利知道谁买了他们的车，我们不知道谁喝我们的酒。拉图堡酒庄不‘做’酒，我们做的只是好好地种葡萄，选择其中最优秀的葡萄放到发酵罐里，并控制好温度。仅此而已。”

从这一番话中，我们可以感受到拉图堡酒庄的主人对葡萄酒的热爱和对品质的不懈追求。正是这种精神才让拉图堡酒庄赢得“一等酒庄”的声望，在当今越来越浮躁的市场经济环境下，这种精神越发显得珍贵。

拉图堡称得上是梅多克最令人景仰的酒庄之一。即使酒庄更换了数任庄主，无论年份好坏，拉图堡还是拉图堡，一如既往地威武雄壮。这是一个让人无话可说的酒庄，一切表达都溶在它所盛产的绝世佳酿之中。

在葡萄酒界，拉图堡红酒被业内人士公认为五大顶级酒庄中品质最稳定、最好的红酒，在过去的100年中，拉图堡红酒屡获好评，即使不好的年份也展现出超强的生命力。拉图堡红酒是一款怎样的酒并没有一个简单的答案，不同的年份会呈现出不同的口感。我们该怎样来描述拉图堡红酒呢？也许当我们品尝这些口味各不相同的拉图堡红酒会想到一个问题，那就是它们的父母是谁？答案只有一

GRAND VIN
DE
CHATEAU LATOUR

个，那就是土地，这是年复一年唯一不变的东西。另外一点就是，一款红酒并不是简单地罗列几条就可以讲清楚的，即便是一瓶酒，随着年份的增加也在发生着变化。

拉图堡有着深厚的砾石土，这是在第四纪冲积而成的，具有保温、排水性强的优点。砾石层之下是沉积而成的黏土，能保留住地底下的水分，正是由于有了这种优越的地理条件和地质条件，才能诞生出全波尔多地区乃至全世界最雄壮威武的如红宝石般的液体。成熟的葡萄在采收时要经过严格的筛选，这就使得甄选出的那些葡萄更显得弥足珍贵而趋于完美。拉图堡酒庄的葡萄园占地 62 万平方米，年生产 13.2 万瓶葡萄酒，葡萄园旁边的白色圆塔是它的标志。拉图堡葡萄酒的酒性与拉斐堡的刚好相反，它刚劲雄浑，有着极丰富的层次，口感雄厚浓郁，丰满细腻，均衡完美，回味悠长，是最浓稠的重量级“红酒之皇”。

一般而言，拉图堡红酒比木桐堡红酒、拉斐堡红酒与玛歌堡红酒需要更长的醇化期，丰富的单宁使它最少需要窖藏 10~15 年方可度过“青涩期”，才能开瓶享用。成熟后的拉图堡红酒有着极丰富的层次感，丰满而细腻。而其最好的享用年份则需等待 50 年甚至更长的时间，因为其超强的生命力，人们甚至将拉图堡红酒比喻成可以陪一个人度过一生的葡萄酒。

拉图堡红酒最大的特点是其质量的一致性（Consistency），也就是说无论是好年还是劣年，拉图堡红酒的品质都能保持一致。在波尔多的酒庄中，能够做到不好的年份也可以出产好酒的并不多，这一点上只有位于波尔多格拉夫地区的奥比昂庄园可以与之媲美。拉图堡红酒的特性是澎湃有力、刚劲浑厚，单宁充足，酒香丰富而浓郁。著名酒评家帕克曾说过，在一些劣年如 1974 年、1972 年、1960 年，拉图堡红酒都是当年的明星酒。但在 1983 年至 1989 年，拉图堡红酒的风格发生了变化，变得比较柔和，这使偏爱其强劲有力的许多拥护者极为不满。而在 1990 年以后，拉图堡恢复了以往的风格，劲道十足、深厚丰富、粗犷顽强，较为男性化。

拉图堡红酒成熟期较其他波尔多一级庄园的酒慢，其酒体丰满、酒香浓郁、单宁强劲，具有浓郁的黑醋栗、黑菌、香草、橡木、矿物、浆果的味道，是一款极具爆炸性的葡萄酒，余韵极为悠长。其最佳搭配食物是嫩牛柳、烤羊肋骨、红烧鲍鱼、蓝菌奶酪。

许多资深的酒客对拉图堡红酒优秀年份都有一致的选择，20 世纪 60 年代最佳年份是 1961 年，1966 年次之。20 世纪 70 年代最佳年份是 1970 年，1975 年次之。20 世纪 80 年代最佳年份则是 1982 年。20 世纪 90 年代是 1996 年最为优秀，1990 年次之。2000 年的拉图堡红酒还没完全成熟，酒色有种深不见底的感觉。在开瓶之初，酒香还是很封闭，没有透出来；但经过一轮醒酒之后，酒香慢慢地涌出，带有云呢拿及黑加仑子的香味，回味长且富有层次。

总之，红酒是非常复杂的东西。有一点是可以肯定的，好的葡萄酒可以长时间保持它的生命力，它会慢慢地变得成熟，其结构不是一成不变的，而是随着时间的推移而不停地重新构造，正如生命不断地生长成熟。拉图堡红酒正是这样的葡萄酒，一些年份久远的拉图堡红酒仍充满生命力，完美至醇。

尽管价格昂贵，索求拉图堡红酒者仍是趋之若鹜。对于他们而言，拉图堡红酒是上帝给予人类的礼物。法国人经过世世代代的精心打理，将拉图堡红酒打造成全世界红酒爱好者的图腾。

投资葡萄酒一直被称为另类投资，相对于石油、黄金等其他投资品，葡萄酒则是最有“品位”的，且回报率仅次于石油，其投资行情近年来一直高涨。对投资者而言，他们的目标自然少不了法国的拉图堡红酒。

许多葡萄酒投资者都十分关心拉图堡红酒的价格，而拉图堡红酒也一直处于葡萄酒市场的尖端。比如，2008 年 4 月 9 日，一箱 2000 年拉图堡红酒（Chateau Latour 2000）在苏富比以 16350 美元拍出，与 2007 年的拍卖价格相比上涨 14%。在 2008 年年底，香港佳士得拍卖公司举行了一场令人无比兴奋的拍卖会（至少在葡萄酒爱好者们看来是如此）。在这场名叫“顶级珍贵名酒及拉图堡酒庄陈年佳酿”的专场拍卖中，12 支年份为 1961 年的拉图堡红酒创造了一个新的世界纪录——以 116.4 万元人民币成交，

每瓶价值将近10万元；另一组12支拉图堡酒庄1959年佳酿也拍下了90万港元的世界拍卖纪录。

巨大的经济利益时刻吸引着许多红酒投资者的目光。2010年，阿奇拍卖行拍卖53瓶拉图堡（1901~1996年份）葡萄酒，最后拍得59815美元，每瓶平均价格将近约1129美元。

或许你会认为一瓶酒的价钱可以买一辆不错的车了，不过请相信，这还不是拉图堡红酒最佳表现。1982年的拉图堡红酒被公认为世界上品质最好的红酒。2010年4月3日，在香港苏富比的一次拍卖会上，1982年产自拉图堡酒庄（Chateau Latour）的12瓶装葡萄酒以43649美元成交。

尽管价格昂贵，索求拉图堡红酒者仍是趋之若鹜。迄今为止，在中国，1982年份的拉图堡红酒已经断档，只有极少数的几家公司尚有1985年、1987年、1992年和1993年四个年份的葡萄酒出售。上帝的眷顾，让法国人拥有了如此绝妙的土地，经过世世代代的精心打理，他们让拉图堡红酒创造一个又一个辉煌的奇迹！

MIS EN BOUTEILLE AU CHÂTEAU
CHÂTEAU MARGAUX
GRAND VIN
1994
PREMIER GRAND CRU CLASSÉ
MARGAUX
APPELLATION MARGAUX CONTRÔLÉE
S.C.A CHÂTEAU MARGAUX PROPRIÉTAIRE A MARGAUX - FRANCE

作为梅多克地区的“酒后”，玛歌堡红酒呈现出永远无法被模仿的风味，它集优雅与气势于一身，正如它的女庄主所说的那样：“如同带了天鹅绒手套的铁拳，柔中带刚……”

梅多克的红酒皇后

玛歌堡红酒

著名的玛歌酒庄享有“波尔多的凡尔赛宫”美誉，它建于文艺复兴时期的公元16世纪，这里出产的玛歌堡红酒堪称法国波尔多地区最优雅的葡萄来到玛歌堡酒庄，人们都怀着一种朝圣的心这不仅是对玛歌堡酒庄的最高敬意，也是对法国人对葡萄酒专注精神的致敬。

玛歌酒庄位于波尔多著名的红酒产区梅多克，是法国、也是世界上最负盛名的顶级酒庄之一。走进玛歌酒庄的庄园，两排林荫大树宁静优雅，风格雄伟的希腊圆柱衬托出酒庄肃穆庄严的古典风范。其实最令人回味的不在城堡的外表，而是酒窖的内部。在玛歌酒窖里，看到许多波尔多大学的年轻女性酿酒实习师，就不难理解为何玛歌堡的酒是如此的细腻。品尝红酒时酒庄总管细腻的取酒拔塞动作，着实让人感受到玛歌堡红酒高雅的气质。

玛歌堡酒庄在1855年评级中，是唯一一个由一级庄园到五级庄园都有的产酒区的酒庄。玛歌堡酒庄就是以产区名命名的，至于最初玛歌堡的命名原因已经无法考证。由于它的历史悠久，其产权拥有者的变更也特别频繁。在13世纪，玛歌堡酒庄区曾经建有一座防卫海盗的城堡，跟拉图堡庄园一样，是梅多克区最早的建筑，后来这里逐渐演变成葡萄园。15世纪，玛歌堡的产权在当地贵族中转来转去，后来玛歌堡庄园落在贵族达拉狄（D'Agricourt）家族的手中。1755年，玛歌堡庄园主成为玛歌男爵，之后又因婚姻关系几次易手。直到法国大革命前夕，玛歌堡庄园一直为贵族所有。大革命的腥风血雨也波及了庄园，庄园主亡命海外，其妻子及岳父均被推上断头台，玛歌堡庄园也被革命政府充公。

玛歌堡酒庄被马奎斯·德·拉·科洛尼亚侯爵于1802年买下，他花了14年的时间和精力设计并建造，终于在1816年完工，建成了今天我们所见到的玛歌堡酒庄，成为波尔多最优雅的酒庄。

1836年，玛歌堡酒庄又转到西班牙银行世家阿古度（De.Aguado）手中。半世纪之后，1879年，它又被法兰西银行家威尔伯爵（De Piller Will）将其收购，直至1921年玛歌堡酒庄再度易手。可以说，玛歌堡酒庄是转手次数最多的酒庄。玛歌堡酒庄被爱士图尔庄园的园主杰斯德（F.Ginestet）于1949年收购，随后他入主玛歌堡酒庄。

20世纪70年代，世界经济不景气，特别在1973年至1974年间，杰斯德家族不堪负荷，不得不将酒庄出售，但他们列出了出售的三大条件：一、必须保留杰斯德公司作为玛歌堡红酒的独家经销权；二、原来的雇员不能被解雇；三、由于皮尔·杰斯德对玛歌堡酒庄所作的贡献，新买主必须允许皮尔·杰斯德终身居住在酒庄城堡。这三个条件虽然令很多国内买家为难，但还是有国外买家竞相出价。法国政府认为玛歌堡酒庄是法国的重要历史和文化遗产，所以千方百计阻拦外国买家的介入。就在玛歌堡酒庄即将售予美国国家酿酒公司之际，法国政府以“维护重要文化遗产”为由阻止了这宗买卖。但是玛歌堡酒庄终在1977年卖给希腊裔法国人安帝·门来尔普洛斯（Andre Mentzelopoulous）——法国最大的葡萄酒连锁店“尼古拉”的最大股东。由于他已入籍法国，因此，玛歌堡酒庄总算落入法国人手中。他花了大笔款项来修复庄园，并礼聘波尔多酿酒大师埃米·菲洛（Emile Peynaud）为顾问。玛歌堡酒庄经此改革耳目一新，并于1978年获得丰硕的成果。安帝先生1980年去世后，他的产业由其女儿及妻子继承。1992年，玛歌堡酒庄的部分产权落入意大利人阿内里家族（Agnelli）手中，但原拥有者门来尔普洛斯家族还拥有相当的股份，同时享有玛歌堡酒庄的经营权。

自从阿内里家族买下玛歌堡酒庄后，玛歌堡酒庄进入了历史中最辉煌的时期。其1978年出产的葡萄酒酒质超卓，非常丰浓，香味持久。1980年，门来尔普洛斯不幸逝世，没来得及享受他投资的成果。幸而他迷人而又十分精明的女儿科琳娜继承其业，现在担任企业的总裁。在她有力的领导下，再加以保罗·蓬塔耶的技术指导，1982年、1983年、1986年、1988年（黑马）、1990年和1996年都成为该酒上好的年份酒。此外，其1994年的酒十分优雅，是典型的玛歌堡紫红酒。1978年，玛歌堡酒庄扩展并

作为法国国宴的专用酒，玛歌堡正牌红亭有着梅多克地区“酒后”的美誉，其单宁丰富，久而弥香，在20~30年后饮用是最为合适的。香气不那么浓烈，开始是玛歌堡红酒的经典香气，黑莓、黑醋栗香，继而是雪茄盒香和烟草香，隐隐约约的香味、烟熏气和矿物质气，香气层次丰富而经久，不断变幻，十分迷人。

种植了新的葡萄品种，其葡萄酒的组成也更加丰富，克服了20世纪六七十年代的一些不足，呈现出更完美的品质。

今天，玛歌堡红酒早已成为法国波尔多顶级的葡萄酒之一，被誉为波尔多最优雅的葡萄酒。品尝玛歌堡红酒不仅代表着品鉴者的优雅，还令人有一种幸福感。正如著名革命导师恩格斯曾经说过的一句话那样：“什么是幸福？幸福就是喝一杯1848年的玛歌。”

玛歌堡酒庄的葡萄酒之所以几百年盛名不衰，吸引了无数皇室贵族、文人雅士的青睐，主要来自于其独一无二的土壤和地质情况，还有一代代玛歌人对葡萄酒的热情和对质量近乎苛刻的要求。

玛歌堡因红酒品质上乘，早在17世纪时就享誉“一级”酒庄，比官方的1855年分级早了两个世纪。

1787年，对法国葡萄酒痴迷有加的美国总统托马斯·杰斐逊在波尔多旅行，从包括拉斐堡、拉图堡和奥比昂堡在内的四大名园中选出玛歌堡为首。他的品酒水平令人叹服。在这两个世纪中，玛歌堡红酒始终是所有紫红葡萄酒中最精致、最曼妙的一种。文学家海明威希望能将孙女抚养得“如同玛歌葡萄酒般充满女性魅力”，并将她命名为“玛歌”，后来玛歌也真的成为一位电影明星。早年，毕加索、达利、科克托等艺术大师都曾为玛歌堡酒庄绘制过酒标。据说，当年酒庄给毕加索的报酬是一张酒标换一瓶酒；而当年达利离开玛歌堡酒庄时，更是带走了整整100箱葡萄酒。

除此之外，还有一个人与玛歌堡有着密切的关系，这个人就是拿破仑。曾经有人说过这样一句话：“玛歌堡藏有波尔多甚至法国最名贵的酒，它是梅多克最壮观的庄园，但真正让它闻名于世的是拿破仑。”

1804年6月的一天，拿破仑第一次到玛歌堡，此时距离他在巴黎圣母院举行皇帝加冕典礼还有半年时间。当时，亡命英国的朱安党头目组织了一批刺客，到处追杀这位科西嘉人。拿破仑的好友拉斯特侯爵夫人当时正掌管着玛歌堡，她便请拿破仑来玛歌堡躲避几天。从此，玛歌堡的好酒让

拿破仑一生情牵玛歌堡，最后竟生出一段胜也玛歌败也玛歌的悲情。1805 年 12 月 2 日，拿破仑亲率法军在奥斯特里茨村，与库图佐夫的俄奥联军展开激战。拿破仑调运来几十个装满玛歌堡堡好酒的橡木桶，他让每个士兵都要喝酒壮胆。最后，奥斯特里茨战役以法军大胜而结束。后来，拿破仑的大军打到哪里，装满玛歌堡红酒的橡木桶便跟到哪里。玛歌堡红酒已成了拿破仑心中的护身符，以至于后来滑铁卢战败，拿破仑也把它归结为士兵没酒喝，所以斗志没有了。后来，拿破仑在被流放的圣赫勒

玛歌堡“白亭”香气芬芳，清新而层次丰富，非常独特。酒色为淡麦秆黄色，亚洲水梨、白瓜、白花和矿物质气味、葡萄柚的香气藏在底层；入口芬芳，尾韵悠长。玛歌堡白葡萄酒产量比红酒要少得多，依年份不同，在4万瓶左右。与波尔多顶级酒庄的白葡萄酒数千瓶至一万瓶之间的数量相比，则属于较多的了。

拿岛上，竟恳求看守他的英军士兵去为他拿些玛歌堡的酒来。在拿破仑的《圣赫勒拿回忆录》里，他再次提到玛歌堡的酒对他一生的影响。他在书中写道：“因大雪封山，使得100桶玛歌堡酒未能运到滑铁卢前线。”由此可见，他对战败的耿耿于怀和对玛歌堡酒的情有独钟。

虽然拿破仑成败未必真的与玛歌堡红酒有关，因为这些大都是后人杜撰的，但玛歌堡红酒的完美品质是绝对毋庸置疑的。玛歌堡是法国梅多克地区最古老的酒庄之一，几百年来一直恪守着最传统的酿酒方式。在玛歌堡酒庄，我们看不到任何机械化的设备，这里的工作人员依然保持着全手工操作。如今的顶级酒庄都已经采用不锈钢的发酵桶进行发酵，但玛歌堡酒庄使用的发酵罐仍然是橡木桶。

关于这一点，玛歌堡酒庄认为木桶和钢罐都各有优缺点，重要的是怎样扬长避短。由于玛歌堡红酒的产量不多，所以一直采用木桶发酵的传统方法，这样更可靠。玛歌堡酒庄的橡木桶有一小部分是自己制作的，同时还有五六个作坊供应。不同的橡木桶会赋予红酒不同的风味，因此，避免使用单一的橡木桶也是玛歌酒庄的一个传统。在波尔多，葡萄酒已经成为一种历史和文化。玛歌堡酒庄独有的26个巨型橡木发酵桶距今已经有50多年的历史，如今它们依然被维护得很好。

玛歌堡酒庄除了生产红酒之外，也生产少量的白葡萄酒。每逢收获季节，只有那些手法熟练的工人才能被允许参与这项工作，以保证收获葡萄的质量。采摘葡萄的工人分为几队：采摘工摘葡萄，并装到小塑料篮子里；运输工背着背桶专门收集葡萄，背桶装满后，运到地头的车上；车上有挑选台，挑选工随即进行挑选，将品质不佳的葡萄剔除；还有一队专门运送葡萄到酒庄。玛歌堡酒庄的原则是送到酒庄的葡萄都应该是品质最好的。葡萄进入酒庄后，马上去梗破碎，送入发酵桶。

从这方面看，我们就可以明白为什么那些名人钟情于玛歌堡红酒了——非凡的质量从来都不是偶然得来的。玛歌堡酒庄的葡萄酒之所以几百年盛名不衰，独一无二的土壤和地质情况自然是根本，加隆河岸边得天独厚的气候条件也必不可少，尤其是和一代代玛歌人对葡萄酒的热情和对质量近乎苛刻的要求分不开的。

玛歌堡红酒颜色美丽，气味香甜优雅，酒体结构紧密细致，入口温柔典雅，而且平易近人。饮者会感觉到它味道浓烈却不上头，喝起来口感浓香而不易醉。玛歌堡酒庄的正牌红酒是一种适合心平气和地品尝和体会的酒。有人形容玛歌红酒像优美婉转的歌声，余音袅袅，令人陶醉不已。

玛歌堡红酒酒体柔顺、香味浓郁，它的最大特点是混合了两种极端的特色——柔顺又丰富的果味和回味悠长而强劲的余味。因此它有“丝绒拳套里的铁拳”（Iron fist under velvet glove）之称，也就是说表面上很柔和，实质上很强硬。正如它当年的

CHÂTEAU
MARGAUX

女庄主所说的那样："如同带了天鹅绒手套的铁拳，柔中带刚……"

如果把玛歌堡红酒与拉图堡红酒相比，拉图堡红酒是雄浑、澎湃，玛歌堡红酒则是刚中带柔，平易近人。因此很多人把拉图堡红酒形容为男性阳刚之酒，玛歌堡红酒则是女性化的阴柔之酒。玛歌堡红酒以其平易近人的特色特别容易让人们接受，又由于其比较柔顺，因此很适合刚开始饮酒的人饮用。

无论是正牌还是副牌的玛歌堡红酒，其酒体丰满，富有成熟的黑浆果、黑醋栗、香草、橡木气味，单宁的优雅气息配合浓郁的黑松露、巧克力和香草口感，黑浆果实味道令余韵更为悠长。如果搭配红烧鲍鱼、红烧鹅掌、海参、嫩牛柳、山羊奶酪，则更显示出其柔美的独特风味。

1900 年是玛歌堡红酒十分稀有的年份，国际上的售价每瓶大约为 6 万元人民币。1900 年是波尔多红酒当中极为优质的年份，也几乎是玛歌堡酒庄最好的年份，极具收藏的价值。有些酒评家甚至把它称为"世纪之酒"(Wine of the Century)。1900 年的玛歌堡红酒比较难找，一般波尔多酒经过 20 至 30 年"陈年"之后可以达到顶峰，也就是到了适饮期，一级酒庄出产的好年份的酒寿命通常可以达到五六十年，但存放百年以上的，相信也只有储存在玛歌堡酒窖内的红酒还可以喝。

1986 年的波尔多葡萄酒以迟熟、多单宁而闻名，此年份的玛歌堡红酒也不例外，虽然单宁很多，但其果味充足，两者相互平衡。开瓶和换瓶后的两个小时内香味不明显，酒体仍然处于沉睡状态，但三小时后情况有所改善。酒香带有强烈的烤木桶、烟熏的味道，隐约还有黑加仑子和白花的香味出现，而且酒体极为丰厚，很纯净、有层次、回味悠长，是一瓶不可多得的好酒。

玛歌堡副牌的品质也十分出色，副牌玛歌堡分红葡萄酒和白葡萄酒两种。玛歌堡副牌红葡萄酒最早出现于 19 世纪，并于 1908 年定名为"Pavillon Rouge Du Chateau Margaux"，这个名字直译为玛歌堡酒庄的红色亭园，简称为"红亭"。20 世纪 30 年代至 70 年代，玛歌堡副牌酒曾消失了一段时间，直到 1977 年随着安帝·门来尔普洛斯的入主，他为提升正酒酒质才重新生产副牌酒。玛歌堡酒庄对不符合标准及较为年轻的葡萄树所产的葡萄，一律作为副牌酒“红亭”的原料。红亭的品质虽然不及拉图堡酒庄的副牌酒，但其品质也足以列入第四级或第五级了。

玛歌堡副牌红葡萄酒单宁柔和，口感充满黑醋栗、香草、橡木、黑松露和成熟的蜜枣味道，黑皮果实味道持久，余韵悠长。2000 年的玛歌堡副牌红葡萄酒曾被《葡萄酒观察家》杂志（*Wine Spectator*）给予 94 分的高分。2000 年副牌玛歌堡红酒开瓶后半小时内非常好喝，平易近人，酒体丰厚，口感很好，香味十分优雅，恰当地体现了玛歌堡庄园的阴柔之美。红亭与玛歌堡正酒的风格有一点儿相像，酒评家罗伯特·帕克则认为 2000 年的红亭比 20 世纪六七十年代某些年份的正酒还优异。在几款一级酒庄的副牌酒当中，红亭最受女性欢迎，正是出于对其柔顺易饮的特性及玛歌堡红酒特有花香的钟爱。

玛歌堡的白葡萄酒被命名为 Pavillon Blanc Du Chateau Margaux，法文全称可译为玛歌堡酒庄的白色亭园，因此简称为“白亭”。它全部由白葡萄品种白苏维浓（Sauvignon Blanc）酿制而成，一般会存放在全新的木桶中醇化半年左右，年产大概 5 万瓶，是波尔多地区最好的干白葡萄酒之一，价格也不便宜。

有人将拉图堡红酒比喻成法国梅多克地区的酒皇，玛歌堡红酒是酒后，无论从品质还是价格上，没有哪一个品牌能比玛歌堡红酒更能胜任这个称号了。

对于那些专业的葡萄酒投资者和收藏家来说，他们购买葡萄酒最看重的往往不是投资回报，而是一种文化爱好，葡萄酒除了有极为丰富的味道之外，更蕴藏着丰富的故事和文化内涵，好像一个人一辈子都无法说完。正如法国葡萄酒专家艾马·迪·白伦斯说的那样：“对我们来说，卖酒就相当于卖自己国家的历史、文化和艺术品；刚摘下来的葡萄就像初生的婴儿，在橡木桶中的酿制就像让它上学；当它毕业的时候，我们最大的希望就是把它交到懂得欣赏它的人手中。所以，我们往往更注重买卖双方的共同点，寻找的买家一定是懂得红酒、热爱红酒的人。这里面绝对不是纯粹的商品买卖那么简单。”

由于历史上诸多名人都对玛歌堡的酒极为青睐，因此玛歌堡的酒也相应地具有了浓厚的艺术气息，无疑更增添了其收藏价值。1989 年，一位英国藏酒家委托纽约酒商索克林代售一瓶 1787 年酒瓶上刻有美国前总统杰斐逊的名字缩写的玛歌堡葡萄酒。索克林携酒出席了在四季酒店举行的玛歌堡品酒晚宴，并在晚宴上宣布这瓶玛歌堡红酒出售价为 50 万美元。由于 1787 年的玛歌堡葡萄酒的数量比较少，因此尤为珍贵，但是索克林开出 50 万美元的天价后，在场人无不惊叹。当晚宴即将结束时，一个端着咖啡盘的服务生误撞倒了这瓶玛歌，面对被打碎的珍贵美酒，全场人无不为之惋惜。幸运的是，索克林事先给这瓶昂贵的酒买了保险，后来领得 22.5 万美元的赔偿金。世界上价格最高的碎酒瓶也由此诞生。

玛歌堡酒庄出产的正牌葡萄酒在市场上也是独领风骚，其中最佳年份包括 1900 年、1928 年、1953 年、1961 年、1978 年、1982 年、1989 年、1990 年、1995 年、1996 年、2000 年、2003 年和 2005 年等年份的酒都是葡萄酒收藏者和投资者的购买目标。其中 1900 年的玛歌堡正牌葡萄酒在几年前每瓶的拍卖价就高达 8200 美元，如今的存世量仅有几瓶，其价格仍在不断地攀升。2010 年，在香港苏富比拍卖行上，来自玛歌堡酒庄主人私人酒窖珍藏的 360 瓶佳酿，以将近 20 万美元的价格成交，平均每瓶将近 4000 元人民币，打破了玛歌堡红酒历年来在亚洲的拍卖纪录。

玛歌堡红酒一直是法国国宴的指定用酒，中国国家主席胡锦涛在法国波尔多访问时，所参观的酒庄就是玛歌堡酒庄，而当时酒庄拿出来的酒就是 1982 年的玛歌堡红酒。1982 年是法国波尔多葡萄酒庄的传奇年份，各大酒庄这一年份的葡萄酒品质完美，这瓶 1982 年的玛歌堡红酒也是如此，在中国内地的售价一般每瓶都在两万元人民币左右，而且升值空间巨大，是一些葡萄酒投资者的主要购买目标。除了最佳年份的玛歌堡正牌葡萄酒，一些新近出产的玛歌堡酒价格一般每瓶也都在 5000~10000 元之间。

有人将拉图堡红酒比喻成法国梅多克地区的酒皇，玛歌堡红酒是酒后，无论从品质还是价格上，没有哪一个品牌能比玛歌堡红酒更能胜任这个称号了。

奥比昂葡萄酒的盛名一方面来自它成功地逃过了当年到处肆虐、蹂躏葡萄园的根瘤蚜病，成为唯一幸存的葡萄园；更因其完美的品质征服了所有葡萄酒爱好者，成为法国五大顶级酒庄之一。今天的奥比昂葡萄酒享有“格拉芙之王”的美名，绝对是名副其实的。

CHATEAU HAUT-BRION

格拉芙土地上的神奇汁液

奥比昂葡萄酒

在法国波尔多的五大名庄之中，奥比昂酒庄最小，却最早闻名欧洲，而且奥比昂酒庄是唯一出自格拉芙的一级酒庄。历经 400 多年，帝龙家族如今成为这座最负盛名的酒庄的新主人。帝龙家族对波尔多最大的贡献就是作为世界遗产的守护人，酿出与这个历史最悠久的古老酒庄名誉相符合的顶级美酒。

提到奥比昂酒庄，熟悉红酒文化的人会想到它是法国五大酒庄之一，在波尔多地区具有悠长的历史。对于卢森堡侯贝王子（Prince Robertde Luxembourg）来说，这里充满了家的味道，因为这里是他童年时的乐园以及成人后的事业重心。和拉斐堡、玛歌堡、拉图堡、木桐堡一样，奥比昂酒庄于 1855 年就加入了一级酒庄的行列。不过在法国

CHATEAU HAUT-BRION

CHATEAU HAUT-BRION
2009
CHATEAU
HAUT BRION
PESSAC
CHATEAU HAUT-BRION
Premier Grand Cru Classé
2009
Domaine Clarence Dillon Propriétaire

LA CLARTÉ
DE HAUT-BRION
GRAND VIN DE GRAVES

LA CLARTÉ
DE HAUT-BRION
2009
GRAND VIN DE GRAVES
Domaine Clarence Dillon Propriétaire

LE CLARENCE
DE HAUT-BRION

2009

(Jean de Pontac)，嫁妆是在佩萨克一块被称为“Huat-Brion”的土地，这个日子被作为奥比昂酒庄的诞生日。1533年，让·德·波塔克买下连带周围附属建筑的奥比昂宅邸。1549年，他开始修建庄堡，即现在酒庄的东北部分。一个世纪后，贵族阿诺特·德·波塔克三世接掌酒庄，他随后成为波尔多市议会第一届议长。在阿诺德三世时代，酒庄面积增加了一倍，而且以华丽的家具，金叶片等华贵装饰闻名。

第一次记载以奥比昂为名的酒是在1660年，当时法国国王用奥比昂的酒招待宾客。1666年，阿诺特三世的儿子弗朗索瓦·奥古斯特在伦敦开设名为“L'Enseigne de Pontac”的酒馆，当时成为伦敦最时尚的酒馆。弗朗索瓦去世后，他的内侄弗朗索瓦·约瑟夫·德·菲米尔继承了奥比昂酒庄三分之二的产权。弗朗索瓦·约瑟夫一生成就辉煌，年轻时从军，屡建奇功而晋升为元帅。回到波尔多后更是官运亨通，从港口总督一直做到盖耶内总督。最后，加官晋爵的约瑟夫·德·菲米尔伯爵获得奥比昂酒庄的全部产权。他装修了酒庄，装饰了宏伟的入口，在庄堡周围修建了具有18世纪经典风格的花园，使酒庄成为款待贵客之地。

1787年，美国独立宣言起草人，当时驻法国大使，后成为美国第三任总统的托马斯·杰斐逊在访问波尔多时专门考察了奥比昂酒庄，并将奥比昂酒庄列入他评价的四个一级酒庄之列。18世纪，奥比昂开始在酒庄装瓶，改善了酒的熟化过程，延长了奥比昂酒的陈年时间。法国大革命期间，奥比昂酒庄经历了大变动，庄主菲米尔伯爵被处极刑。他的侄子后将奥比昂酒庄售给拿破仑一世的外交部部长，此后便远离法国。

1836年，巴黎银行家约瑟夫·尤金·拉瑞尤在拍卖中买下奥比昂酒庄。五年后使酒庄重新恢复到弗朗索瓦时代的规模。这时，奥比昂葡萄酒大量出口到美国，在受法国文化影响非常深的新奥尔良受到特别欢迎。1855年，在波尔多分级中，奥比昂酒庄被列为一级酒庄。一直到1922年，酒庄都是为拉瑞尤家族所拥有。

随后，奥比昂酒庄多次被转手，进入了混乱时期。四个世纪中，这家盛产皇室用酒的酒庄多次易主，拥有者当中更不乏历史上功绩不凡的人物。其中包括海军上将，大主教，法国第一统帅共和吉耶纳地区执政官，三位波尔多市市长，以及才华横溢的拿破仑的杰出外长塔列朗（Charles-Maurice de Talleyrand-Perigord），他买下酒庄的时候正值在外交部担任对外关系部长一职。这些形形色色的显赫拥有者们无形中为奥比昂酒庄的优雅形象镶上了一道道光辉的金边。而最后的一次易主让奥比昂酒庄成为了一家美国人的产业，这位财大气粗的买家就是美国的银行家兼美国驻巴黎大使克拉伦斯·帝龙（C.Douglas Dillon）。

克拉伦斯·帝龙是美国一位知名的银行家，当年以 230 万法郎收购了奥比昂酒庄，这才结束了奥比昂酒庄几经转手的颠沛命运，当时的奥比昂酒庄已处于破败的边缘。买下奥比昂酒庄之后，帝龙家族不惜重金开始恢复奥比昂酒庄的名声。他开始修复古堡，扩建橡木桶酒窖，在波尔多第一个使用不锈钢发酵桶。他的儿子道格拉斯·帝龙（C.Douglas Dillon）在艾森豪威尔总统时代任美国驻法国大使，回到美国曾先后任肯尼迪政府的副国务卿和财政部长。无论是任外交官还是任政府部长，道格拉斯经常用奥比昂酒庄的葡萄酒招待各国贵宾，将酒庄的声誉推向新的高度。

1958 年，帝龙家族成立了奥比昂酒庄的控股公司——克拉伦斯·帝龙公司，之后对酒庄不断投资，兴建现代化发酵窖，实行葡萄品系选择，修建地下大型酒窖，重新装修酒庄。两代人经过努力，将奥比昂酒庄转变为传统和现代结合的完美的顶级酒庄。传到第三代，克拉伦斯的孙女琼安·帝龙（Joan Dillon）是家族中最精心经营酒庄的一位主人。从 20 世纪 70 年代接手酒庄开始，奥比昂酒庄才开始获利，帝龙家族便逐步扩展家族的葡萄酒王国，陆续兼并了佩萨克的其他三个顶级酒庄。

后来，琼安与卢森堡王子结婚，育有一儿一女，儿子就是著名的侯贝·德王子。侯贝从小就生活在奥比昂酒庄，在那里度过了他的童年时代。他18岁就开始担任酒庄理事一职，1997年进入公司的管理层，现在是奥比昂酒庄董事兼总经理，克拉伦斯·帝龙公司副总裁。有人曾问他，他作为一个美国人对波尔多的贡献是什么？这位王子意味深长地指出，帝龙家族对波尔多最大的贡献就是作为世界文化遗产的守护人，酿出与这个历史最悠久的古老酒庄名誉相符合的顶级美酒。这位王子的确做到了这一点，如今的奥比昂酒庄的葡萄酒享誉全世界，以华丽、宏伟、高贵的全新形象呈现在世人面前。

奥比昂葡萄酒曾经受到很多王室的青睐，被称为“明星酒”。为使奥比昂葡萄酒无愧于“明星”这一称号，酿酒师在酒的用料配比中注意了“品丽珠”与“梅洛”的平衡，这些酒静静地在酒窖里陈化，以确保酒香独具个性。只有在奥比昂这块土地上产出的葡萄酿制的酒才具有这种个性。

奥比昂酒庄是一座历史悠久的著名庄园，早在14世纪就已经开拓为葡萄园，现在标签上的老城堡建于1550年。早些年，虽然奥比昂酒庄的主人各个声名显赫，但他们并不懂得如何酿制葡萄酒，直到帝龙家族成为酒庄主人之后，奥比昂酒庄才开始走上了自己的传奇之路。

其实在此之前，在1855年波尔多官方对法国酒庄评级中，奥比昂酒庄就已经展现了它不俗的实力。当时被评为一级酒庄的几乎全部是梅多克地区的酒庄，奥比昂是唯一一座地处格拉芙地区

(Graves) 的庄园。能与拉图堡、拉斐堡、木桐堡及玛歌堡同被评为第一级的红酒庄园，其主要原因除了其酒质出众外，另一个原因就是它没有被根蚜虫侵袭。当时整个格拉芙地区的葡萄园无一幸免，只有奥比昂酒庄逃过一劫，从此以后声名远扬。

幸运只有一次，要想获得长久的成功绝不能离开自己的努力。对此，奥比昂酒庄再清楚不过了，庄园自 1921 年就聘请格拉芙区最有名的酿酒师乔治·德尔马斯 (Georges Delmas) 担任首席酿酒师。从那以后，德尔马斯家族一直掌管着奥比昂酒庄的所有事务。从 1960 年起，乔治·德尔马斯的儿子让·伯纳德·德尔马斯负责酿酒事宜。他的酿酒技艺在波尔多地区堪称大师级，更可媲美帕图斯庄园的酿酒师。

让·伯纳德·德尔马斯接管奥比昂酒庄后，在波尔多的列级酒庄中第一次使用不锈钢发酵罐，令当时的法国人都为之一震。但这绝不是为了赶时髦，改革的宗旨在于酿出更好的酒。正是这个明智的选择奠定了今天奥比昂红酒声名的基础。

著名葡萄酒品鉴家罗伯特·帕克曾在多次评酒会上品评奥比昂葡萄酒，他说：“从 20 世纪 80 年代早期开始，就没有一级酒庄能像奥比昂酒庄这样质量恒定而杰出。”暂且不管这句话是否过于夸张，但能得到如此的肯定，绝对离不开奥比昂葡萄酒稳定卓越的质量。奥比昂酒庄之所以能长期保持酒的高品质和声誉，与酒庄总管德尔马斯一家三代的精心管理分不开。从 1921 年乔治·德尔马斯作为酿酒师加入奥比昂酒庄，到在酒庄出生的让·伯纳德·德尔马斯，再到现任酿酒师让·菲利普·德尔马斯（Jean-Philippe Delmas），祖孙三代都把酒庄当作他们生命的全部。

奥比昂葡萄酒之所以尊贵，还离不开它有限的产量。奥比昂葡萄园是五大顶级酒庄中最小的一个，葡萄园的种植密度为每 1 万平方米 8000 棵，但每一棵葡萄树只能留 8 串葡萄，种植密度若为每 1 万平方米 10000 棵时，每棵树就只能留 6 串葡萄，这样做的原因主要是为了保证葡萄的品质。正是在这种严格的控制之下，奥比昂酒庄每年的葡萄酒产量仅为 12000~15000 箱。因此，奥比昂酒庄的正牌葡萄酒通常还在发酵期就已经被订购一空。

奥比昂葡萄酒是最适合跟红颜共饮的典型淡雅型美女酒。它年轻时清纯可爱，淡雅芳香，平易近人，颜色不太深。中度“陈年”后，它既有少女的可爱，又具备成熟女人的魅力。成熟后，它热情大方，烟草味、焦糖味、黑草莓味、咖啡味和少许松露味气质逼人，而橡木的香味则向人暗送秋波，酒体尽显软弱无力的媚态。著名的酒评家罗伯特·帕克曾说过，在他多年的品酒中，他发觉自己唯一越喝越爱的就是奥比昂红酒，并认为这是他智慧增长的证明。

奥比昂酒庄出产的正牌红葡萄酒一直有着小巧女性知性温婉的风格，正因为此，也有人将奥比昂酒庄红酒叫作红颜容。

酒评家罗伯特·帕克非常喜欢奥比昂正牌葡萄酒 Chateau Haut-Brion，他曾这样品评道："在多年的试酒和评酒的生涯中，发觉自己越来越喜爱奥比昂葡萄酒。那种烟熏味、矿物味、雪茄味、黑加仑子味，令人回味无穷。"他认为奥比昂庄园的最大特点是酒香的复杂和口感的多层次性。奥比昂正牌葡萄酒 Chateau Haut-Brion 年轻时的口感清淡清新，颜色也不太深，虽然看起来没有多大的潜力，但事实上该酒所用的梅洛葡萄成分较多，可以早饮用而不觉得太涩。如果收藏一段时间，它的复杂性与潜能就会发挥出来，令人觉得它是绝佳的好酒。所以有人说它是"美女酒"，气质逼人、越陈越香。它的酒香非常复杂，同时具有烟味焦味、黑莓味和轻微的松露香。

其中 1989 年的奥比昂正牌葡萄酒 Chateau Haut-Brion 在业界十分受宠，其评分几乎达满分。现在要在市场上找一瓶 1989 年奥比昂正牌葡萄酒 Chateau Haut-Brion 几乎是不可能的。1989 年的奥比昂正牌葡萄酒 Chateau Haut-Brion 酒颜色很深，不像已经收藏了几十年的酒，它的酒香很强烈，富有格拉芙夫区的泥土、黑莓、黑加仑子、烟熏、矿物质等香味。它的口感十分丰厚，低酸度但不呆滞，很新鲜。最特别的是其酒质很纯净，十分平衡。随着时间的流逝，杯中酒香及味道仍然不断变化，十分引人入胜。

至于奥比昂副牌葡萄酒 Chateau Bahans Haut-Brion，比正牌毫不逊色，价钱也算合理。罗伯特·帕克就十分喜欢这款副牌酒，认为它与拉图堡的副酒旗鼓相当。奥比昂庄园副牌酒与正牌酒采用相同的种植和收成技术，以及同样严格遵循的筛选和酿制工序。它开瓶初期酒香十分收敛，要借助醒酒器来加速酒的演化。开瓶两小时后，它才充分表现出格拉芙地区的土壤特性，很香的木桶味，泥土和矿物气息渗透其中，结构均衡且回味悠长，酒体十分丰厚。与正酒相比，其风格非常相像。如果不想花太多金钱去领略奥比昂庄园正牌酒的风格，其副牌酒也是一个不错的选择。

奥比昂庄园酒的特性是带有格拉芙产区特有的泥土和矿物气息的，口感浓烈而复杂。它除了红葡萄酒知名外，所出产的白葡萄酒也是波尔多公认的最好白葡萄酒之一，而且奥比昂酒庄是唯一以红、白葡萄酒均著称的顶级酒庄。

奥比昂酒庄的白葡萄酒更为出色，香气馥郁芬芳，在波尔多干白葡萄酒中香气最复杂；其口感圆润，质感精致，绵长迷人，风格独特，具有超凡的陈年潜力。奥比昂白葡萄酒产量极少，一瓶难求，是波尔多干白葡萄酒之王。

奥比昂酒庄早期酿造的白葡萄酒产量非常小，1959 年，格拉芙白葡萄酒分级时，奥比昂的白葡萄酒并未入列，而是在后来列入的。奥比昂白葡萄酒年产量在 500~800 箱，量少而品质极为出色，是波尔多干白葡萄酒的极品。

奥比昂白葡萄酒的特点是“赛美蓉”与“长相思”混合酿成，“赛美蓉”的比例较高。2001 年的 Chateua Haut–Brion Blanc 是较佳的年份酒。那年雨量小，阳光充沛，葡萄成熟度高，香气果味都较为完美。其酒色麦秆黄泛着金光，具有柠檬、柑橘、蜂腊、烤榛仁和香草的香气；其口感开阔，圆润丰厚，裹着优雅的酸，香气层层展开，回味绵长，是一款极具“陈年”潜力的白葡萄酒。

奥比昂酒庄的白葡萄园仅 4 万平方米，土壤透水性好，葡萄种植品种为 63%的“赛美容”，37%的“长相思”。“长相思”是成熟最早的葡萄，每年都是第一个采摘的品种。由于奥比昂葡萄园的气候特点，葡萄成熟得早，因此奥比昂采摘“长相思”成为波尔多收获季节开始的标志。葡萄收获后用全新的小橡木桶发酵，调配是在春季，培养时间为20~22个月。

奥比昂庄园的白葡萄酒虽然产量很少，但也有其副牌酒。其副牌酒 Les Plantiers du Haut-Brion 是格拉芙地区干白葡萄酒的代表作，产量更少，只有3000多瓶。它由“白苏维浓”和“赛美蓉”混合酿制而成的干白葡萄酒，它却拥有波尔多地区甜白葡萄酒的优雅而复杂的浓郁芳香。

奥比昂葡萄酒之所以能够如此昂贵，全在于它超强的陈年期，即使在几十年后打开，它仍不失其完美的品质。面对奥比昂葡萄酒，一些葡萄酒的爱好者不得不感叹人生过于短暂，无法永远畅饮这些绝妙的葡萄酒。

作为法国五大顶级酒庄之一，奥比昂酒庄出产的年份正牌葡萄酒在世界葡萄酒界一直享有极高的声誉，其价格多年来一直是高居不下，而且还有不断上升的趋势。比如，波尔多奥比昂酒庄2008年出产的著名白葡萄酒 Chateua Haut-Brion Blancc 官方售价为2800英镑一箱，如今该年份的葡萄酒早已超越了这个价格。奥比昂酒庄在1975年、1977年、1982年、1983年、1985年、1986年、1990年、1995年、1996年、1997年、1998年等年份生产的葡萄酒品质极佳，其中1989年份的堪称经典，被著名品酒家罗伯特·帕克评了满分。在法国红酒拍卖网上，一箱1989年的奥比昂红酒曾被拍到8750英镑的高价。

1989年，奥比昂酒庄酿造出了被业界评出满分的红葡萄酒，是近30年的冠军酒。2009年，在中国北京举行的一次拍卖会上，1989年原木箱12瓶

装的奥比昂葡萄酒成为当时的焦点。奥比昂 1989 年红酒一直维持极高的声誉，在任何一次红酒盲评中都能获得顶级红酒的评分。奥比昂 1989 年红酒是红酒中尊贵的经典之作，它将特有的香味展现得淋漓尽致。其酒体呈厚重的紫红色，具有浅龄红酒浓郁的香味，散发出土壤、矿物质、黑醋栗、烤面包、甘草、香料的奇妙香气。该红酒浓稠醇厚、酸度低，酒中的水果萃取物、甘油的绝妙搭配令人叹为观止。该红酒因其口味的绝妙平衡、特别的纯净和醇香而已成为现代红酒中的传奇。它还未完全成熟，要达到最佳口味，预计还要 3~5 年。它应该能成为与奥比昂酒庄以前出品的最好的红酒相媲美的红酒。有人更是将其比作奥比昂 1959 年年份红酒的现代克隆版，其陈年能力超强，专业人士推算该年份的奥比昂红酒成熟年份是 2005 年至 2030 年之间。在该拍卖会上，这 12 瓶奥比昂红酒拍出了 14.56 万元人民币，比预期的 13 万元高出一万元之多。如今，6 瓶 1.5 升装 1989 年奥比昂佳酿的售价已经达到了 12 万元至 13 万元人民币，整整升值了一倍。

另外，1994 年的奥比昂红酒也备受关注。虽然 1994 年只是一个普通的年份，但当年的奥比昂红酒却拿到了 94 分的高分，得分与拉图堡红酒并列第一。该年份的奥比昂红酒在中国市场的价格一般都是每瓶 5000~6000 元，而且具备了一定的升值潜力。

世界著名的明星庄佳酿投资公司（Premier Cru Fine Wine Investments）就曾预测，至 2011 年圣诞节之时，奥比昂 2006 年份葡萄酒的价格将上涨 30%。事实也是如此。明星庄佳酿投资公司是一家世界级高端葡萄酒投资咨询公司。公司创立者之一、葡萄酒佳酿投资顾问史黛西·戈尔丁（Stacey Golding）表示，随着全球葡萄酒佳酿市场持续升温，市场增长率同比增长 50%。据公司预测，随着佳酿窖藏量的减少以及亚洲市场的崛起，佳酿市场有望持续增长。她认为，奥比昂酒庄 2006 年份葡萄酒是 2011 年度较具投资潜力的佳酿。2011 年，奥比昂酒庄 2006 年份葡萄酒在英国的平均售价为 3950 英镑 / 箱（12 瓶）。这一售价较 2010 年 11 月水平已上涨 12%。

奥比昂葡萄酒之所以能够如此昂贵，全在于它超强的陈年期，即使在几十年后打开，它仍不失其完美的品质。面对奥比昂葡萄酒，一些葡萄酒的爱好者不得不感叹人生过于短暂，无法永远畅饮这些绝妙的葡萄酒。

有些人对里鹏葡萄酒不屑一顾，而有些人将其视若珍宝，甚至称它是“小帕图斯”。里鹏是葡萄酒世界里的奇迹，仅用了20多年的时间便迅速地崛起，成为世界最著名的一款葡萄酒。它的色泽深沉而亮丽，口感轻柔不失力度，性格高傲而独树一帜。饮过后，它可以在你脑海中留下数年难忘的印象。

Le Pin

POMEROL

法国的小帕图斯

里鹏葡萄酒

里鹏葡萄酒仅用20多年的时间就跻身于法国顶级葡萄酒的行列，虽然备受争议，但却凭借完美的品质赢得了许多葡萄酒爱好者的喜爱，著名葡萄酒专家罗伯特·帕克就曾评价它："如果你只是为了好玩，同时想显示一下奢华生活一面的话，相信波美侯乃至波尔多没有一瓶酒比里鹏更合适了"。

里鹏酒庄位于法国波尔多地区的波美侯区（Pomerol），面积最初只有1.06万平方米，直至1985年从隔壁购入一部分土地后，才达到2.02万平方米。由于它的面积太小了，小到不能被称为庄园的程度，因此法国政府只好将其命名为里鹏（Le Pin），并没有冠以庄园或城堡的称号。法文"Le Pin"是松树之意，它的名称源于庄园内几棵标志性的大松树。这也是我们为什么在里鹏葡萄酒酒标上看不到"城堡"或"庄园"字样的原因。

里鹏葡萄酒可以说是法国酒坛半个世纪以来最引人瞩目的成就。如果说里鹏葡萄酒是当代波尔多乃至世界葡萄酒业的一个最令人瞩目的奇迹，相信没有一个酒评人或葡萄酒行家会有不同的意见。它的味道特色是焦味、橡木香与果香并至，香气富有层次。

在20世纪80年代之前，几乎没有人知道里鹏酒庄，这里占地不到2万平方米。与法国那些大酒庄不同，它既没有悠久的历史，也没有宏伟的庄园城堡和辽阔美丽的庄园。总体来说，里鹏酒庄当时只是一个以销售散装酒为主的小作坊，设备、管理都十分落后，当时这里的主人是罗贝夫人（Mme. Laubrie）。

虽说里鹏酒庄在当时籍籍无名，但它的地理位置却极为特殊，位于波美侯，离酒王之王——帕图斯庄园不远，而且这里的土质也与帕图斯庄园十分相近。1979 年，当地的酒商泰恩庞特家族慧眼识珠，看中了里鹏的发展潜质，于是他们花了当时令罗贝夫人不可置信的 100 万法郎买下了这个小小的里鹏酒园。买主是雅克·泰恩庞特（Jacques Thienpont），老施丹庄园（Vieux Chateau Certan）主亚历山大的堂弟。他的举动令人怀疑是老施丹庄园打算扩充园地。因为里鹏可是老施丹庄园的老邻居。

当雅克·泰恩庞特成为里鹏酒庄的新主人后，立志将里鹏酒庄发展成像帕图斯酒庄那样的酒庄，而且一切都以帕图斯酒庄为标准。他不仅调整了葡萄的品种，种植了大量的梅洛葡萄和一小部分的加本纳弗朗（Cabernet Franc），在葡萄酒酿制方面也严格按照帕图斯酒庄的程序与要求来精工细做。1994 年，雅克·泰恩庞特又买下了旁边一小块约 1 万平方米的小酒田，成为了今天的里鹏酒庄。由于酒庄的面积很小，土地太珍贵了，所以里鹏酒庄没有盖大城堡，只有间酿酒和存酒的小屋，一些人去参观波尔多时看见自己熟悉而引以为傲的里鹏酒庄时都不禁甚为惊讶。

1979 年，泰恩庞特家族推出了里鹏酒庄出产的第一瓶葡萄酒。既然是效仿柏图斯红酒，当然价钱也不会例外。里鹏红酒一推出，即以波美侯第二号价位上市，仅次于酒王之王帕图斯红酒，在价格上将其他同区名庄远抛身后，引来一片哗然和挖苦之声。当然也有不少人对其极为青睐。酒评界著名葡萄酒专家罗伯特·帕克就曾说道："如果你只是为了好玩，同时想显示一下奢华生活一面的话，相信波美侯乃至波尔多没有一瓶酒比里鹏更合适了。"法国酒评一号人物莱夫·卡特尔（Clive Coates）也认为里鹏葡萄酒是波尔多的明星，但不是一颗超级巨星。

更令人不可思议的是，德国最权威的葡萄酒杂志《葡萄酒全鉴》（Alles uber wein）报道了一则由十位最著名的德国品酒师对 1979 年至 1992 年的 13 个年份的里鹏和帕图斯的盲品试饮中，居然有 9 个年份由里鹏胜出。美国最权威的葡萄酒杂志《葡萄酒鉴赏家》（Wine Spectator）也经常对里鹏打出高分。

20 世纪八九十年代正值亚洲经济的黄金时期，可能是葡萄酒名家们对里鹏葡萄酒的争论喋喋不休，反而引来了亚洲客户对里鹏葡萄酒的关注目光。由于里鹏酒庄的面积太小了，所以其产量极为有限，每年只有500~600箱在市面上出售，它的价格很快就直追帕图斯红酒，甚至某些年份超过了帕图斯红酒，成为波尔多之最。由于里鹏葡萄酒的货源十分难找，葡萄酒收藏家能存有几瓶已是非常少见，若酒商能拥有一箱里鹏葡萄酒那已经算很有实力了。

不管怎样，今天的里鹏酒庄在泰恩庞特家族的不断努力下，已经成为波尔多最耀眼的一颗明星。

里鹏葡萄酒很稀少，令人难忘的名字，它低调朴实的标签以及富有魅力的风味，当然更为重要的是它的一流品质，都为它注入了强劲的力量，使它在短短几年内就飞上云霄成为精华之极品，备受葡萄酒爱好者与收藏者的青睐。

无论人们怎样评价里鹏葡萄酒，它敢于向酒中之王帕图斯红酒挑战的勇气便值得人们称赞。如果没有品质上的保证，里鹏酒庄无论如何也不敢在价格上挑战帕图斯在葡萄酒界的霸主地位。

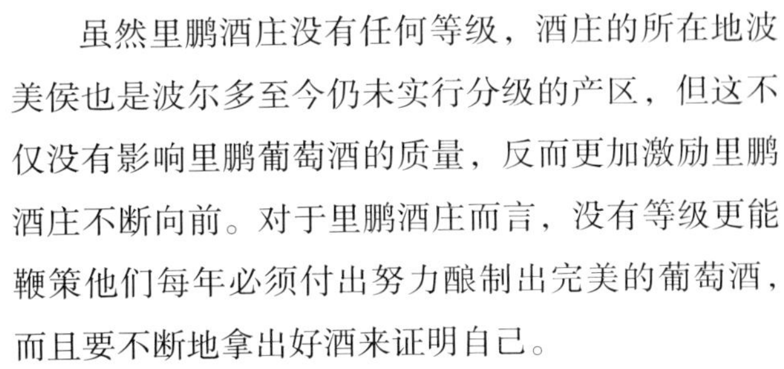

虽然里鹏酒庄没有任何等级，酒庄的所在地波美侯也是波尔多至今仍未实行分级的产区，但这不仅没有影响里鹏葡萄酒的质量，反而更加激励里鹏酒庄不断向前。对于里鹏酒庄而言，没有等级更能鞭策他们每年必须付出努力酿制出完美的葡萄酒，而且要不断地拿出好酒来证明自己。

正是在这种理念的指导下，里鹏酒庄对每一年份的葡萄酒都极为负责，从采摘到最后装瓶，每一道工序都严格按照帕图斯酒庄的标准来要求自己。在众多年份的里鹏葡萄酒中，唯独没有2003年的里鹏葡萄酒，原因就是2003年的天气过于炎热，里鹏酒庄的葡萄全部不符合要求，因此那一年他们一瓶酒也没有生产。这对一个年产量仅有5000瓶左右的小酒庄来说是难能可贵的。

在葡萄酒界有这样一种说法，认为人们对里鹏葡萄酒的追捧是由于它的低产量控制。的确如此，里鹏酒庄的年产量最高时如1993年，也仅有670箱（8040瓶），最差时如1991年，更是少到225箱（2700瓶），而一般正常年份平均为500箱（6000瓶），真正在市面上流通的大约仅有1500瓶而已，难得一见的芳容造就了它不菲的价格，也造就了众多爱酒人疯狂的迷恋。品尝过后不难发现，里鹏葡萄酒真正让人迷醉的是那饱含浪漫风情的口感和极富浪漫色彩的品酒过程。

里鹏葡萄酒带有一种浓重的果香味，而且味道活跃，人们通常用“超乎寻常”和“快乐主义”这样的词汇来形容它。再加上柔和的口感，它极适合女性朋友饮用，完全满足女性朋友对味觉及嗅觉的审美。

从严格意义上讲，里鹏葡萄酒是一种更多参照加利福尼亚和澳大利亚的方式而酿制的葡萄酒，并非传统的波尔多葡萄酒。它侧重于果香并且非常醇厚，人们通常用“超乎寻常”和“快乐主义”这样的词汇来形容它。

里鹏葡萄酒酒体中等并带有精致的单宁酸味，余韵含有果香。它年轻时已经适合饮用，但真正成为佳酿的高峰期大约要等15年。由于这些葡萄酒非常华丽，喜好炫耀，在与美食搭配中，时常会盖过食物的原味，并非与它们搭配一齐入味。

刚开启的里鹏葡萄酒散发着一股浓重的橡木味，因此需要比一般酒更多的醒酒时间。一般来

MIS EN BOUTEILLE
AU CHATEAU
Le Pin
POMEROL
APPELLATION POMEROL CONTRÔLÉE
2005
MIS EN BOUTEILLE AU CHATEAU

讲，一瓶红酒的醒酒时间需要 1~2 个小时，而里鹏葡萄酒则需要醒酒 3~4 小时之后才能呈现出它上乘的品质。这种感觉如同期待情人的到来，等待是有些急迫又激动的。借醒酒的过程，人们可以谈心、表白，甚至相拥而舞几曲。在柔和的光线下，里鹏葡萄酒恐怕是最适合与情人共度浪漫之夜的饮品了。

里鹏葡萄酒的最好年份是 1996 年、1990 年、1989 年、1986 年和 1983 年，虽然它们在款型上大致相同，但口味上各不相同。1990 年的里鹏葡萄酒口感妖娆丰富，而 1996 年的里鹏葡萄酒十分凝练，可以说，这是里鹏葡萄酒十年来最好的两款酒。

里鹏葡萄酒身价非凡，售价长踞波尔多名贵红酒的最高位，虽然酿制时间不算长，但基于每年只生产 500~600 箱，物以稀为贵，因此一些限量版红酒的价格因此而大大提高。

很多女性朋友十分喜欢里鹏葡萄酒，不单单在于其价格，更并非因为它是“限量版名牌”，而是它独有的那股幽香。可以说，里鹏葡萄酒特别适合女性饮用。像其他波尔多红酒一样，里鹏葡萄酒酒质温和，却有着独特浓郁的香味，加上柔和的口感，喝起来令人觉得轻轻柔柔，十分女性化，完全满足味觉及嗅觉的审美需要，令人神魂颠倒。

在葡萄酒界，里鹏葡萄酒备受推崇，它不仅颠覆了传统葡萄酒的分类，更成为一个被人们用于收藏的葡萄酒。对于那些真正热爱葡萄酒的人来说，无论里鹏葡萄酒的价格如何，都不影响他们想要掏钱购买的欲望和信心。

备受推崇的里鹏葡萄酒已经成为了“小葡萄酒”或微型葡萄酒中第一个被人们用于收藏的葡萄酒，这种葡萄酒颠覆了传统葡萄酒的分类，备受一些葡萄酒收藏者的关注。

就目前的市场而言，里鹏葡萄酒的升值潜力远高于那些顶级名庄的葡萄酒。与当今最热的拉斐堡红酒相比，拉斐堡红酒每个年份的价格会随着时间不停地波动，比如，1982 年的拉斐堡现红酒在已经炒到好几万元一瓶。拉斐堡红酒是目前世界上最贵的一瓶葡萄酒的纪录保持者。因此许多人把重点放在五大酒庄，比如拉斐堡、木桐堡、拉图堡、玛歌堡、奥比昂，大家觉得它们是一级酒庄，是最好的。其实在右岸有些酒卖得更贵，比如里鹏葡萄酒。里鹏酒庄在法国波尔多右岸，面积只有 2 万平方米，相当于 2 个足球场那么大，每年产量只有五六百箱，非常珍贵。相比拉斐堡红酒的价格，里鹏葡萄酒的售价更高。在香港的一次拍卖会上，一箱 1982 年的拉斐堡红酒拍出 32.65 万元人民币，一瓶平均约为 2.7 万元人民币，而一箱 1982 年的里鹏葡萄酒则拍出 69.38 万人民币，一瓶约 5.8 万元人民币。

不过若想拿里鹏葡萄酒作为投资则仍需谨慎。里鹏酒庄每年约有 6000 瓶的产量，但在市场上流通的只有 1500 瓶，其中四分之三的产品卖到英国，只有少数流入美国市场。由于产量奇少，所谓物以稀为贵，不但是一般爱酒人士，即使品酒家也不易找到本酒，当然其中最大的原因还在于投机者炒作。因此投资里鹏葡萄酒要慎重考虑。

葡萄酒市场风云变幻，受多种因素影响，价格指数随着时间推移而上下浮动。比如在 2009 年一季度，一些精品葡萄酒价格指数就下跌了 6%，交易额也有所下降。调查显示，那一年 70% 以上的藏品拍卖价低于前期水平。戴维斯·赫德（Hart Davis Hart）拍卖行五瓶 1945 年份木桐堡佳酿，以 20315 美元的价格拍出，较 2008 年第四季度均价跌 50%。阿克·梅罗尔及康迪特（Acker Merrall & Condit）拍卖行六瓶 2003 年份 DRC 罗曼尼·康帝佳酿拍得 30250 美元，价格下跌 17%。苏富比拍卖行两瓶 4.5 升装里鹏酒庄 2000 年葡萄酒才卖出 9075 美元，跌幅达 56%。

不过这对一些投资者却是一个好消息，一些葡萄酒投资家纷纷抄底，将这些美酒抱回家。这对于那些葡萄酒爱好者来说更是天赐良机，用相对较低的价格购入诸多美酒，何尝不是一件好事呢！

“如果耐心不是您的美德，那么买一瓶奥松堡就没什么太大的意义！”著名酒评家罗伯特·帕克这样称赞有着“诗人之酒”美誉的奥松堡葡萄酒。奥松堡葡萄酒凭借高傲、浓厚，孤芳自赏的气质，让无数葡萄酒爱好者备受煎熬，因为他们至少要等上15年才能与之亲近。它成熟后的高贵气质卓然出众，绝对令人惊叹不已！

CHATEAU AUSONE

1er GRAND CRU CLASSÉ
SAINT-EMILION GRAND CRU

诗人之酒

奥松堡葡萄酒

奥松堡历经波折，最终化蛹成蝶，走向巅峰。自1995年起，奥松堡葡萄酒得到许多酒评人及葡萄酒爱好者的一致首肯。作为法国波尔多八大名庄之一，奥松堡凭借优雅的气质、持久的品质，创造了一个奇迹，成为波尔多葡萄酒右岸风味的独家代表。

奥松酒庄（Chateau Ausone）的历史可以追溯到1781年，酒庄的名字是为了纪念罗马诗人奥索尼斯（Ausonius）。据说这位诗人是罗马皇帝小时候的老师，官运亨通，官至当地总督及枢密院长老。这位罗马诗人酷爱葡萄酒，在波尔多及德国都拥有自己的酒园，他喜欢在诗歌中赞颂美酒以及葡萄园

CHÂTEAU AUSONE
SAINT-ÉMILION
1er GRAND CRU CLASSÉ "A"
2003
FAMILLE VAUTHIER
Propriétaire
CHÂTEAU AUSONE
SAINT-ÉMILION
1ER GRAND CRU CLASSÉ "A"
12x750ml

的美景。他在一首诗中这样描述：拥有 40 多万平方米葡萄园，葡萄园旁边有美丽的河流潺潺流过……不管历史学家如何考证，想必世人所描述的这样的景色就是今天的圣·艾米隆，而且很有可能就是奥松庄园！现在虽然无法证实当年奥索尼斯是否在奥松庄园所在地种植葡萄并饮酒赋诗，但由于这位嗜酒诗人的关系奥松堡葡萄酒又被称为“诗人之酒”。

圣·艾米隆是波尔多地区一个重要的葡萄酒产区，在这个面积达 53 平方千米的酒园中也是名园辈出。但在 19 世纪中叶以前，本地区所产之酒普遍品质不佳，甚至被人讥讽为“车夫之酒”！在 1855 年的波尔多评鉴之中，本区并未被列入评鉴的名单。圣·艾米隆在 1953 年开始建立评鉴制度，第一次评鉴名单在 1955 年公布，名列 A 等者仅两家：即奥松堡和白马庄。

奥松堡的名字是在 1781 年才开始正式使用的，而它直到 19 世纪初才真正引起人们的关注。19 世纪之前，圣·艾米隆大部分地区只种植一些普通的农作物，只有少数的葡萄园，奥松堡就是其中少数的酒庄之一。当时它归卡特纳（Catenat）家族所有，19 世纪初期转让给亲戚拉法格（Lafargue）家族，1891 年又由夏隆（Challon）家族继承。

奥松堡在19世纪已跻身于顶级庄园之列，其价格在20世纪六七十年代时与波尔多其他四个一级庄园不能相提并论，价格相差了30%～50%。到了20世纪80年代，两者价格已经旗鼓相当。从20世纪90年代开始，奥松堡葡萄酒的价格已经超过木桐堡等顶级酒庄酒的价格。当然这个过程是极为艰辛的。20世纪初，奥松堡的名气在白马庄之上，而到了20世纪50年代，奥松堡出现了前所未有的经营危机，步入低潮。那时候的奥松堡进入了老化期，政务荒废，而且对质量毫无要求。当时酒庄挑选葡萄特别随便，醇化用的橡木桶都是无法再使用的破旧老桶，酒庄酿制的葡萄酒酒体薄弱、香气杂乱，丝毫没有一级名庄的风范。

1974年，园主杜宝·夏隆去世，其夫人海雅（Helyett）终于放下照顾“病夫”的重担，开始整顿酒庄。1976年，海雅大胆聘用刚刚毕业不久，年仅20岁并无工作经验的德贝克（Pasal Debeck）负责酒庄的酿酒工作。当时因此事酒庄的另一位股东沃杰家族（Vauthier）兄妹与海雅争吵不休，并从此产生重大的隔阂而再也不相往来。此种尴尬关系并没因德贝克在日后将奥松堡起死回生而有所改变。德贝克到任后不负夫人所托，励精图治，改革创新，终于保住了奥松堡与白马庄齐名的地位。

当时，沃杰兄妹与海雅为争夺奥松堡的经营权不惜对簿公堂。这场官司一直到1996年才有定论，法院判定经营权由沃杰兄妹拥有。输了官司的海雅不愿与侄孙辈们共事，便放出出售股份的风声。拉图酒庄的皮诺（Francois Pinault）早对奥松酒庄垂涎已久，立刻开出1030万美元的价格购买海雅的股份，同时，皮诺还想收购沃杰兄妹的另一半股份。沃杰兄妹终下狠心，四处借贷买下海雅的股份，成为酒庄唯一的所有人，皮诺先生想染指奥松堡酒庄的企图遂成泡影。

沃杰兄妹掌管奥松堡酒庄之后，酒庄的事务全由兄长亚伦亲自负责，他对酒庄进行了大幅革新，从严要求酒的品质。同时他还聘请了极有名的酿酒大师罗兰（M.Rolland）担任顾问。20世纪90年代开始，奥松堡酒庄步入了辉煌期，出产的葡萄酒不仅酒体厚重，香气逼人，甚至超过了木桐堡等一级酒庄。自1995年起，奥松堡葡萄酒得到许多酒评人及葡萄酒爱好者的一致首肯。

多年来，奥松堡葡萄酒一直被人誉为“诗人之酒”，但这个诗人并不是一位平易近人的诗人，而是高傲的、有浓厚的孤芳自赏气质的诗人，因为奥松堡葡萄酒至少要等15年的时间才会变得平顺入口。到那时人们一定会对单宁中庸、颜色至美、香气集中而又复杂的奥松酒惊叹不已，它成熟后的高贵气质卓然出众！正如著名评酒家罗伯特·帕克先生说的那样：“如果耐心不是您的美德，那么买一瓶奥松堡就没什么太大的意义！”

时间是检验一瓶葡萄酒的最好标尺，奥松堡则是这句话的最佳诠释。持久的完美品质不仅为奥松堡葡萄酒奠定了在波尔多的至尊地位，还成为法国众多顶级葡萄酒的榜样。

在世界拍卖市场上，奥松堡葡萄酒难得一见，主要原因是其产量极少，这些葡萄酒还在酒窖沉睡时就已经被来自世界各地的葡萄酒收藏家订购一空了。因此，奥松堡葡萄酒一直被视为法国葡萄酒的精品，极具投资价值。奥松堡葡萄酒之所以受到葡萄酒爱好者的欢迎，完全在于它出色的“陈年”能力。奥松堡葡萄酒的最大特性就是耐藏，一些上好年份的可存放百年以上。它成熟后的酒质魅力独特，浑厚强劲，带有咖啡、矿物质和橡木的香味，非常大气，不愧为极具个性的顶级佳酿。

酒评家罗伯特·帕克就认为，优秀的奥松堡葡萄酒的适饮期可达50~100年，是名副其实的长寿之酒。酒评家的好评加上产量奇少导致奥松堡红酒酒价大幅度攀升，在市场上不容易找到它的身影。

奥松堡的葡萄园仅有7万平方米，其中“梅洛”和“弗朗”葡萄各占一半，每1万平方米种植6000~7000株葡萄树，比法国五大名庄的每1万平方

米10000株葡萄树的种植密度几乎少了三分之一，因此其每公顷的产量也很少，只有3500升，也比名庄少了将近1000多升。

如此之少的产量决定了奥松堡正牌酒（Chateau Ausone）的年产只有2500箱（仅是其他酒庄的1/10），极低的产量和优秀的酒质使其笼罩着一层神秘的色彩。奥松堡酒庄对葡萄的选用有着自己的标准，只有完全达到标准的葡萄才能被用于酿制正牌酒，至于那些被淘汰下来的葡萄则用于酿制副牌酒（Chapelle d'Ausone）。不要以为奥松堡副牌酒的产量会比正牌酒多，恰好相反，奥松堡酒庄的副牌酒比正牌还要少，而且是严格按照正牌酒的工序来生产的。奥松堡酒庄之所以这样做的原因，就是不想因副牌的品质而影响正牌的声誉。

奥松堡酒庄每年推出的副牌酒只有数千瓶，如2009年的奥松堡正牌酒只有16000瓶，而副牌酒的产量仅为6000瓶。奥松堡葡萄酒的副牌酒自1999年以来总能得到酒评家罗伯特·帕克90分以上的分数，属于优秀的副牌酒，其酒质更能与拉图堡副牌酒和奥比昂庄园副牌酒看齐。由于对质量严格把关，其副牌酒自推出之后很快就成为了波尔多地区最贵的副牌酒。

对品鉴葡萄酒略知一二的人而言，如果一款真正的美酒给人的整体感觉是风华绝代，而且一定要有足够陈年方能展现真正的风采，那么奥松堡葡萄酒正是这样的酒。它用独特的风味、持久的品质诠释：真正的好酒会陪伴一生。

奥松堡葡萄酒被公认为“陈年”能力最强的葡萄酒之一，有长寿之酒的美誉。罗伯特·帕克认为，奥松堡葡萄酒的适饮期可长达半个世纪之久。

奥松堡葡萄园的葡萄树平均树龄大都在40~45岁之间，因此能够生产出极为浓郁的葡萄酒。一般来讲，年轻时的奥松堡葡萄酒酒体丰满，单宁充足，口感充满黑莓和烧烤木特性，余韵果实味道持久。若想喝到平顺入口的奥松堡，则要等待很长的时间，至少 15 年后它才会变得单宁中庸，颜色至美，香气集中而复杂。

在几个出色年份的奥松堡葡萄酒中，1998 年的尤为突出，与 1995 年的风味相似，都带有矿物质及葡萄味，还夹杂着花香，更有咖啡、橡木桶香味若隐若现，十分复杂，入口时口感极佳且平衡，使人有满足的感觉。2003 年的奥松堡葡萄酒则表现出浓厚的独特风味，其酒体高度醇厚，果酸、单宁及酒精度平衡，富含果味，口感极佳。

至于最佳年份 2000 年奥松堡副牌酒是极为难得一款葡萄酒，非常罕有，它给人的感觉非常优雅，酒香带有咖啡的味道，酒体中等至厚，入口顺滑。它的风格甚至可与正牌酒相比。与其他一级酒庄的副牌酒相比，也许只有白马庄副牌酒才能与它一较高下。

对品鉴葡萄酒略知一二的人而言，如果一款真正的美酒给人的整体感觉是风华绝代，而且一定要有足够陈年方能展现真正的风采，那么奥松堡葡萄酒正是这样的酒。它用独特的风味、持久的品质诠释：真正的好酒会陪伴一生。

一瓶葡萄酒是否有投资价值，往往会被出身、分数，耐藏期、交易记录等多种因素影响。奥松堡在这方面的表现都令人刮目相看，作为法国波尔多名庄之一，它凭借完美持久的品质、超长的耐藏期，赢得了许多葡萄酒投资者的青睐，被人称为拍卖市场上的明日之星。

今天，作为资产配置工具的新宠，葡萄酒投资因为其稳定的 15% 年回报在投资领域中已经占有相当重的分量，受到众多投资者追捧，其中可能只有为数不多的专业期酒投资者。在期酒投资中有一个因素直接影响期酒投资的回报情况，这个因素就是葡萄酒的价格。葡萄酒的价格又会被出身、分数，

奥松堡的封瓶铁片防伪。1995 年以前的铁片上写有 St. Emilion.Chateau Ausone 字样，1995 年之后的铁片上只写 Chateau Ausone 及其年份的字样，这字样与标签上的相同。副牌酒的铁片写上 Chapelle d Ausone 的字样，与正酒很类似。为了防伪，酒庄将铁片制成红色的，但其极易褪色，这样可防止铁片从一瓶真酒转到另一瓶假酒之上，购买时应留意 1996 年以后的封瓶铁片之上印有年份。

耐藏期、交易记录等多种因素影响。

奥松堡葡萄酒在这四方面都令人刮目相看。1855 年巴黎的世博会将波尔多左岸的酒分为五级，其一级酒庄注定成为葡萄酒里面的贵族。奥松堡酒庄出身贵族，属于名门之后。奥松堡酒庄不仅在圣·艾米隆的列级名庄中排位第一，还是最近几年来众人常称的波尔多八大名庄之一。如果要有一个稳定而最低风险的投资回报，那么葡萄酒的蓝筹股——波尔多的一级酒庄和右岸的帕图斯、白马庄和奥松堡都是最好的选择。

根据波尔多葡萄酒市场分析，著名评酒家罗伯特·帕克的评分每上升一分，被评的葡萄酒价钱就会有 7%的增长。可以说，葡萄酒的评分是影响葡萄酒价格的最主要因素，因为一些葡萄酒的买家都是受分数驱动的。以一瓶以前在葡萄酒市场上不算有着深厚历史的精品酒——美国啸鹰葡萄酒（Screaming Eagle）为例，在 1991 年没有被罗伯特·帕克评分前每瓶市值约 300 美元，当拿到他的 100 分以后，便升至 1000 美元左右，足足升了 3 倍多。很多投资者就会想，如果将所有的钱都投资在 100 分的葡萄酒上，那样就稳赚不亏了。无论正牌还是副牌，奥松堡葡萄酒的分数大都在 95 分以上，因此极具投资价值。但有一点要注意，不能盲目地依赖分数，因为葡萄酒的分数像股票一样可升可跌。如果真要根据分数买酒的话，那就必须留意罗伯特·帕克的更新分数，让投资风险降到最低。

CHATEAU A
1er GRAND CRU
SAINT-EMILION
APPELLATION SAINT-EMILION GRAND CRU
2002
J. DUBOIS-CHALLON & Héritiers C.
PROPRIÉTAIRES A SAINT-ÉMILION (GIRONDE)
MIS EN BOUTEILLES AU
PRODUCE OF FRANCE
ONE

至于耐藏期，奥松堡葡萄酒无疑是最具竞争力的。耐藏期其实就是一瓶酒的生命。生命的长度越长，它的保值和升值的空间越大。其原因基于一个供求关系的概念，如果是一瓶高分的酒，它能够有30年的耐熟时间。很多酒评家都说，奥松堡葡萄酒年轻时清秀文雅、温顺、天然，陈年后反倒有力，浓烈且庞大。奥松堡葡萄酒因此而成为拍卖会上的宠儿，被看作葡萄酒市场上的明日之星。罗伯特·帕克这位拥有巨大影响力的美国评论家就曾指出："如果葡萄酒一开始缺乏迷人的魅力，时间将会是对优良葡萄酒的最佳证明。"他就曾推荐2002年的奥松堡葡萄酒为最杰出的一款葡萄酒，他如此评价道："2002年的奥松堡葡萄酒可以算是该酒庄一款难得之作，它至少可以陈年60年。"

一个有连贯性和可信的交易记录代表了这瓶酒的质量保证与储存情况。众所周知，葡萄酒是很敏感的，假若在储存的过程中温度与湿度处理不当，就等于谋杀了这瓶酒。我们可以从一个完整的、可信度高的交易记录去估算这瓶酒的质量好坏。反之，一个不详尽的交易记录会为我们在估算这瓶酒的质量时增加难度和风险。例如一瓶95分的奥松堡葡萄酒，如果有一个有连贯性和可信的交易记录，绝对会比一瓶100分的拉斐堡红酒还要昂贵。不过因产量关系，奥松堡葡萄酒很少会在葡萄酒市场上出现。

但这并不影响奥松堡葡萄酒的价值，因为奥松堡葡萄酒一部分作为期酒早已被一些收藏者订购出去，还有一部分流入市场。而且更多的投资者已经意识到了这一点，因此奥松堡葡萄酒在最近几年成为投资者竞相购买的葡萄酒。奥松堡葡萄酒的价格根据年份不同，其售价各有不同，每瓶的平均价格都达到3000~5000元人民币。受经济危机影响，2010年11月，在苏富比的纽约拍卖会上，一箱1982年份奥松堡葡萄酒虽然只以3025美元成交，但一些资深葡萄酒收藏者表示，这一年份的奥松堡葡萄酒在未来的时间里一定会有出色的表现，其升值空间十分乐观。2000年奥松堡葡萄酒的价格就已经出现了上升趋势，在2010年苏富比香港拍卖会上，5箱奥松堡葡萄酒的估价就高达3~4万美元。

奥松堡葡萄酒被人看作拍卖市场上的明日之星，作为法国波尔多八大名庄之一，在未来一定会有令人惊艳的表现。

古罗马人享尽了奢华，就有了名利的庄园；英国人看透了工业，就有了乡村的庄园；俄国人得到了农奴，就有了贵族的庄园；法国人创造了葡萄酒，就有了飘满酒香的庄园。从古到今，法国波尔多葡萄酒文化滋养着每一位法国人，波尔多区的两大产区分别是梅多克和圣·艾米隆，前者有诸如拉斐堡酒庄这样世界知名的庄园，而后者更有波尔多“右岸之王”的白马庄，由它出产的葡萄酒更被世界尊称为“酒圣”。

CHATEAU CHEVAI BLANC

波尔多“右岸之王”

白马庄葡萄酒

法国的波尔多是一片拥有悠久历史的土地，更是著名的葡萄酒产地。白马酒庄就位于波尔多右岸的圣·艾米隆（St.Emilion）产区内。在1955年该区的分级中，白马酒庄是在68个列级酒庄中排位第一级的A组的两个名庄之一，也是波尔多八大名庄之一，被业界尊称为“右岸之王”，与“左岸之王”拉斐堡并蒂开放。

白马酒庄历史悠久，可以追溯到18世纪。1764年，贝莱梅绘制的地图上就已经有白马庄园的记载了。其名字的来源也有很多版本，最可信的两个版本是：酒庄曾经有一个十分别致的客栈，有位名叫亨利的国王经常骑着他白色的宝马在此休憩，因此而得名；另一种说法是，白马酒庄在飞爵世家时期主要用来放养马匹，后来白马庄就因以前是放养马匹的地方而得名的。无论如何，白马酒庄的历史与飞爵世家庄园紧密地联系在一起的。但现在从名气、价格和品质讲，白马酒庄的酒都超过飞爵世家。

早在18世纪时，白马酒庄就已经种植大片的葡萄，但当时它并不很出名。1832年，伯爵夫人菲丽斯（Felicite de Carle-Trajet）将自己的飞爵世家（Figeac）酒庄的15万平方米葡萄园卖给了杜卡斯（Ducasse）先生，杜卡斯先生又在1837年花费巨资购得了另外15万平方米的葡萄园，而这成为白马酒庄的前身。1852年，杜卡斯的女儿嫁给一个富商福克劳德·卢萨卡（Fourcaud-Laussac），杜卡斯便将30万平方米的葡萄园当作嫁妆送给女儿。自此，这片葡萄园开始由卢萨卡家族接管。

1853年，这片葡萄园被正式命名为白马庄（CHATEAU CHEVAL BLANC），从那以后，白马庄开始扩张，到1871年时，酒庄面积已达41万平方米，形成了今天的规模。卢萨卡家族从1852年开始直到现在一直是白马庄的主人，其中福克劳德·卢萨卡在掌管期间对白马庄进行了大规模的整修，最成功的措施就是在葡萄园安装了一个有效的葡萄园排水系统，彻底解决了葡萄园的洪涝灾害。也正是在那时，白马庄的葡萄酒质量得到了大幅提升。

今天我们在白马庄的酒标签上可以看到一左一右的两个圆形奖章，这分别是1862年、1878年在伦敦和巴黎国际酒展上获得的奖牌，这些大奖为白马庄赢得了国际声誉，从此白马酒庄便名声大振。然而，真正让白马庄出名的是19世纪末的1893年、1899年和1900年几个非常引人注目的经典年份。1970年至1989年期间，酒庄的董事长是家族的女婿雅克·赫布拉德（Jacques Hebraud）。雅克的祖父曾是波尔多的大酒商，父亲曾是海军上将，他本人是农科教授和波尔多大学校长。他的家庭背景、显要的学术和社会地位将白马庄的声誉推向相当的高度。

在1998年之前，白马庄一直归卢卡斯家族所有。1998年，国际著名品牌LVMH集团入主白马庄，成为白马庄的新主人。今天的白马酒庄被伯纳德·阿诺特装饰一新，人们一进门便能看到一幅白色骏马图，这张图片将酒庄的历史和精神表达得十分贴切。白马酒庄很精巧，一切都不大，却十分精致。这份精致源于新庄主伯纳德·阿诺特入主酒庄后对酒庄的大量投资，他不仅改善了葡萄园，增添先进的酿酒设施，而且还装修了酒庄。酒庄处处可见顶级奢华的修饰手法，为古老的酒庄添了一份现代的精致。从接待前台到总管办公室，到处显示现代写字楼的痕迹，令这座古老的波尔多酒庄焕然一新。

更值得一提的是，白马庄的新掌门人是著名的皮埃尔·柳顿（Pierre Lurton）先生，作为世界上最著名的酿酒师，皮埃尔·柳顿也为白马庄开辟了一个全新的时代。

白马庄葡萄酒一直以被冠为“收藏级葡萄酒”而傲视群雄，其香醇澎湃，柔中带刚，被誉为“右岸之王”，又因隶属LVMH集团，更被人看做是“葡萄酒中的LV”。

只要提起白马庄，一定会让资深的葡萄酒爱好者热血沸腾。由皮埃尔·柳顿先生担当掌门人和酿酒师总监的白马庄在欧洲享誉盛名，2007年白马酒

庄期酒价格已达 400 欧元 / 瓶，足以说明其葡萄酒超高端市场的尊贵地位。目前，白马庄隶属拥有路易·威登、轩尼诗等世界顶级品牌的法国 LVMH 旗下。所以，作为波尔多八大名庄之一的白马庄也被人看作“葡萄酒中的 LV”。

白马庄还有一个美誉，那就是被业界尊称为“右岸之王”。吉隆河把法国波尔多地区分为左岸和右岸，一河之差，两岸的风格截然不同。左岸有着波尔多的五大传统名庄，有着波尔多最有名气的梅多克区，因此左岸总是充满着一种古典贵族的气息，所产的葡萄酒也更加严谨复杂。右岸的著名葡萄酒产区主要有圣·艾米隆和波美侯，其著名的酒庄就有白马庄、奥松堡和波尔多最贵的酒王之王——帕图斯。与左岸的城堡庄园相比，右岸的酒庄多是一些乡间小别墅型的小酒庄，规模远不及左岸，却充满了个性和人情，所产的葡萄酒比较温柔优雅。其中白马庄所出产的葡萄酒香醇澎湃，柔中带刚，因此被誉为“右岸之王”。

圣·艾米隆在1955年就开始建立了自己的评级制度，并且每十年审核一次，从高到低分别为“一等特级”（Premieres Grands Crus Classes）、“特级”（Grands Crus Classes）、“优级”（Grands Crus）、“圣·艾米隆AOC级”（AOC St-Emilion）。“一等特级”中又分为A类和B类。第一次评级在1958年修正，1969年第二次评级，白马庄一直位列“一等特级A类”不曾改变，同获这一殊荣的还有同一产区的奥松堡。

真正让白马庄享誉世界离不开一个人，就是现今的掌门人皮埃尔·柳顿。了解葡萄酒的人都知道，柳顿家族是波尔多第一大葡萄酒家族，弗朗西斯科·柳顿（Francois Lurton）的20多位儿孙在波尔多拥有和管理着30个庄园，而其中最为出色的非皮埃尔·柳顿莫属，因为他是波尔多历史上第一位同时管理两大顶级名庄——白马庄和伊甘堡的人。

1991年，白马庄董事长退休后，年仅34岁的皮埃尔·柳顿以其极强的综合实力力挫众人，成为白马庄新一任的总经理，这对自1832年来从未雇过外人管理庄园的白马庄来说实属罕见。他在刚刚加入白马庄时便面临着极大的考验。那年，一场严重的春霜让70%的波尔多酒庄遭受重创，很多葡萄藤都消失了。因此，那一年白马庄没有出产过一瓶酒。接下来的两年1992年和1993年也不是很顺畅。出于对于事业的沉醉，皮埃尔·柳顿仿佛是天生喜欢接受挑战的企业家，他永不停息地工作，挑战自己的极限。

白马酒庄酒柜：该款酒柜为白马酒庄推出的特别限量版，设计灵感以白马酒庄的城堡为原形，由梧桐木雕刻加工而成。酒柜设置了三个隐藏式的抽屉，并存放四瓶白马庄红酒。

在皮埃尔·柳顿的管理下，白马庄葡萄酒的声誉日渐显赫，一直以“收藏级”而傲视群雄。可以说，是皮埃尔·柳顿赋予了白马庄葡萄酒完美的品质和超强的生命力，白马庄葡萄酒具有20~30年的陈年潜力，最佳年份酒的陈年时间更可达半个世纪以上，比如白马庄最佳年份1947年、1982年、1990年和2000年的葡萄酒。

白马庄葡萄酒最大的优点是年轻时与年长时都很迷人，年轻时会有一股甜甜吸引人接受的韵味，酒力很弱。经过十年后，白马堡葡萄酒又可以表现出很强、多层次、既柔又密的个性。

白马，总让人联想起风度翩翩的“白马王子”。白马酒庄生产的葡萄酒的确品位非凡，它们无论在“年轻”时还是“年长”时，都散发出迷人的芳香。“年轻时”它会有一股甜甜的、让人欲罢不能的韵味，香醇澎湃，香气和酒体均显出优雅与清秀，真的像一个“白马王子”。也许当初庄主起名的时候就想体现如此的韵味与风格吧。经过十年后，那酒仿佛经历了岁月的打磨，表现出多层次的、既柔又密的个性，口感圆润，果香味持久悠长。这或许就是白马庄葡萄酒的奇妙之处。

白马庄的葡萄园土壤多为砾石沙土混合的土壤，深厚的砾石沙土和黏沙混合的土壤。为了充分利用其独特的土壤，白马庄正牌葡萄酒大多选用“卡本妮弗兰克”葡萄（57%）。这种极优雅的葡萄赋予白马庄葡萄酒无可比拟的芳香和口感。1947年的白马庄葡萄酒是最具代表性的，在不少专业品酒家的心目中，是近100年来波尔多最好的酒，曾获得波尔多地区“本世纪最完美作品”的赞誉。另外，1961 年的白马庄葡萄酒也是一款难得的年份酒，虽然并不如 1947 年的满分白马庄经典酒，但分数丝毫未能动摇它的江湖地位。1961 年是波尔多地区 20 世纪以来的最佳年份。因此 1961 年的白马被誉为世纪佳作而且极为罕有，就算有卖的也是天价。

在 1996 年的圣·艾米隆区的等级排名表之中，白马庄正牌葡萄酒 Cheval Blanc 位列“超特级一级酒”。Cheval Blanc 标签是白底金字，十分优雅，与酒的品质非常相符。Cheval Blanc 在幼年的时候会带点儿青草的味道，当它成熟以后便会散发独特的花香，酒质平衡而优雅。它具有深红宝石色，闪烁淡紫色的光辉；典型的华美的异香和黑果（樱桃及黑加仑）香味；入口成熟而馨香，在口腔中高度凝缩，浓度很高，最终的感觉是美妙香醇和单宁酸味，品质卓越，魅力浓烈。

白马庄的正牌酒 Chateau Cheval Blanc 每年的产量约为 10 万瓶，在发酵后要在全新的橡木桶中陈酿 18 个月。副牌酒 Le Petit Cheval 每年产量约为 4 万瓶。白马庄红酒的特征是果香味强劲、色泽鲜明、富含单宁、味觉香醇澎湃，口感圆润，果香味持久悠长。著名的酒评家罗伯特·帕克认为白马庄出产的酒很特别，就算蒙瓶试酒也很容易分辨出来。如果单就香味而言，就连八大酒庄中以花香味闻名于世的玛歌堡红酒也不及白马庄的酒香味强劲。

在葡萄酒爱好者心中，白马庄葡萄酒的地位堪比劳力士、香奈尔，其价格更是远远高于法国波尔多一级酒庄的期酒价格。不仅如此，白马庄葡萄酒一直是世界各大拍卖会上的主角，吸引世界各地的买家不远千里前来竞拍。

在葡萄酒市场上，白马庄葡萄酒的表现十分抢眼，让众多葡萄酒收藏家和投资者趋之若鹜。曾经有一瓶 1947 年的白马庄葡萄酒在英国佳士得拍卖，创出了单瓶葡萄酒拍卖价格纪录。这瓶罕见的法国

1947年产6升装葡萄酒拍出304375美元的高价。这瓶葡萄酒是由瑞士一名收藏者提供的，佳士得拍卖行酒类专家迈克尔·加纳说："我们对这瓶神话般的白马庄1947年产葡萄酒所获的成果感到激动，304375美元的售价远远高于先前估计的15万到25万美元。"

多年来，白马庄葡萄酒的价格一直居高不下，每逢拍卖会它必定是会上的主角。据报道，曾经有一批藏于英国格恩西岛的葡萄酒，其中有20世纪40年代的奥比昂酒庄、白马庄的葡萄酒，以及各种各样20世纪初的波特酒，其中最引人关注的就是一瓶1928年的白马庄葡萄酒。这些酒最后委托宝龙拍卖行进行拍卖，当宝龙拍卖行将这一消息公布出去之后，立即引起葡萄酒界的轰动，这批古董酒吸引了很多买家，日本与美国买家也不远千里来此竞拍。当记者问及这些买家想买哪一款酒时，一些人明确表示：他们是为了1928年的白马庄葡萄酒而来。负责这次拍卖的宝龙行负责人理查德·哈维就说："喝过白马庄1995年份佳酿的人都想尝尝1928年份白马庄葡萄酒的味道，这是一款风格截然不同的产品。"

在伦敦苏富比拍卖行举行的名酒拍卖会上，也少不了法国白马庄葡萄酒的身影，所有拍品均由酒庄直接委托苏富比拍卖，有一年白马庄葡萄酒将涵盖近一个世纪，年份横跨1900年至1995年，并囊括1.5升装、3升装、5升装以至6升装等大瓶佳酿，都委托苏富比拍卖行。那次拍卖推出多套囊括多个年份的垂直酒款（Vertical Lots），其中一套包括超过30瓶由1905年至1964年间的顶级葡萄酒，估价1.5万至2万英镑，是有史以来首次让藏家透过拍卖平台搜集直接来自白马庄酒窖的珍品，拍品来源及品质均无可比拟。

另外，新近出产的白马庄葡萄酒的价格也远高于法国波尔多一级酒庄的期酒价格。以拉斐堡红酒为例，其2008年份酒售价刚刚超过2000英镑一箱，其他顶级酒庄的期酒零售价大多在1000~1500英镑一箱，而2008年的白马庄葡萄酒的官方售价就高达3500英镑一箱。对这样的价格，一些英国酒商表示可以接受。如波尔多指数（Bordeaux Index）葡萄酒公司的萨姆·格里维就说："白马庄由全球最大的奢侈品集团LVMH拥有，其地位已经堪比劳力士、香奈尔。这样的定价并不算太高，帕克给白马庄葡萄酒97分的高分，3500英镑一箱绝对物有所值。"

作为匈牙利的国宝级葡萄酒，托卡伊贵腐酒被联合国教科文组织批准为物质文化遗产。它在贵腐酒中的地位就连法国国王都为之倾倒，称其为“王室之酒，酒中之王”。

托卡伊贵腐酒

没有什么酒像托卡伊贵腐酒那样被称为“王者之酒”。18 世纪，当托卡伊贵腐酒被引入法国宫廷时，路易十四曾这样赞誉它。后来，哈普斯堡（Hapsburgs）把它引入俄罗斯，沙皇对其很有好感。从那时起，托卡伊贵腐酒开始了自己的传奇。

几个世纪以来，贵腐酒深受葡萄酒评论家、美食家以及国王、皇帝、教皇、王子和沙皇等统治者的推崇，被看作液体黄金、财富的标志，在 18 世纪成为风靡欧洲各国的宫廷宴酒，甚至当作外交的工具，俨然成为各国王室权贵唯恐求之不得的稀世珍品。沙皇彼得大帝为保证供应贵腐酒，不惜派出专门的使团和军队分别负责采购、保护和运送。贵腐酒这种传奇饮品甚至被归类为“回春酒”，被神化为

Tokaji Aszú Esszencia 这款贵腐酒罕有且非常珍贵，皆因此酒只有在极佳年份才有出产，甜度高达 7 puttonyos 或以上之多。

“天使的眼泪”、“神的饮品”、“上帝的玉液琼浆”、“装在瓶子里的太阳”。

世界上出产贵腐酒的国家和地区主要有5个，分别是法国的苏玳（Sauternes）和巴萨克（Barsac），以及西南部的蒙巴兹雅克（Monbazillac），匈牙利的托卡伊（Tokaji）和德国的莱茵河流域。贵腐酒不仅甜度极高，而且果香浓郁，喝下两小时后仍感觉口里回荡着淡淡的余香，就如它丰富的口感一样。

贵腐酒的身世一直是众说纷纭。世界上第一支贵腐酒于1571年诞生于匈牙利的托卡伊，比德国的约翰山堡整整早了100年，而比法国著名的苏玳更是早了近200年！2000年，历史学家在一封写于1571年的书信上发现了最早的有关托卡伊葡萄酒的文字记载。这封信出自一个名为拉兹洛·阿柯尼（Lúszló Alkonyi）的人——当时托卡伊王的兄弟，他在信中表示要将自己酒窖中的52桶酒全部献给“尊敬的陛下”，并提到关于酿酒的一些信息——当时的托卡伊酒农已经在用“带皱褶的葡萄”来酿甜酒了，这便是今天匈牙利人引以为傲的托卡伊·阿苏贵腐酒。这封信的发现证明了贵腐酒的酿制方法源自托卡伊，并非法国。

托卡伊位于布达佩斯东北约 200 千米处泽姆普林山南麓，早在公元前凯尔特人就在此种植葡萄，后来马扎尔人经营此业。从 11 世纪起，特别是 13 世纪后，匈牙利国王从西欧招聘比利时南部的瓦龙人来这里大规模发展葡萄种植业。也许地理上的中心位置在早期托卡伊酿酒历史上扮演着某种重要的角色，但是只要环视脚下的这片土地就会发现，没有其他什么植物会比葡萄更适合种植在这里：不同寻常的小气候，火山及后火山运动形成的独特土壤，对葡萄生长有利的小斜坡，以及秋季博德罗格河和帝萨河上的薄雾。

托卡伊葡萄酒文化有两个起源：它将东方高加索人和西方罗马人两者的酿酒传统融为一体，在托卡伊山脚的葡萄培育方法以及酒窖建筑样式方面，两种传统酿酒方法都有所反映。据称，葡萄培育与葡萄酒生产早在马扎尔人在匈牙利定居时期就开始了，但没有具体证据证明这个观点。现在最早只能找到瓦龙人 12 世纪下半叶在这里定居后培育葡萄的证据。几个世纪以来，不同种族的人群在此定居，包括撒克逊人、斯瓦布人、波兰人、罗马尼亚人、亚美尼亚人和犹太人，他们都丰富了这里的经济与社会生活，也包括葡萄酒文化。这个地区城镇的宗教与建筑反映了这里文化的多样性。除了民间建筑，16 世纪与 17 世纪繁荣的封建贵族制时期的建筑也独具特色。从 1737 年起，根据皇家法令，托卡伊地区受到保护，被宣布为世界上第一个封闭式的葡萄酒出产地区，托卡伊葡萄酒生产的每一个环节都能够在这里富有特色的葡萄园、农庄与小镇中古老的地下酒窖里找到。

贵腐酒的诞生有些传奇色彩。1650 年，土耳其军队大举入侵匈牙利。当土耳其军队迫近托卡伊时，正值葡萄收获季节，为免遭土耳其军队的劫掠，托卡伊一位改革派基督教牧师号召当地的农夫推迟采摘葡萄。就这样，直到 11 月初上冻之前，托卡伊的农夫们才开始收获。原本水灵灵的葡萄因水分收缩早已干蔫，表皮不仅变薄发皱，上面甚至还泛起了一层难看的霉菌。望着干枯如同葡萄干一般的葡萄串，人们在无奈之中也只能拿它来酿造当年的葡萄酒。然而万万没有想到的是，这一年酿出的葡萄酒，较之往正常季节采摘的葡萄所酿成的酒，味道要醇美浓郁芬芳得多。偶然地推迟采摘，意外地为托卡伊葡萄酒带来了从此走向世界的辉煌，托卡伊也因此成为匈牙利最著名的酒乡。

托卡伊地区酿造的各种品味葡萄酒，均以托卡伊冠名，统称为托卡伊葡萄酒，其主要的优质葡萄酒品牌有：托卡伊·芙勒明特（Tokaji Furmint）、哈勒斯莱维露（Harslevelu）、莎勒高·姆斯蔻塔伊（Sarga Nuskotaly），以及名列世界最好的干葡萄酒之一的托卡伊·萨莫萝德尼（Tokaji Szamorodni），再就是世界独一无二的顶级贵腐酒——托卡伊·阿苏（Tokaji Aszú）。

1703 年，匈牙利的特兰西瓦尼亚王子费伦茨·拉科齐二世将一批贵腐酒作为礼物送给法国国王路易十四。从此，贵腐酒便成为了凡尔赛宫酒宴上的必备饮品。路易十四对贵腐酒可谓是情有独钟，他称赞匈牙利的这种葡萄酒是“王者之酒，酒之国王”。从那时起，托卡伊贵腐酒便扬名整个欧洲。300 年后，联合国教科文组织于 2006 年将匈牙利的托卡伊产区列入“世界文化遗产”，这在全世界数以千计的葡萄酒产区中是绝无仅有的。

数百年来，托卡伊贵腐酒深受葡萄酒评论家、美食家以及国王、皇帝、教皇、王子和沙皇等统治者的推崇，被看作液体黄金、财富的标志，如今它已经成为匈牙利的国宝。

托卡伊贵腐酒完全是天时、地利、人和之作，人称“上帝的赐予”。几百年来，它一直是欧洲宫廷中必备的御用之酒，皇室贵族甚至将其看成“回春之药”。

400 多年来，托卡伊贵腐酒始终傲居于西欧宫廷盛宴之中，成为欧洲各国王室必备的御酒。就连享有葡萄酒王国美誉的法国人也对托卡伊·阿苏贵腐酒刮目相看，承认其“葡萄酒之最”的崇高地位。法国国王路易十四自从喝了托卡伊·阿苏贵腐酒之后，托卡伊·阿苏贵腐酒便成为路易十四酒单中不可或缺的典藏美酒之一。

托卡伊贵腐酒传至俄国皇室时，彼得大帝和女皇叶卡捷琳娜更是为之倾倒。彼得大帝甚至还曾派驻专门的使团和军队以保障这种珍稀葡萄酒的供应，并一路护送到圣彼得堡皇宫。由于对托卡伊贵腐酒太痴迷，他甚至在托卡伊购置了数座葡萄种植园和酒窖，专门为自己酿造御酒。此外，托卡伊·阿苏贵腐酒一直是奥地利和西欧诸国的宫廷宴会，以及罗马教皇的宴席必备的佳酿，用于款待那些极为尊贵的客人。

托卡伊贵腐酒不仅得到王公贵胄的垂爱，同时赢得文人雅士的青睐。法国启蒙思想家伏尔泰、歌德及音乐家舒伯特都对托卡伊贵腐酒狂热地痴迷。伏尔泰给予它如此的赞美："贵腐酒激发我大脑的每一根神经，深入我的心田，点燃智慧的火花和幽默的灵感!"舒伯特曾为其谱写了优美的《贵腐赞歌》，托卡伊贵腐酒之无穷魅力由此可见。甚至连匈牙利国歌的歌词都不忘提到它——"你酿造的甘美的托卡伊美酒一滴滴地往下淌"。

托卡伊顶级的贵腐酒 Aszú Essencia 历来就有"回春酒"之称。据传，以前匈牙利国王即将临终之时，嘴唇上会被涂上少量的贵腐酒，假如他们没有展露出笑容，就表示他们已是无药可救的了。托卡伊贵腐酒如此之神圣，估计是世界上独一无二的。

托卡伊·阿苏贵腐酒为什么独享殊荣，并长盛不衰？首先得益于其独特而优良的原料。托卡伊地区种植的优质白葡萄，有"芙勒明特"、"哈勒斯莱维露"和"莎勒高·姆斯蔻塔伊"等优良品种。据说，由于托卡伊特殊的水土关系，使白葡萄中含有多种非常独特的营养成分，酿造出的酒里竟带有天然青霉素，以及数种对人体有益的天然化学成分。托卡伊·阿苏贵腐酒的滋养保健功效，自古就被载入匈牙利药典之中，直到近 40 年，才从医生处方的药品类中正式剥离，回归酒类。托卡伊·阿苏贵腐酒之所以品质特优，除了用含有特殊营养成分的白葡萄做原料外，用于勾兑的基本原料酒也不是一般普通的酒，而完全是采用优质的托卡伊系列干葡萄酒芙勒明特、哈勒斯莱维露和莎勒高·姆斯蔻塔伊。优上加优的原料组合，为托卡伊·阿苏贵腐酒奠定了最坚实的成功基础。

用于酿制贵腐酒的原料是被一种叫 Botrytis Cinerea（葡萄孢）的霉菌感染后的葡萄，它们蛀出人们肉眼看不见的小孔使得葡萄里的水分被蒸发，逐渐变得干瘪，且表皮上形成一层薄薄的黑灰色茸毛。这种霉菌是一种自然界存在的腐性寄生物，经常寄生在水果皮上，对人体无害。这样的感染过程不仅能使原本已经很甜的葡萄果实变得更甜，而且产生了让口感更圆滑滋润的汁液，形成格外动人的饱满的香气。

贵腐酒绝不是轻易就可以酿制而成的。事实上，一旦天公不作美，所用的葡萄就真的会变成一堆烂葡萄。Botrytis Cinerea 很娇贵，不是在任何葡萄园都能出现，它需要一种独特的微型气候才能产生——早上阴冷并富有水汽，下午干燥炎热。早上潮湿的气候有利于这种霉菌滋生蔓延，中午过后的干热天气才能使葡萄果粒里的水分从感染处蒸发，葡萄脱水后提高了甜度。这事说起来简单，但全世界拥有这种独特地理环境，造就如此苛刻气候条件的葡萄园产区就那么几个。即便如此，也不是每年都能出产贵腐酒，因为如果天气反常，即便是“上帝赐予”的那几个产区也无可奈何。葡萄园主每年都得冒着葡萄烂掉的风险，等待真正的“浓缩葡萄”来酿酒。

托卡伊·阿苏贵腐酒的酿制是非常艰难的，在托卡伊地区每隔三至四年便会出现一个有别于以往的独特秋季。每当这种气候降临，挂在枝头的已经萎缩变干的葡萄表面都会生出一层只有托卡伊山麓才有的霉菌“Botrytis Cinerea”。唯有在这种特殊霉菌的作用下，葡萄脱水，酿造的酒才是极品酒。因为葡萄在脱水时，内部的糖分浓缩，从而产生一种特有的芳香成分。这种在霉菌作用下脱水成干的过程被当地人称之为葡萄的“阿苏化”。

而在不发生葡萄“阿苏化”的年份，就无法酿造出那种至醇至美的极品酒。这也是托卡伊·阿苏贵腐酒珍稀的一个因素。在普通年份，托卡伊只能酿造高品质的优质葡萄酒：托卡伊·芙勒明特、哈勒斯莱维露和莎勒高·姆斯蔻塔伊等托卡伊葡萄酒系列。

要酿出世界认可的极品美酒托卡伊·阿苏贵腐酒，仅有天时与地利是远远不够的，还要人们付出相当的辛苦。例如采摘就是一件麻烦事：需要逐粒逐串挑选。因为不是每一颗葡萄都同时受到感染，并且萎缩的程度也不一样。感染上 Botrytid Cinerea 的葡萄园往往香气冲天，这让天上路过的小鸟们直流口水，它们不会错过这样的美餐。这些都直接影响了贵腐酒的产量，有时一棵葡萄树只能出产一杯贵腐美酒。

TOKAJI
DISZNÓKŐ
TOKAJI ASZÚ
5 PUTTONYOS
2001

托卡伊贵腐酒有着无可挑剔的平衡和完美的口感，花果香浓郁、酒体丰腴，不仅口感甜蜜，而且芬芳怡人，绝对可以用“销魂”两个字来形容。

托卡伊贵腐酒在世界葡萄酒业享有长盛不衰之盛名，它具有明显的滋阴补阳之功效，可强身健体，属于保健型酒类。瑞士营养学家在分析了酒液中的营养成分及含量后，称托卡伊贵腐酒为“世界葡萄酒之最”；意大利有位诗人盛赞“托卡伊的美酒，给人以聪明和智能”；19 世纪一位叫塞迈莱·米克罗什的诗人赋诗赞美托卡伊贵腐酒：“上帝恩赐的托卡伊，青春常驻并不稀奇，只要闻了它的醇香，死神逃离得无踪迹。上帝恩赐的托卡伊，体魄健壮永远美丽，只要饮了它的琼浆，病魔远离生命常绿。”由于托卡伊贵腐酒属保健型酒类，具有强身健体、滋阴补阳的功效，这同中餐的营养理念不谋而合，因此托卡伊贵腐同中餐搭配能够营造出一份独具匠心的美食口感。

特殊的土壤、气候条件和葡萄品种，造就了托卡伊贵腐酒的独特风味，虽然它的糖含量很高，但是糖与酸达到了完美融合。托卡伊贵腐酒并不局限于扮演餐后甜点酒的角色，这是一条黄金准则。

托卡伊贵腐酒总是甜而不腻，葡萄中高度的提取成分和矿物质使其从不甜得过分，而是很爽口，余味悠长，因此贵腐酒也常常被当作理想的开胃酒。除了鹅肝酱这一经典的搭配，肉类、鱼类和蔬菜都可以搭配贵腐酒。贵腐酒与一些重口味的芝士（比如蓝纹奶酪）搭配，极为协调完美。贵腐酒的理想搭档，还包括以杏子、桃子、柠檬、芒果等水果为基调的甜食，奶油蛋糕，或者由胡桃、榛子、杏仁等果仁制成的甜品。

如果你嫌弃干白葡萄酒的寡淡，酷爱花果香浓郁、酒体丰腴的甜酒，那么，喝托卡伊·阿苏贵腐酒绝对不会让你失望，它不仅口感甜蜜，而且芬芳怡人，绝对可以用“销魂”两个字来形容。

无论是作为收藏，还是投资，托卡伊顶级贵腐酒 Aszú Essencia 都不会令你失望。超强的陈年能力，即使是在百年之后饮用依然迷人，正因为这一点，托卡伊顶级贵腐酒 Aszú Essencia 成为了葡萄酒爱好者与投资者梦寐以求的葡萄酒。

匈牙利政府为保持托卡伊葡萄酒在国际上的最佳声誉，不仅以法律形式规定了酒瓶的统一形状，还要求每瓶贵腐酒都必须注明酿造年份，对托卡伊·阿苏还有 3 筐、4 筐、5 筐、6 筐的特殊标示。托卡伊甜酒的等级，主要是按酒中的甜度而定。甜度越高，所需的干萎葡萄越多，酿制的时间也会较长。在过往，采集这些受霉葡萄是以固定容量的木筐来盛载，每筐的容量约为 25 公斤，采葡萄工人薪酬亦是按采得筐数作计算。这种背负式的木筐，匈牙利人称之为“Puttony”，因此，托卡伊甜酒的甜度，亦是以在 136 公升葡萄汁液中，加入的干萎葡萄的斗数而作分等。最少要加入 3 筐，才能将甜酒称为阿苏类别的上等甜酒。如果不把顶级的 Aszu Essencia 计算在内，最高甜度的就是 6 Puttonyes。每增加一个 Puttonyes 的阿苏浓汁就要多窖藏一年，所以 6 筐的顶级阿苏要窖藏 8 年之久。

除此之外，就连软木瓶塞，也都烫镌了统一的花纹标志。每瓶出窖的托卡伊葡萄酒，都必须在瓶口贴封国家统一编号的封条，然后才准予进入市场。托卡伊葡萄酒系列中顶级的当属 Aszú Essencia，其价格也最贵。严格意义上讲，Aszú Essencia 并不能算作酒，它的含糖量高达 450~800g/L (据说 2000 年居然超过 900g/L)，5%~7%酒精度酒体在很多年之后最高能达到 4%~5%的酒精度。Aszú Essencia 是将葡萄放在木桶内，自身压力流出来的果汁，非常浓稠，而且含糖量极高，以前往往需要人工加入白兰地，来增加点酒精度，维持酒质。由于产量稀少，市面上少有出售，甚至在世界各大拍卖行上都很少露面。有些年份根本没有出产，而在以前，Aszú Essencia 只能在药店才可以买到，所以人们总称 Aszú Essencia 是能够起到起死回生的圣水。据记载，教皇庇护一世遵医嘱每日小酌一杯这种名贵葡萄酒，以保健康。

波尔多的伊甘贵腐酒是无法模仿的，均衡协调的严谨风格是古典主义风格的极致。它还有更耐人寻味的地方。遵照萨卢科斯家族坚持了200多年“挑剔”的原则，我们发现了法国顶级贵腐酒的皇家风范。

Château d'Yquem

贵腐酒之王

伊甘贵腐酒

如果说法国苏玳（Sautenes）地区是生产“贵腐酒”的圣地，那么伊甘酒庄便是圣地中的殿堂。在“伊甘夫人”弗朗科斯、萨卢科斯家族的精心管理下，伊甘酒庄进入了前所未有的绚丽时代，从欧洲的王宫贵族、俄国皇亲国戚，到日本皇族，纷纷斥巨资争购伊甘贵腐酒。如果说干白是优雅的钢琴协奏曲，那么贵腐类型的甜白则是一部雄浑的交响乐。伊甘贵腐酒便是最震撼人心的一曲。

在法国所有生产“贵腐酒”的酒庄中，伊甘酒庄是唯一一家雄踞一级酒庄之上的特级酒庄。伊甘酒庄的历史已有400多年。早在1855年波尔多评级中，它就被列为唯一的“特等一级酒庄”(Premier Cru Superieur)，而我们所熟知的拉图堡、拉斐堡、玛歌堡、奥比昂酒庄四大酒庄当时才不过被列为“一级酒庄”，其出产的“贵腐酒”堪称世界第一。

在法国的美食传统里，贵腐酒一直被视为肥鹅肝的绝配，不论生煎鹅肝或鹅肝酱，贵腐酒都能让肥润的鹅肝变得更加香滑甜润，入口即化。另外一种传统搭配是蓝莓奶酪与贵腐酒，这两种独特的美食特点都是靠着特殊的霉菌意外产生的人间美味，也许因此它们才如此相配吧！

法语Chateau d Yquem音译的名字有很多，如“伊甘酒园”、“狄康堡”、“依更堡”、“滴金庄”，不管人们怎样发音，那酒标上的金色小王冠却是永恒的经典。这座历史悠久的顶级酒庄位于法国波尔多最南端、几个产酒区中最小的一个——苏玳的一个小山丘上，其建筑历史可以追溯至12世纪。

据《稀世珍酿》一书记载：“伊甘酒庄的历史很早，14世纪时即属于当时的波尔多市长。1785年，园主的独生女嫁给了鲁尔·萨卢科斯伯爵，此后的多年间，此酒庄一直属于萨卢科斯家族。”实际上，伊甘酒庄早在15世纪之前归英国所有，1453年在查理七世统治期间才回到法国人手里。

1593 年 12 月 8 日，瑞奎斯·德·萨万格（Jacques de Sauvage）以交换保留地协约的形式获得当时为皇家领地的伊甘酒庄。1785 年，“伊甘女士”弗朗科斯与法国国王路易十五的教子路易·阿曼迪·德·鲁尔·萨卢科斯伯爵结婚，伊甘酒庄正式归属萨卢科斯家族。结婚 3 年后，萨卢科斯伯爵不幸逝世，弗朗科斯将她所有的精力都投入在改善和管理酒庄上，她的努力为伊甘贵腐酒今日的成就奠定了坚实的基础。历史赋予这位伊甘夫人展示出色管理天赋的机会，弗朗科斯承先启后，拓开伊甘酒庄最绚丽的一段历史。当时的伊甘甜白酒广为世界最著名的葡萄酒鉴赏家欣赏，包括美国开国元勋、第三届总统托马斯·杰斐逊。伊甘夫人的领袖天赋在法国大革命时也发挥到极致，在众多皇家贵族在革命中断送身家性命时，她不仅将家族产业原封不动地保存下来，而且将酒庄发展得更加辉煌。她于 1851 年去世，四年之后是闻名的 1855 年波尔多分级，伊甘酒庄在分级中是唯一被定为特一级酒庄的，这是对“伊甘夫人”一生管理酒庄成就的最高褒奖。1855 年分级使伊甘酒庄进入了前所未有的辉煌时代，从欧洲的王宫贵族、俄国皇亲国戚，到日本皇族，纷纷斥巨资争购伊甘贵腐酒。

一开始，伊甘酒庄并不酿造贵腐酒，只是出产干白葡萄酒，因为法国大革命前并不流行喝甜白葡萄酒。大革命之后，苏玳地区才开始酿造晚收甜白葡萄酒。伊甘贵腐酒的诞生颇有传奇色彩，至今有两个版本。一说是 1847 年当时的伊甘酒庄的主人访问俄国迟迟未归，回来时恰好错过了葡萄采摘期；另一说是伊甘酒庄的庄主由于打猎到期未归，错过了葡萄采摘时

间，工人们没有庄主的命令不敢擅自采摘，以至葡萄悉数霉变。等他回到酒庄后发现已经错过了葡萄的最佳采摘时节，园内的葡萄大多已经发生了霉变。由于葡萄园的面积比较大，一旦无法酿酒，损失将是空前的。于是庄主怀着侥幸的心理将霉变的葡萄采摘，按照以往的酿制方法进行酿制，待到品尝第一杯酿制出来的“霉变酒”时，发现其味道竟然出奇的甜美。

从此以后，伊甘酒庄每逢葡萄的采摘季节，都会故意等到葡萄发生霉变时方才进行采摘。倘若遇到未出现霉变的年份，为了保证酒的质量，伊甘酒庄会对外宣布不生产正牌酒。到1855年法国实行葡萄酒分级制度时，伊甘酒庄成为波尔多中唯一被评定为超级葡萄园酒庄。此后，在萨卢科斯家族的精心管理下，伊甘酒庄不断地发展壮大。

到博泰兰德·德·鲁尔·萨卢科斯掌管酒庄时，伊甘酒庄再显辉煌。在他管理的半个世纪中，伊甘贵腐酒走出法国并获得了极大的国际声誉。当时波尔多各酒庄懂得如何开拓国际市场的人极少，博泰兰德·德·鲁尔·萨卢科斯侯爵与几位同人共同创建以品酒为主要市场策略的纪龙特省特级酒庄联合会（Union des Crus Classes de la Gironde），亲自担任会长长达40年。1966年，膝下无子的他将酒庄管理权交给弟弟的儿子亚历山大·德·鲁尔·萨卢科斯伯爵。1999年，经过长时间收购股份，LVMH集团获得控制伊甘酒庄的绝大多数股份，成为酒庄的新主人。2004年5月，亚历山大·德·鲁尔·萨卢科斯伯爵退休，拥有伊甘酒庄235年的萨卢科斯家族正式将管理权交给LVMH集团。

伊甘酒庄最后的贵族亚历山大伯爵的完美主义性格虽然没有让伊甘酒庄赚进更多的钱，但却因其不计代价的做法而酿成了绝佳品质的贵腐酒，萨卢科斯伯爵家族200余年的“挑剔”让伊甘贵腐酒成为“甜白之王”。

世界上的贵腐酒虽然不多，并非伊甘贵腐酒一家专有，为何其他贵腐酒没有得到“甜白之王”的盛誉？这恐怕与萨卢科斯伯爵家族200余年的“挑剔”有关。

伊甘酒庄一直以极其严格的葡萄酒酿造和管理而闻名。据《法国人的酒窝》一书介绍：“此地采收葡萄非常特别，一定要用人工，而且要分好几次完成——五六次是很正常的事，因此需要大量的人工，而葡萄的收获量却很少。此外，它的风险也大，因为它的收成时间比一般正常的葡萄采收时间来得晚，如果在采收前或采收期间下雨，将前功尽弃。因为被葡萄孢霉菌攻击的葡萄皮已经非常脆弱，吸收过多的水分就非常容易破裂，一旦破裂，糖分和氧气与葡萄孢接触，进而将糖分解成醋酸，那就得将所有的葡萄倒掉。”也就是说，即便是上天恩赐，也不能保证每年都能出产贵腐酒。

据萨卢科斯伯爵家族最后一位庄主的儿子菲利普先生回忆，有一次曾经有个电视媒体要来介绍伊甘酒庄，但却因为那年恰逢遭遇了不好的年份，他的父亲毫不犹豫地决定当年不出产任何贵腐酒，电视台的拍摄也只好随之搁浅。这种情况并非偶然，1910 年、1915 年、1930 年、1951 年、1952 年、1964 年、1972 年、1974 年和 1992 年等九个年份的伊甘堡贵腐酒产量均为零。不计成本也要保证葡萄酒的质量，是萨卢科斯伯爵家族的酿酒铁律。正如亚历山大常说的那句话：“没有失去一切的勇气，将永远无法致胜。”

《法国人的酒窝》一书的作者齐绍仁说：“如果连续遭遇几个不好的年份，将会拖垮一个酒庄，所以说经营甜酒真是比一般的酒来得辛苦。我的甜酒朋友曾经自我调侃道，他们的神经要比一般人来得粗壮，这样才不会被变数特别多的贵腐酒搞得精神崩溃。”

不止如此，因为葡萄感染霉菌的程度不同，因此须手工一粒一粒地逐串挑选，且需要多次才能完成所有的采摘工作。据说伊甘酒庄每年要雇用上百名工人、耗时 1~3 个月才能完成，而 1972 年酒庄更是破纪录地陆续采摘了 11 次。有人计算过，伊甘酒庄平均每棵葡萄树收获的葡萄只能酿出一杯酒，而且还要赶上风调雨顺的年景。

正因为如此，伊甘贵腐酒品质才能如此之高，陈年潜力巨大。在香港佳士得的一次拍卖会上，就有一瓶 1825 年的伊甘堡贵腐酒破了当年的拍卖纪录。正如佳士得欧洲及亚洲区洋酒部国际总监说的那样：“伊甘酒庄贵腐酒以其丰腴华丽而饮誉酒坛，若陈存得宜，就算远至 19 世纪或 20 世纪初的上佳年份，在 21 世纪的今天仍能芳醇诱人。其原因是来自伊甘酒庄对酿酒抱持极其严谨的态度，严格地管控每一环节。”

伊甘酒庄，一个历史可追溯至12世纪的顶级酒庄，就这样无惧岁月的风蚀雨侵，在严格的甚至挑剔的酿造理念影响下，开创了葡萄酒的一个传奇，一路滴金。

有人说伊甘贵腐酒走出橡木桶时便闪烁着金光，一方面指酒的价格，另一方面当然是酒的品质与口感：新伊甘贵腐酒浓郁丰富，萦绕着蜂蜜、花朵和优雅的热带水果香气；陈酿经年的伊甘贵腐酒具有香气甜美、层次复杂、浓郁醇厚、回味悠长的风格。

伊甘贵腐酒有着超乎想象的浓郁与香甜，年轻时浓得坚硬结实，成熟时丰沛圆融，每一回品尝都带来味觉的惊奇。伊甘贵腐酒酒体柔软如丝，余香绕梁的口感，第一口醇厚而甜蜜，些许糖分挂杯，深厚绵长的酒香，让人举头即可以望见窗外无垠的葡萄园，顿觉那一刻的遗世独立，也许只需这一口就会使你对葡萄酒有另一种诠释及了解。

伊甘贵腐酒通体金黄，华丽高贵。即使年份不长的伊甘贵腐酒也弥漫着诱人的香气，这在其他贵腐酒中是极少见的。水果、干水果、辛辣、植物芳香气和优美的橡木味完美地结合，让你在一开始品尝时就有一种非比寻常的体验。有人将伊甘贵腐酒比喻成一个优雅的女人，让所有遇到她的人都不得不为之倾倒。

目前，伊甘酒庄隶属拥有路易·威登、轩尼诗、劳力士、香奈尔等世界顶级品牌的法国LVMH旗下。即使如此，伊甘酒庄的一切事务还由萨卢科斯家族管理。从1968年接手以来，亚历山大一直维持着伊甘酒庄在全球贵腐酒界无人可及的地位。亚历山大立下一个规矩，葡萄的甜度必须每升果汁内含有340克以上的糖分才能采收，所以每年都得冒着全部葡萄烂光的风险。

一般而言，伊甘贵腐酒要6年后才上市，比如，伊甘酒庄2001年底推出的1996年的酒。这一年的伊甘贵腐酒更被罗伯特·帕克打出100分，据说这一年份的伊甘贵腐酒起码可以存放100年以上，绝对是一个拥有永恒

魅力的美人。

至于2002年的伊甘贵腐酒，更是一个上好的年份。1997年11月，波尔多贵腐葡萄采收季的末尾，从城堡所在的矮丘顶往北望去，采收工人正在进行最后一批的葡萄采收，挂在树上的贵腐葡萄像沾染着灰碳的腐烂葡萄干，任谁都很难想象这样丑恶的葡萄最后会成为在2002年才初次上市，呈现在杯中这样美丽闪亮的黄金酒液。毫无疑问，这是1997年份全波尔多最华丽、最香甜浓厚的传世佳酿。那一年，采收季从9月4日就已经开始，广达100万平方米的葡萄园种着70万棵葡萄树，200多人的采收队伍每次逐粒精选完全萎缩的贵腐葡萄，一直到11月初第7次的采收之后才真正完成。历经43个月在全新橡木桶里发酵与培养熟成，经过严格的汰选，最后只产出10万瓶，平均每7棵葡萄树所采的葡萄才够酿成1瓶，也难怪要花上300美元才能买到1瓶。不过，这样的高价如果和早213个年份、有史以来最昂贵的白葡萄酒，价值56588美元的1784年“伊甘酒庄”相比，也仅是九牛一毛而已。

时尚教母香奈尔说，一个女人应该拥有两样东西：优雅而惊艳。作为女士酒，伊甘贵腐酒亦是如此。

从 1847 年起，每一杯浓郁醇厚的伊甘贵腐酒都可以称作是大自然献给人类的杰作。一瓶上好年份的伊甘贵腐酒可以存放百年之久，许多人在购买新年份的伊甘贵腐酒时，心里想着的常常是还未出世的儿孙，因为只有他们在数十年后的某一天，才能有幸享用那全然成熟的、甜美的黄金酒液。

伊甘贵腐酒价格昂贵，经常超过波尔多五大顶级酒庄。在伊甘酒庄的历史上有两笔可圈可点的惊天交易：美国第三任总统杰斐逊的大宗订购，20 世纪 90 年代就有其中的一瓶——1784 年杰斐逊酒被拍卖，价格约合 50 万元人民币；还有一次是沙皇兄弟对伊甘酒庄 1847 年贵腐酒的天价订购。

伊甘酒庄又名为“滴金庄”，出产的贵腐酒可以说是世界上最为名贵的葡萄甜酒，年产量约有 5500 箱。伊甘贵腐酒常有 50 年甚至一个世纪的陈年潜力，它一直为葡萄酒收藏家们所钟爱。因为贵腐酒保存的时间越长，颜色越金黄，非常名贵，是名副其实的滴滴皆金，因此也有“液体黄金”的美誉。在 2004 年 12 月 22 日纽约葡萄酒商扎奇斯（Zachys）和洛杉矶沃利斯（Wally's）共同举办的葡萄酒拍卖会上，单瓶 1847 年的伊甘贵腐酒拍卖价达 71675 美元，成为当时世界上最昂贵的白葡萄酒。

人们对伊甘贵腐酒的痴迷已经达到了无法言表的程度，因其产量稀少，这对许多葡萄酒爱好者和投资者的耐心是个极大的考验。在为数不多的伊甘酒庄推介会上，这些世界上最不同寻常的贵腐酒刚一露面就被卖家重金买下，因此一些珍贵年份的伊甘贵腐酒在市面上很少见到。

作为投资，伊甘贵腐酒具有巨大的升值潜力。从下面几款伊甘贵腐酒就可见一斑：2005 年的伊甘贵腐酒售价为 500 欧元 / 瓶；2004 年的伊甘贵腐酒售价为 146 欧元 / 瓶；2002 年的伊甘贵腐酒售价为 237 欧元 / 瓶；2001 年的伊甘贵腐酒售价为 424.32 欧元 / 瓶；2000 年的伊甘贵腐酒售价为

456.93 欧元 / 瓶；1999 年的伊甘贵腐酒售价为 180 欧元 / 瓶；1998 年的伊甘贵腐酒售价为 173.5 欧元 / 瓶；1997 年的伊甘贵腐酒售价为 278.72 欧元 / 瓶；1995 年的伊甘贵腐酒售价为 244.53 欧元 / 瓶；1994 年的伊甘贵腐酒售价为 247 欧元 / 瓶；1993 年的伊甘贵腐酒售价为 228 欧元 / 瓶……如今你付出数倍的价格却未必能够买得到。

伊甘酒庄曾经推出一系列最不同寻常的藏品，主要由自 1860 年以来各大丰收年所酿造的优质贵腐酒所组成。这一系列的贵腐酒藏品集法国苏玳产区的一等酒庄的特色和 1860 年至 2002 年的优质于一身，被认为是现存的、还能被品尝的、最古老的贵腐酒。其品质足可媲美苏玳地区各大型一等酒庄所酿造的葡萄酒。

这一系列藏品附有每一瓶酒的品尝说明以及每一瓶酒的记录。至于价格，虽然拉斯维加斯的赌场老板曾经在 1996 年以上亿美元的天价从伊甘酒庄那里购得了一款相似的藏品，但这一系列伊甘贵腐酒的价格仍是难以估价的。也许你对这个数字有些质疑，如果你能看到伊甘酒庄的档案就可以看出，凡是在年份较好出产的伊甘贵腐酒，平均售价都超过了 6000 英镑 / 瓶。

2010 年 5 月，香港佳士得特别举办了一场顶级珍贵名酒拍卖会，其间跨越三个世纪的伊甘酒庄珍品组合——128 瓶普通瓶装及 40 瓶 1.5 升瓶装，就以 103 万美元成交，同时也创下了佳士得全球酒品拍卖最高成交纪录、亚洲酒品拍卖最高成交纪录和伊甘酒庄全球拍卖最高成交纪录。

被称为“液体黄金”的葡萄酒是甜白葡萄酒，以法国波尔多的贵腐酒最为出名。距今已有 400 多年历史的伊甘酒庄是波尔多地区五大名庄外的顶级酒庄，其出产的贵腐酒的味道被称为世界第一。从 1847 年起，每一杯浓郁醇厚的伊甘贵腐酒都可以称作是大自然献给人类的杰作。由于伊甘贵腐酒历经几十年甚至是上百年的时间仍然不失甜美与香醇，因此其价格至今仍然保持着非常昂贵的走势，甚至超过波尔多其他著名酒庄的正牌酒，其拍卖价更是惊人。一瓶上好年份的伊甘贵腐酒可以是百年珍藏的世纪佳酿，许多人在购买新年份的伊甘贵腐酒时，心里想着的常常是还未出世的儿孙，因为只有他们在数十年后的某一天，才能有幸享用那全然成熟的、甜美的黄金酒液。

帕图斯 1967
￥52,800

帕图斯 1970
￥52,800

帕图斯 1973
￥18,000

帕图斯 1979
￥18,000

帕图斯 1983
￥18,000

帕图斯 1985
￥18,000

帕图斯 1988
￥16,400

帕图斯 1992
￥18,300

帕图斯 1999
￥22,200

帕图斯 2005
￥46,200

拉菲堡 1967
￥11,800

拉菲堡 1969
￥10,800

拉菲堡 1970
￥10,800

拉菲堡 1971
￥10,800

拉菲堡 1973
￥10,800

拉菲堡 1975
￥11,300

拉菲堡 1978
￥11,000

拉菲堡 1979
￥11,000

拉菲堡 1985
￥10,800

拉菲堡 1987
￥10,800

拉菲堡 1990 ¥11,300
拉菲堡 1991 ¥10,200
拉菲堡 1992 ¥10,100
拉菲堡 1993 ¥10,100
拉菲堡 1994 ¥10,800

拉菲堡 1995 ¥11,300
拉菲堡 1997 ¥11,000
拉菲堡 2000 ¥26,500
拉菲堡 2001 ¥10,800
拉菲堡 2002 ¥10,800

拉菲堡 2009 ¥14,900
拉菲堡副牌 1996 ¥4,600
拉菲堡副牌 1998 ¥4,600
拉菲堡副牌 2000 ¥5,000
拉菲堡副牌 2002 ¥4,400

拉图堡 1950
￥7,300

拉图堡 1951
￥8,700

拉图堡 1979
￥3,800

拉图堡 1980
￥4,000

拉图堡 1982
￥21,700

拉图堡 1984
￥6,500

拉图堡 1985
￥4,600

拉图堡 1986
￥5,400

拉图堡 1987
￥6,500

拉图堡 1989
￥6,500

拉图堡 1992
¥2,700

拉图堡 1993
¥6,600

拉图堡 1996
¥6,900

拉图堡 1997
¥6,500

拉图堡 1998
¥6,600

木桐堡 1945
¥90,000

木桐堡 1950
¥15,800

木桐堡 1951
¥20,100

木桐堡 1955
¥19,000

木桐堡 1957
¥8,700

木桐堡 1959
￥26,700

木桐堡 1961
￥20,000

木桐堡 1965
￥9,400

木桐堡 1966
￥4,100

木桐堡 1968
￥6,600

木桐堡 1969
￥4,800

木桐堡 1971
￥6,000

木桐堡 1973
￥6,400

木桐堡 1976
￥5,600

木桐堡 1977
￥5,500

木桐堡 1979
￥5,600

木桐堡 1984
￥5,500

木桐堡 1985
￥5,800

木桐堡 1986
￥5,800

木桐堡 1987
￥5,500

木桐堡 1992
￥5,400

木桐堡 1993
￥5,400

木桐堡 1994
￥5,500

木桐堡 1995
￥5,700

木桐堡 1997
￥5,500

玛歌堡 1947
￥8,400

玛歌堡 1966
￥7,200

玛歌堡 1980
￥6,400

玛歌堡 1984
￥6,700

玛歌堡 1988
￥5,700

玛歌堡 1989
¥5,800

玛歌堡 1990
¥9,200

玛歌堡 1992
¥5,800

玛歌堡 1993
¥5,800

玛歌堡 2001
¥5,800

白马庄 1955
¥6,700

白马庄 1969
¥6,400

白马庄 1977
¥5,700

白马庄 1979
¥5,400

白马庄 1984
¥5,400

白马庄 1987
￥5,400

白马庄 1989
￥5,400

白马庄 1994
￥5,500

白马庄 2001
￥5,400

白马庄 2003
￥6,200

奥比昂 1969
￥6,200

奥比昂 1983
￥5,300

奥比昂 1984
￥5,300

奥比昂 1986
￥5,800

奥比昂 1991
￥5,200

罗曼尼·康帝 1963
¥105,300

罗曼尼·康帝 1974
¥105,100

罗曼尼·康帝 1975
¥137,500

罗曼尼·康帝 1976
¥114,300

罗曼尼·康帝 1978
¥201,100

罗曼尼·康帝 1986
¥128,500

罗曼尼·康帝 1990
¥284,900

罗曼尼·康帝 2000
¥146,000

罗曼尼·康帝 2001
¥144,500

罗曼尼·康帝 2006
¥140,600

RAND VIN
DE
HATEAU LATOU
PREMIER GRAND CRU CLASSÉ
2000
PAUILLAC

葡萄酒篇

葡萄酒，愈久弥香；古董，经年成华。有着悠久历史的葡萄酒，如同西方各民族的血液，贯穿其各个历史时期，流淌在那片土地的每一个角落。

从《圣经》的典故到教堂的壁画，无不诠释着它深远的历史内涵；近乎苛刻的原材料选择和讲究的工艺彰显着它作为艺术品的独特魅力。

当收藏家把葡萄酒当作古董一样来把玩鉴赏时，我们知道这种温而不烈、香而不俗、醇而不杂的佳酿一定是历史精华与自然天成的骄傲……

葡萄酒的“酒体”

酒体是对英文“body”的直译，西方人用一个很模糊的感觉来定义这个词——“酒的重量”。一般来讲，葡萄酒的“酒体”是指酒中所含固形物浓度（wine body）。

在品酒方面，有人认为酒体即指酒在舌头上的重量的感觉。酒体一般用从轻到重来描述，包括轻，中－轻，中等，中－重，重和超重共6个等级。酿造重酒体的酒本身并不困难，但是有时过重的酒体会影响葡萄酒优雅的特征，是否能够酿造超重酒体的葡萄酒，要根据葡萄的天生条件。一般来讲，很少有普通的葡萄酒能够达到超重酒体。影响酒体的因素有很多，比如酸度、单宁、干浸出物含量、酒精含量等。一般而言，酸度越高酒体越轻；酒精度、单宁、干浸出物高则会显得酒体偏重。

酒庄酒

“酒庄酒”即庄园酒，指“种在酒庄，酿在酒庄，灌在酒庄”的酒。即在适合种植葡萄的地域，拥有属于自己的葡萄园；所种葡萄不以商品出售，而是自用酿酒的原料；种植、酿造、灌装全程在庄园内进行。酒庄所酿造出来的葡萄酒，一般要符合三个要素才能称之为酒庄酒或者庄园酒：一是在适合种植葡萄的地域拥有属于自己的葡萄种植园；二是所种植树的葡萄不是以商品出售，而是作为自用的酿酒原料；三是酿造和灌装全过程都是在自己庄园中进行。三个条件缺一不可。

葡萄酒的质量决定于葡萄原料的质量，真正意义上的“酒庄酒”，应该是把酒厂建在葡萄园内，采摘方圆半径在15千米以内的葡萄，用当天采摘还带着晨露的葡萄，送到酒厂后立即去梗、破碎入罐发酵而酿成的葡萄酒，才称得上是符合法定标准的“酒庄酒”。因此，生产葡萄酒的企业应该有自己稳定的葡萄基地，葡萄农户只能固定对一个酒厂，这样葡萄原料才会有保证。

酒裙

我们通常所看到酒的颜色，其实即是所谓的“酒裙”。葡萄酒爱好者喜欢用“酒裙”来指酒的颜色。虽然这听起来很美，但“酒裙”毕竟混淆了两个概念：一个是色染，一个是薄厚度。色染就是颜色，而薄厚度是指这个颜色的“深度”。

酒的色染（La teinte du vin）。酒的颜色实际上比我们肉眼看到的白、红和玫瑰红三种颜色要复杂得多，在每一块色块里都有一整扇同系列不同层次的颜色，酒的颜色虽然可以笼统概括成三种，但每个颜色中又确实存在着细微的差别。酒色也会随着年份而变化。一般来说，酒色会随着时间越来越深。一瓶呈现紫红色的新酒会随着年岁变化而呈橙红色，然后砖红色，白葡萄酒会随着年岁变成金色，甜酒（像Muscat）会变成琥珀色。

新白葡萄酒的颜色呈泛绿色、淡黄色、黄色或者金色。过了一些年份，它会变成琥珀色甚至黄褐色。一瓶老到过了饮用期的白葡萄酒会呈褐色。年轻的玫瑰红酒呈石榴红或者覆盆子红，如果过了饮用期，它会变成橙色或者有点儿像洋葱皮那种淡褐色。

酒的薄厚度（L'intensité du vin）。不管红酒还是白酒，它们的薄厚度都有很多层次。一瓶红酒可以从最黑（我们称之为墨酒）到最透明。同样的，白葡萄酒的“深度”也有从最深到最浅的变化。描述这一系列颜色的深度有下列词汇可以运用：透明、轻薄、淡、中等、深、不透、黑。

酒色随着酒的年份改变，酒的薄厚度也一样。一瓶红酒越老，它就会越淡。白酒则相反，它越老反而颜色越深，越厚。

法国葡萄酒分类

A.O.C 葡萄酒：是指定优良产区所产葡萄酒的通称。

这种酒对于原产地（地区、村、葡萄园、酒庄等）有很详细的限定，其标示方式如“APPELLATION ROMANEE CONTI CONTROLEE”，于“APPELLATION”与“CONTROLEE”之间的“ROMANEE CONTI”，即是“酒庄”名称。

地区餐酒（Vin De Pays）：此为仅限定葡萄产地的葡萄酒，其限制较 A.O.C 所规定的少，价格也比较合理。其中倒也不乏品质相当不错的葡萄酒。

日常餐酒（Vin De Table）：此类酒是不受规定约束的葡萄酒。任何产区的葡萄都可以拿来混合酿造，借由混合酿造来降低成本，是这种酒的特征，美味与否，全凭生产者的巧手，无等级之分。

贵腐酒

贵腐酒出自于著名的葡萄酒产区波尔多。摊开地图看，生产甜酒的几个区：索甸、巴萨克、卡狄亚克、圣十字山都位于吉龙德河和西龙河的交汇处。当西龙河从蓝德地区带着冰冷低温的水流注入水温较高的吉龙德河时，冷热交汇，因而在两河汇流处产生一股烟雾般的湿气，将附近的葡萄园笼罩住。

在九月的采收季节，这股湿气多半在午前就因阳光蒸发而消散，午后的阳光则恣意地照在大地上，干燥的光和热将已经过熟葡萄里的水分一点一点地蒸发掉，而这也正是酿造贵腐酒的关键所在。

所谓贵腐，就是将成熟的葡萄继续留在藤上，让霉菌寄生的葡萄干缩的现象。

午前的湿气非常适合一种寄生在葡萄上的霉菌生长。当千丝万缕的菌丝穿过果皮，深入果肉，将葡萄钻穿成像海绵一样的镂空果粒时，午后干热的阳光正好抑制霉菌的过度生长，避免造成葡萄的腐烂，同时让果肉中的水分蒸发出去，逐渐干缩脱水成为半干葡萄。正是这个特殊的天然环境所形成的巧妙平衡，赋予了贵腐酒的灵魂。

梅洛葡萄酒

梅洛葡萄是一个早熟的品种，因此，在波尔多寒冷的秋雨来临之前，它已经完全成熟。脆弱的梅洛却十分容易受霜冻的影响。好在它对气候和土壤的适应能力要强于赤霞珠，在那些对于赤霞珠而言太过贫瘠、潮湿和寒冷的土地上，梅洛却依然可以旺盛地生长。相对寒冷的地域，梅洛葡萄还可以产生更美妙的水果香。

在波尔多，梅洛呈现出柔美的红色水果香，在左岸，其作用主要是均衡赤霞珠刚烈的酒体。比如，在梅多克地区一般加到25%即可。它不仅使红酒酒体变得圆润、浓郁、果香丰满，更具贵族气息，同时还延长了红酒的“寿命”。当赤霞珠遇到梅洛，就像亚当遇到夏娃，梅洛的圆润幽雅配上赤霞珠的刚劲有力，只要得当，则其已有的温柔酒体会立即呈现出一定的“筋骨”。

副牌（Second Wine）

在法国波尔多地区的许多著名酒庄，为了维持自家酒庄的良好名声，对于自身产品的品质要求相当高。他们对于长久以来好不容易建立起来的名声非常爱惜，务必让酒的质量至少要维持在跟以往相同的水准。如果这其中出了任何的状况，只要是葡萄酒的酒质没有达到水准，就有可能毁了酒庄既有的名誉。因此，酒庄就以第二支酒也就是副酒的名义来出售此酒。

另外一种情况是，一直以来，知名的酒庄都喜欢选用果粒小且果串少，果肉蕴含较好的风味、充满香气的老树葡萄酿制自家的正牌酒。酒庄葡萄园有新种植的葡萄树，虽然在四年后可以开始结果，不过新枝葡萄相当鲜嫩，没有老树葡萄的醇厚浓郁。

但新枝的葡萄丢弃的话实在可惜，于是将葡萄采摘来酿制成副酒出售。这种副酒除了葡萄果粒的风味略差一点点之外，其余的酿制技术、设备仍属一流。

由此可见，副牌产品的品质虽然没有达到正牌的高水准，但也是相去不远。

“拉斐堡”红酒卷标实例

卷标（Etiquette）

即葡萄酒的卷标（法文，意为许可证），如同该酒的履历表一样。

在懂得葡萄酒的人们之间一直流传着这样的说法：“只要看了卷标，就知道它的味道了。”卷标上确实透露着关于葡萄酒味道（特色）的信息。

一般卷标上通常会标示：葡萄收成的年份、葡萄酒的酒名（以产地或酒庄名命名）、生产国或生产地、酒庄地名的名称、生产者（造酒者）名、容量、酒精浓度等。卷标依设计者的设计有各种不同的样式，所以数据所书写的位置也不同。

透过卷标，我们可以得到以下信息：

(1) 收成年：揭示该年的气候影响葡萄收成的品质；

(2) 产区：一瓶葡萄酒的好坏取决于产地的地质状况；

(3) A.O.C：表示指定优良产区；

(4) Mis En Boteille Au Chateau：表示“酒庄内装酒”，

这是原始质量的首要保证；

(5) 酿酒师签名：对酒品质有更深一层的保证。

在欧洲，卷标可以标明年份，也可以选择不标明，但标明年份的权利只限于原产地酒，也就是 V.Q.R.D（特定产地高质量葡萄酒）及 A.O.C（原产地命名葡萄酒）和 V.D.Q.S（高质量葡萄酒）的总称。

法国的葡萄酒，除了阿尔萨斯之外，都是以产地名作为葡萄酒名。而 A.O.C 所标示生产地名的范围越小，则酒的等级就越高。

例如，同样是 A.O.C 等级的葡萄酒，标示“地区名”若为“梅多克区”，则比标示“大产区”“波尔多”的更高级，而以“村名”标志的葡萄酒则又更高一级；如果是“波尔多”大产区的再加上“酒庄”名称的，则更加高级。除了“酒庄”以外又加上“GRAND CRU”制分级标示的话，那便是最高级的葡萄酒了。

挂杯

摇动手中的酒杯，让葡萄酒在杯中旋动起来，静止后就可观察到在酒杯内壁上形成的无色酒柱，这被称作“挂杯现象”，爱酒者称之为“酒的美腿”或“美人的眼泪”。

挂杯现象的形成反映的只是一个简单的事实，那就是酒中酒精的含量。

当酒液在杯壁上铺满，和空气的接触面增大，蒸发作用加强，而酒精的沸点比水要低，它首先蒸发，于是形成一个向上的牵引力，同时由于酒精蒸发水的浓度增高，表面张力增大，在杯壁上的附着力也增大，所以酒液到处便累积形成一个拱起，由于万有引力的作用，重力最终取胜破坏了水面的张力，酒液下滑释放出“酒的眼泪”。

所以说，挂杯其实是酒精和水的一个交战，酒精含量越高的酒挂杯越漂亮。

法国葡萄酒的 A.O.C 制度

A.O.C，可以被翻译为“原产地控制制度”，是法国原产地名称管理委员会制定的针对特定区域的产品的一项法律证明，包括葡萄酒、奶酪、黄油和其他农产品。对于 A.O.C 规定了葡萄种植的地理边界，允许种植的葡萄品种，葡萄种植法（种植密度、剪枝法、单位产量、葡萄成熟时的含糖量、收获时间，等等），酿酒法（发酵方法、时间陈酿方法和时间，等等）。

按照法文来说，AOC 是 Appellation d’Origine Controllee 的缩写，其中 Appellation 的意思是名号；Origine 是产地，Controllee 表示控制。

其中 Appellation 和 Origine 不要混淆，名号虽然大多数来源于产地，比如 Bordeaux 和 Bourgogne，但是名号不单纯是产地的概念。

名号可以单独用一个产地来定义，比如 Bordeaux，是一个产地，也是名号，这个产地可大可小，从地区级的 Bordeaux，Bourgogne，到公区级或村庄级，如 Pauillac, Nuits St. Georges，还有最小到葡萄园一级 Romanee Conti。在同一个地区内，更高一级的 A.O.C 比低一级的 A.O.C 对于单位产量，收获时的葡萄含糖量要求会更高。因此，一般来说质量也就更高一些。比如在波尔多，Appellation Haut-Medoc Controllee 单位产量要求在每 1 万平方米 5000 升以下，而 Appellation Pauillac Controllee 的单位产量要求在每 1 万平方米 4500 升以下。

多数的名号仅仅包括一个地名，知道了这个地名就可以知道这瓶酒从什么地方来，是用什么品种酿造的，还有酒的种类，比如 Champagne 肯定是起泡酒，Travel 肯定是干桃红酒，Sauternes 肯定是贵腐型甜白酒。除了使用单一原产地地名作为名号，有时候也会在地名以外增加葡萄品种，如 Bourgogne Aligote，或者增加酒的类别，如 Bordeaux Rose 作为名号。

对于不熟悉此套 A.O.C 制度的人来说，认可酒标上的葡萄园的名称具有一定的挑战性。不同分级的葡萄酒酒标有着不同的内涵，例如，除非是来自特等葡萄园，否则酒标上的葡萄园的名称的字体不可以大于其所在村庄名称字体高度的一半。

A.O.C 酒的等级

A.O.C 酒虽然是法国最高等级的葡萄酒，但是，它也从最低等的 A.O.C 到最高级的 Grand Crus A.O.C 都有。应该说它代表的不完全是一个质量指标，一些低档的 A.O.C 酒也不一定就比 Vin de Pays 好，A.O.C 代表着质量与风格两个方面并重的因素。Beaujolais 虽然是 A.O.C 却也是清淡富含果香而简单的酒。要买到好的法国酒，看看它是不是 A.O.C 仅仅是一个方面，还有比 A.O.C 更多的内容需要了解。

A.O.C 法定产区葡萄酒是法国葡萄酒的最高级别

A.O.C 在法文意思为“原产地控制命名”。原产地地区的葡萄品种、种植数量、酿造过程、酒精含量等都要得到专家认证。有此标志的葡萄酒只能用原产地种植的葡萄酿制，绝对不可和别地的葡萄汁勾兑。A.O.C 产量大约占法国葡萄酒总产量的 35%。酒瓶标签标示为 Appellation+ 产区名 +Controlee。

A.O.C 级别的葡萄酒也可以细分为好多级，其中葡萄酒产区名标明的产地越小，酒质越好。

最低级是大产区名 A.O.C：例如 Appellation+ 波尔多产地 +Controlee。

次低级是次产区名 A.O.C：如 Appellation+ 圣达美隆次产区 +Controlee。

较高级是村庄名 A.O.C：如 Appellation+ 村庄 +Controlee。

最高级是酒庄名 A.O.C：如 Appellation+ Chateau 酒庄 +Controlee。

优良地区餐酒 Vin de Qualite Superieure，级别简称 VDQS

这是普通地区餐酒向 A.O.C 级别过渡所必须经历的级别。如果在 VDQS 时期酒质表现良好，则会升级为 A.O.C。该酒产量只占法国葡萄酒总产量的 2%。该酒酒瓶标签标志为 Appellation+ 产区名 +Qualite Superieure。

干白葡萄酒（le vin blanc）

“干”是从香槟酒酿造中借用的一个词，即不添加任何水、香料、酒精等添加剂，直接用纯葡萄汁酿造的酒。葡萄榨汁后，立即将葡萄皮核过滤出去，葡萄汁酿成酒后基本无色或有淡黄色为干白葡萄酒（简称“干白”）。干白新鲜、清爽，有水果香味，适合配海鲜、禽类、奶酪和水产品等颜色清淡的菜佐餐。干白是用白葡萄汁经过发酵后获得的酒精饮料，在发酵过程中不存在葡萄汁对葡萄固体部分的浸渍现象。干白葡萄酒的质量主要由源于葡萄品种的一类香气和源于酒精发酵的二类香气以及酚类物质的含量所决定。所以，在葡萄品种相同的条件下，葡萄汁取汁速度及其质量、影响二类香气形成的因素以及葡萄汁、葡萄酒的氧化现象即成为影响干白葡萄酒质量的重要工艺条件。

干白是葡萄经过去皮发酵而成的，它的颜色以黄色调为主，主要有近似无色、微黄带绿、浅黄色、禾秆黄色、金黄色等。由于干白只用汁液酿造，所以其单宁的含量相对较低，而干红是用果皮、果肉和汁液一起酿造，其单宁含量相对较高。所以一般情况下，干红比干白的酒性更稳定，赏味期也更长。干白是用皮红汁白的葡萄或皮汁皆白的葡萄为原料，将葡萄先压榨成汁，再将汁单独发酵制成的。由于葡萄的皮与汁分离，而色素大部分存在于果皮中，所以干白葡萄酒色泽淡黄，酒液澄清、透明，含糖量高于干红葡萄酒，酸度稍高，口味纯正，甜酸爽口。

法国邻近德国的阿尔萨斯地区出产著名的干白葡萄酒，它最著名的酒是用“雷司令”（Reisling）葡萄品种酿造的雷司令干白葡萄酒。

干白与干红葡萄酒的区别

干红葡萄酒（简称“干红”）是葡萄酒的一种，是不含糖分的红葡萄酒。干白与干红的区别在于，酿造干白用的是去了皮的葡萄，而酿造干红用的是带着皮的葡萄。酿造干红的方法有很多，共同特点都是将葡萄去梗、压榨，再将果肉、果核、果皮统统装进发酵桶中发酵，在发酵过程中，酒精发酵和色素、香味物质的提取同时进行。

从葡萄酒的营养价值来看，干红所含的维生素 B_2、维生素 B_3、维生素 B_5 和本多生酸的比例都要高出干白。从赏味期来看，由于干白只用汁液酿造，其单宁的含量相对较低，而干红是用果皮、果肉和汁液一起酿造的，其单宁含量相对较高，所以一般情况下，干红比干白的酒性更稳定，赏味期也更长。

从品饮时温度的影响来看，干红也更具有可操作性。根据实践经验，在 16℃~18℃时品尝干红葡萄酒就可取得最好的效果；至于干白，则以清凉状态，即为 8℃~10℃尝品为最佳，此时可以更好地尝出其风味来。两相比较，孰优孰劣一览无遗。

从葡萄酒的鉴赏来看，酒的颜色也是导致其受宠与否的因素之一。无论如何，红色给人视觉上的享受远非近乎无色的干白所能比拟。实际上，感官上的快感对于以品味取悦于人的葡萄酒来说是非常重要的。

半干型葡萄酒——介于干型和甜型之间，糖分含量为 4~12 克 / 升，品尝时能辨别微弱的甜味。

半甜型葡萄酒——甜型的葡萄可分为半甜型和特甜型，半甜型葡萄酒一般含糖 12~45 克 / 升。

甜型葡萄酒——糖分含量在 45 克 / 升以上的葡萄酒属于名副其实的甜型葡萄酒。许多年轻女性或者刚尝试葡萄酒的人偏爱甜型葡萄酒。冰酒、贵腐酒都属于甜型葡萄酒。

尊尼获加是一种高品质生活的象征。作为酒中的王子、威士忌中的王者，它是追求高品质生活的人们最佳的选择。作为享誉全球百年之久的国际顶级品牌，这个苏格兰王子一路走来，书写了一个又一个传奇，从它的身上我们更看到了一种文化的传承，它对最高品质的不舍追求、非凡的调和艺术以及丰富的历史传承，就是它奠定成功的基石。

威士忌中的王者

尊尼获加

自1820年诞生以来，尊尼获加这位英伦绅士已经款款走过近两个世纪，不仅成为苏格兰威士忌的代表之作，而且影响和改变了全世界人们的饮酒方式及其衍生的生活理念。尊尼获加家族所创造的一切，其原动力正是来自于“Keep Walking”——永远向前的精神。

1820年，一位名叫约翰·沃尔克的年轻小伙子在苏格兰的基尔马诺克开了一间杂货店，这位小伙子不想当一辈子的店老板，他对威士忌产生了浓厚的兴趣。刚开始他的店铺也销售一些威士忌，不过他一直梦想着有一天能够销售自己调配的威士忌。

于是，他开始尝试着用几种不同种类、不同酿造工艺的苏格兰威士忌，采用不同的比例进行调配，然后放在货架上出售。令他没有想到的是，客人对这种威士忌特别喜欢，纷纷向他询问这种酒叫什么名字。约翰·沃尔克总是笑着说："Johnnie Walker。"

客人的反应让约翰·沃尔克意识到了商机，于是他干脆就将自己调配的威士忌正式命名为 Johnnie Walker——即尊尼获加，而这催生出一种享誉百年的极品苏格兰威士忌。

19 世纪中期正值第二次工业革命初期，苏格兰的铁路交通日渐发达，约翰·沃尔克精心调配的威士忌被运到各个地方，尊尼获加的名字也逐渐传播开来。没多久，尊尼获加的销量猛增，在海外市场也异常畅销。这种以研制者的名字来命名的威士忌酒品牌也从此声名鹊起，一个全新的尊尼获加王朝时代终于来临了。

约翰·沃尔克绝不是一个只知赚钱的小商贩，从调配第一滴威士忌开始，他就树立了一种严肃的调配酒的价值观念，那就是绝不生产劣质的威士忌，而要酿造出一种能够真正经得起时间考验的威士忌。正是在这种精神的影响下，尊尼获加获得了巨大成功，无论口感还是风味，都保持始终如一的完美品质。

约翰·沃尔克的精神很好地被他的儿子亚历山大·沃尔克继承。像父亲一样，亚历山大·沃尔克一直保持着尊尼获加威士忌的优良品质和持久性，不惜重金追求产品的卓越性。他说："我们决心要酿制出我们自己的威士忌。要酿制出到目前为止品质最佳，从未在市场上出现过的一种出色的威士忌。"

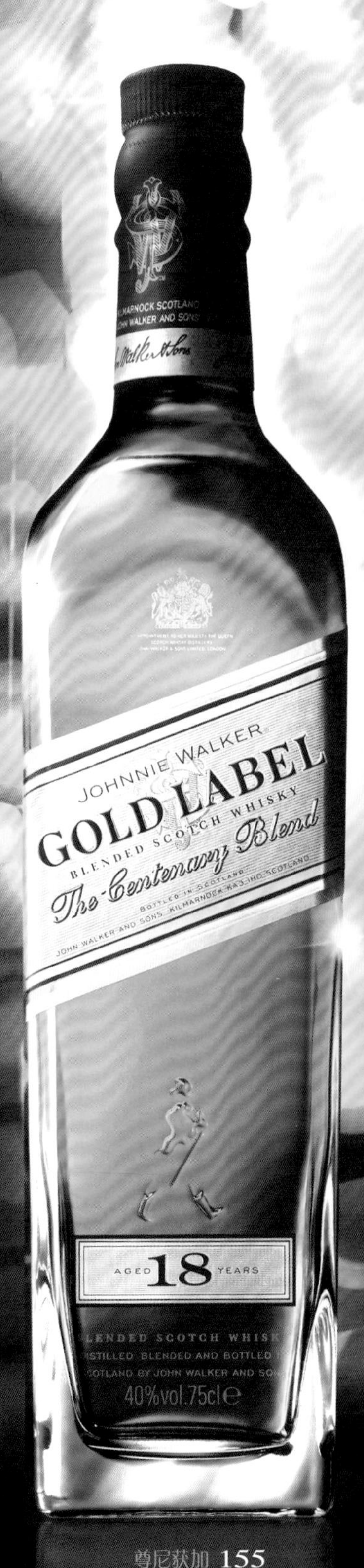

尊尼获加黑牌威士忌 100 周年纪念版

1867 年，亚历山大·沃尔克的努力得到了回报，他研制出了一种全新的威士忌并且获得巨大成功，这款威士忌就是后来的尊尼获加黑牌的前身，后来它被称为尊尼获加黑牌。1909 年，“黑牌”这个名词第一次出现在瓶子上。

随着尊尼获加的不断成功，用于调配威士忌的原酒已经远远达不到沃尔克家族的要求。到了沃尔克家族的第三代传人，也就是约翰·沃尔克的孙子乔治·沃尔克掌管事业时，他开始寻找能生产符合自己调配要求的麦芽酒厂，为此他花费了几年的时间。1893 年，乔治·沃尔克不惜重金收购当地的一些酒厂。同时这些酒厂对乔治·沃尔克的产品产生了很大的兴趣，保证能供应给他优质的原料。这一决定非常有远见，也确保了尊尼获加品牌的口感及稳定性，产生了深远的意义。

1906 年，乔治·沃尔克根据原始配方开始调配威士忌并首次增加了 12 年陈酿的说明。这款威士忌是用方形的瓶子，并且瓶上有个倾斜的标志，在今天这仍然是尊尼获加产品的品质证明。

1908 年，乔治·沃尔克为了纪念自己的祖父约翰·沃尔克，特意委托了当时一位著名画家为自己的祖父绘画肖像，以此作为尊尼获加的商标。于是，今天我们熟识的那个“戴着绅士帽子、眼镜，手中持杖，脸带微笑的约翰·沃尔克肖像”诞生了，这一标志很快被运用到尊尼获加的商标上，立即成为全球知名度最高的商标之一。尊尼获加威士忌的商标由此确立，100

年来，这个微笑的苏格兰老头儿一直享誉全球。

几十年来，尊尼获加的品质一直没有改变。即使是在战争时期，原料短缺，尊尼获加也没有在品质上作任何让步。第二次世界大战之后，尊尼获加黑牌才真正地为世人所知。随着苏格兰威士忌的销量在当时急剧上升，12 年陈酿的威士忌变得极为受宠。也正是在这样的大环境中，最终造就了“黑牌”独一无二的地位。很多威士忌行家都会用“黑牌”同“芝华士 12 年”作比较，或许因为这两者的知名度难分伯仲，都是 12 年陈酿的苏格兰威士忌的缘故吧！虽然很多人认为“黑牌”在入口之初不如“芝华士 12 年”那般顺口，但细细地品味，却多了一种独有的个性。曾经有人形象地说“芝华士”就如同一个温顺的古典淑女，而“黑牌”却如更加前卫的现代女郎，看来确实有些道理。

事实上，尊尼获加威士忌的强烈个性源自尊尼获加公司的创始人约翰·沃尔克先生。约翰·沃尔克非常重视各种单品威士忌的不同特色，他采用了几种个性强烈、充满活力的苏格兰威士忌，并将这些独立的特色更加淋漓尽致地表现了出来，使得原本个性十足的威士忌相得益彰。约翰·沃尔克的这种风格得到子孙的传承与发扬，这使得尊尼获加公司出品的威士忌酒始终保持独特的风味。如今，尊尼获加的调酒团队拥有许多种的苏格兰威士忌原料，确保了每一瓶的品质都是最好的和稳定的。

尊尼获加作为世界十大名酒之一，在全球酒品市场名声显赫。这个诞生于 1820 年的老品牌，一路伴随着各种荣誉走来：英国皇室长期御用的威士忌、“皇家武士”等。尊尼获加的尊贵来自于沃尔克家族对制酒工艺的全力投入与无限热情，它已经不仅是一种技术，更是一种艺术。

产于苏格兰的尊尼获加是众多高品位男士所倾爱的一种威士忌。人们都说苏格兰男人是“男人中的极品”，这话一点儿也不为过。像骁勇善战、率

“蓝牌”是尊尼获加系列的顶级醇酿，虽然以苏格兰为原产地，但却汇聚世界各地顶级麦芽威士忌于一身。为了让酒香更加和谐、平衡，蓝牌特别加入了浓郁的烟熏、较清淡的葡萄和烤果仁作为主要成分，让享用尊尼获加的人可以有一次更深刻的味觉享受。这款威士忌的感染力和独特之处，在于酒味之浓郁和极多层次之味觉享受，使之成为威士忌鉴赏家之首选。此款限量版威士忌曾被赠予包括中国在内的世界各地为社会作出突出贡献的 200 名社会各界精英。

领族人抵抗英军统治的苏格兰民族英雄威廉；像因为间谍007被我们熟知的第一代邦德的老牌影星、苏格兰男人肖恩·康纳利，他们都和尊尼获加一样出自一个国度。这些有品位的男人都拒绝不了“液态黄金”威士忌的诱惑。

在尊尼获加系列威士忌中，黑牌恐怕是全球首屈一指的高级威士忌，它采用40种优质威士忌调配而成，在严格控制环境的酒库中储藏最少12年。黑牌也是全球免税店销量最高的高级威士忌，是在国际间获奖次数最多的一款威士忌，在全球最权威的国际洋酒大赛中多次获得高级调配威士忌的金奖。可以说黑牌确实是独一无二的佳酿，芬芳醇和，值得细心品尝。

追溯到1869年，从口感到品质，尊尼获加威士忌已经获得了许多酒评家的认可。在全世界最有名望的烈酒排名中，尊尼获加每年都位列前三名。1933年，由于提供给伊丽莎白女王，尊尼获加被授予“皇家武士”的称号。次年，尊尼获加家族又荣获英皇乔治五世所颁发的皇室认证，一举成为英国皇室长期御用的威士忌品牌，这一崇高荣誉不仅象征尊尼获加犹如闪耀在皇冠上的宝石，也让尊尼获加在全球缔造了不朽的威士忌传奇。

为纪念英皇乔治五世，今天的尊尼获加首席调酒师运用累积近200年的秘传调制技术与丰富学识经验，调和精选自1934年至今的酿酒厂所生产的珍贵威士忌，重现20世纪30年代威士忌黄金时期的绝世风味，推出全球限量配额的尊尼获加“蓝牌”威士忌——英皇乔治五世纪念版，贵为“威士忌王者”的它为尊尼获加家族增添了璀璨的一页。

尊尼获加是开混合型威士忌先河的神奇酒品，它像一个火辣的女郎征服了整个世界的男人。在任何一个烈酒酒吧，或在任何一个喜爱威士忌的男人的酒橱里，你都不难找到“黑牌”或是“红牌”。它带给男人的是一种梦幻般的迷醉感。尊尼获加又像一位苏格兰绅士，近200年来稳健徐步地行来，带给人信赖，让品酒者放心。

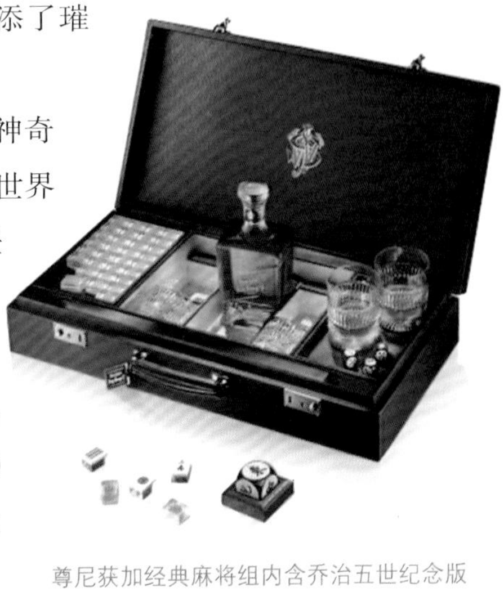

尊尼获加经典麻将组内含乔治五世纪念版

尊尼获加黑牌威士忌是全球屈指可数的高级威士忌之一。它采用优质纯麦芽，在严格控制环境的酒窖中陈酿最少12年，成为世界上高品质的威士忌。自19世纪60年代晚期一直到现在，馥郁、平滑的尊尼获加黑牌威士忌和它的前身已经获得了无数的金牌。黑牌的稳定性获得了条纹标志，这种标志是世界上最好品牌的象征。当今它被认为是苏格兰顶级威士忌的标志，而且必须通过这个标准来评判其他的威士忌酒。

旧橡木桶赋予了尊尼获加诱人的琥珀色，宜人的环境和气候赋予了尊尼获加柔和的清新，特殊的泥煤赋予了尊尼获加迷人的烟熏味，海风的洗礼则赋予了尊尼获加大海般的辛辣气概，而充满智慧的苏格兰人最终赋予了尊尼获加醇厚馥郁的精致内涵。

在品酒中有一种品法叫盲品（Blind tasting），即在看不到酒瓶与酒标的条件下来品鉴一种酒的好坏。在国际葡萄酒评选大赛上经常使用这种方法，所谓的盲品，其实就是让喝酒的人看不见酒标，不因为先入为主的品牌或年份效应而影响判断。在国际评酒大赛上，为了能达到最大程度的公平，盲品几乎是唯一的方法。

在一次著名的“八大12年调和苏格兰威士忌酒款盲品测试”中，帝亚吉欧旗下的尊尼获加黑牌（Johnnie Walker Black Label）毫无悬念地成为比赛的最大赢家，再次证明了其无愧于“全球最优质调和苏格兰威士忌”这一殊荣。那次评测的品牌包括著名的尊尼获加黑牌、芝华士、百龄坛、帝王等八款12年调和苏格兰威士忌。比赛时，所有的威士忌都倒入杯子中，并打乱顺序，进行编号，评委根据编号顺序依次“盲品”，之后，评审分别从口感、色泽及后味等方面对每款酒饮进行评判并给出评分。最后，各编号酒的真实身份才被揭晓。

这场气氛神秘的“盲品”评测调足了各位评审以及现场观众的胃口，而比赛的最终结果则在意料之内——尊尼获加黑牌大获全胜，共摘取了“最佳口感”、“最佳后味”以及“最高总分”等三项桂冠。这次评测会上给予尊尼获加黑牌的评价是：“原酒香气十分明显，在八个酒款中拥有最强的传统烟熏泥煤味，风格强劲，复杂度高，层次感佳，余韵悠远绵长，从香气到后韵整体表现均佳。这是本人给予最高分的酒款。”

作为全球销量第一的苏格兰威士忌，尊尼获加黑牌由40多种来自不同地区且均已在橡木桶中陈酿超过12年的苏格兰威士忌调配而成，清澈的琥珀色泽，混合着清新的水果味、浓郁的香草味与迷人的烟熏味等丰富的口感，尽显尊尼获加黑牌出类拔萃的优秀品质。

自1820年诞生以来，尊尼获加这位英伦绅士已经走过了将近两个世纪，它不仅成为了苏格兰威士忌的代表之作，也影响和改变了全世界人的饮酒方式。目前，尊尼获加全球年均销售总量已突破1500万箱，销量在全球也到达了两位数的增长。一直以来，无论何时，总有700多万箱尊尼获加在酿造中，价值超过英国银行里存储的黄金总额。

在2010年最新的世界顶级奢侈品排行榜中，尊尼获加高居第12位，并在全球所有威士忌品牌排行中位列榜首。更重要的是，尊尼获加倡导的“永远向前，Keep Walking”的品牌精神不仅象征了品牌对高品质的极致追求，也被全球的消费者所认同，融入人们的生活理念。

尊尼获加蓝牌为苏格兰调配威士忌的巅峰之作，唯有独到品鉴，方能呈现极致。在众多的威士忌种类与品牌当中，尊尼获加蓝牌为很多威士忌拥趸所推崇。因此，尊尼获加蓝牌注定也是少数人才能拥有的特权。

在资深威士忌鉴赏家的眼中，有些威士忌是无法被替代的，它们就像岁月一去而不复还，错过了就永远错过了，从此再也没有，如尊尼获加蓝牌威士忌就是这样的酒。

尊尼获加是混合型威士忌，它之所以能呈现出完美的品质完全依赖于用于调配的原酒。尊尼获加拥有大量在20世纪初期贮藏的原酒，数代以来，这些原酒在沃尔克家族的精心保存下，已成为威士忌产业的钻石矿脉。作为尊尼获加顶级的威士忌系列，蓝牌是在1990年特别推出的，尽管时间不长，但具有极为特殊的意义。它标志着1820年该品牌创立的显赫根源。

蓝牌是尊尼获加家族系列中顶级的产品，以珍贵稀有原酒、精湛调和工艺与极致罕见风格之特性闻名于世。为了发扬尊尼获加蓝牌威士忌的顶级品质，该公司与世界冠军高尔夫球手格雷戈·诺曼（Greg Norman）合作，特别推出了限量冠军皮件组合，全球仅生产331套。该组合全部由Bill Amberg工作室手工制作，专门为那些高尔夫球手所制，其中包括用小牛皮套装的不锈钢酒杯、酒壶，另外搭配一瓶顶级蓝牌尊尼获加。这套组合绝对能带给所有消费者更极致的威士忌品酪经验。

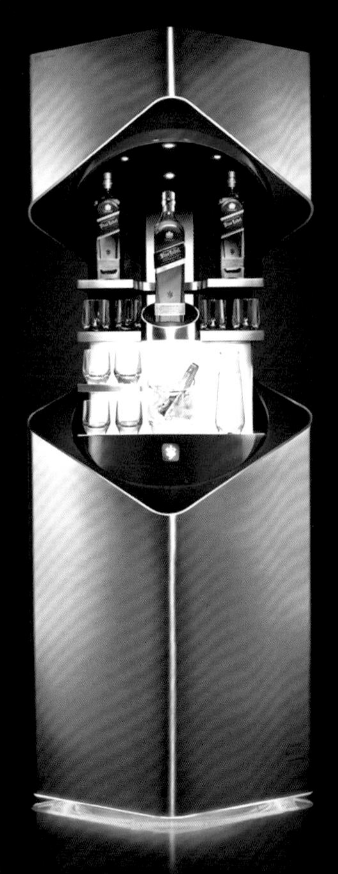

Porsche Design 为 Johnnie Walker 打造全球限量 50 组的私人酒吧。这款私人酒吧采用定制的方式进行制造，要价高达 10 万英镑。

如今，尊尼获加蓝牌威士忌很少在市面上看到，只能在一些高档的酒店或餐厅里才能一睹它的尊容，当然这些威士忌也只提供给那些尊贵的客人。

为何尊尼获加蓝牌如此尊贵？尊尼获加蓝牌是罕见的单一麦芽威士忌和最好的谷物威士忌调和而成的。每种麦芽威士忌在调和时都有丰富的口感，而谷物威士忌带来的是非常辛辣的滋味。蓝牌典型的口感是通过使用非常古老的威士忌带来非常平滑的口感。酒厂中曾经盛装这些威士忌的酒桶有很多都已经不存在了，所以酿制出的蓝牌威士忌不仅稀少，而且是不可替代的。其中，英皇乔治五世纪念版采用了多种最罕见的威士忌原酒，其中最稀有的艾雷岛单一麦芽苏格兰威士忌之原始酿酒厂早已结束营业，因其数量稀少，因此在全球都采用配额制。

尊尼获加蓝牌在世界各地的拍卖行上均表现出了它的王者风范。2010 年在中国，尊尼获加蓝牌威士忌 Greg Norman 限量版便以数十倍于起价的 10 万元人民币售出。为颂扬尊尼获加创始者约翰·沃尔克而创作的尊尼获加

蓝牌威士忌创始纪念版，代表着威士忌调配艺术的巅峰之作。这款封存于独特且附有编码的巴卡拉水晶玻璃瓶内，由无可取代的稀有原桶酒调配而成的臻于完美的佳酿，是对事业成就的极致礼赞。这款尊尼获加蓝牌威士忌创始纪念版，最终以 12 万元人民币高价售出；另外，庆祝创业者约翰·沃尔克诞生 200 周年以及他为世人带来的极品威士忌所作的贡献而全球限量发行 200 瓶的尊尼获加蓝牌威士忌家族珍藏版，早在 2005 年就曾拍出人民币 22 万元的高价。五年后，这款尊尼获加蓝牌威士忌家族珍藏版的售价为 30 万元人民币。

这些尊尼获加蓝牌的价格的确令人惊讶，不过先别急着把顶级威士忌的头衔给它们。价值 150 万人民币的尊尼获加“蓝牌”威士忌摩纳哥珍藏版，绝对会令你真正理解尊尼获加“永远向前”的精神。这款摩纳哥珍藏版尊尼获加蓝牌威士忌是迄今为止全球最昂贵威士忌之一。这瓶罕世佳酿是 2005 年尊尼获加馈赠迈凯轮车队主席兼 CEO 朗恩·丹尼斯（Mr. Ron

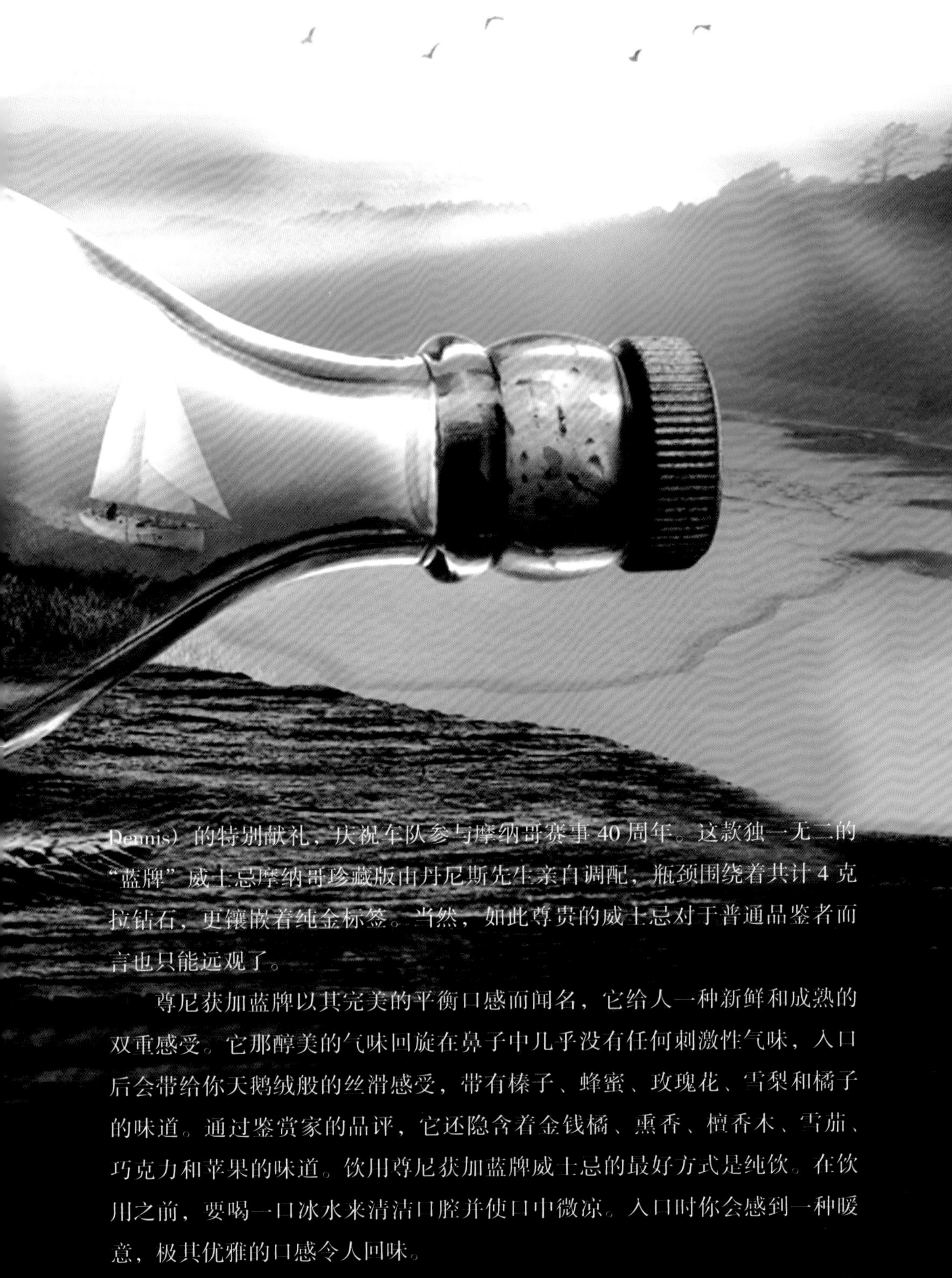

Dennis）的特别献礼，庆祝车队参与摩纳哥赛事40周年。这款独一无二的“蓝牌”威士忌摩纳哥珍藏版由丹尼斯先生亲自调配，瓶颈围绕着共计4克拉钻石，更镶嵌着纯金标签。当然，如此尊贵的威士忌对于普通品鉴者而言也只能远观了。

尊尼获加蓝牌以其完美的平衡口感而闻名，它给人一种新鲜和成熟的双重感受。它那醇美的气味回旋在鼻子中几乎没有任何刺激性气味，入口后会带给你天鹅绒般的丝滑感受，带有榛子、蜂蜜、玫瑰花、雪梨和橘子的味道。通过鉴赏家的品评，它还隐含着金钱橘、熏香、檀香木、雪茄、巧克力和苹果的味道。饮用尊尼获加蓝牌威士忌的最好方式是纯饮。在饮用之前，要喝一口冰水来清洁口腔并使口中微凉。入口时你会感到一种暖意，极其优雅的口感令人回味。

尊尼获加蓝牌是稀有的极品，注定也是少数人才能拥有的特权。它代表了极致的品位，更传达了尊尼获加近200年来的卓越成就和进步。

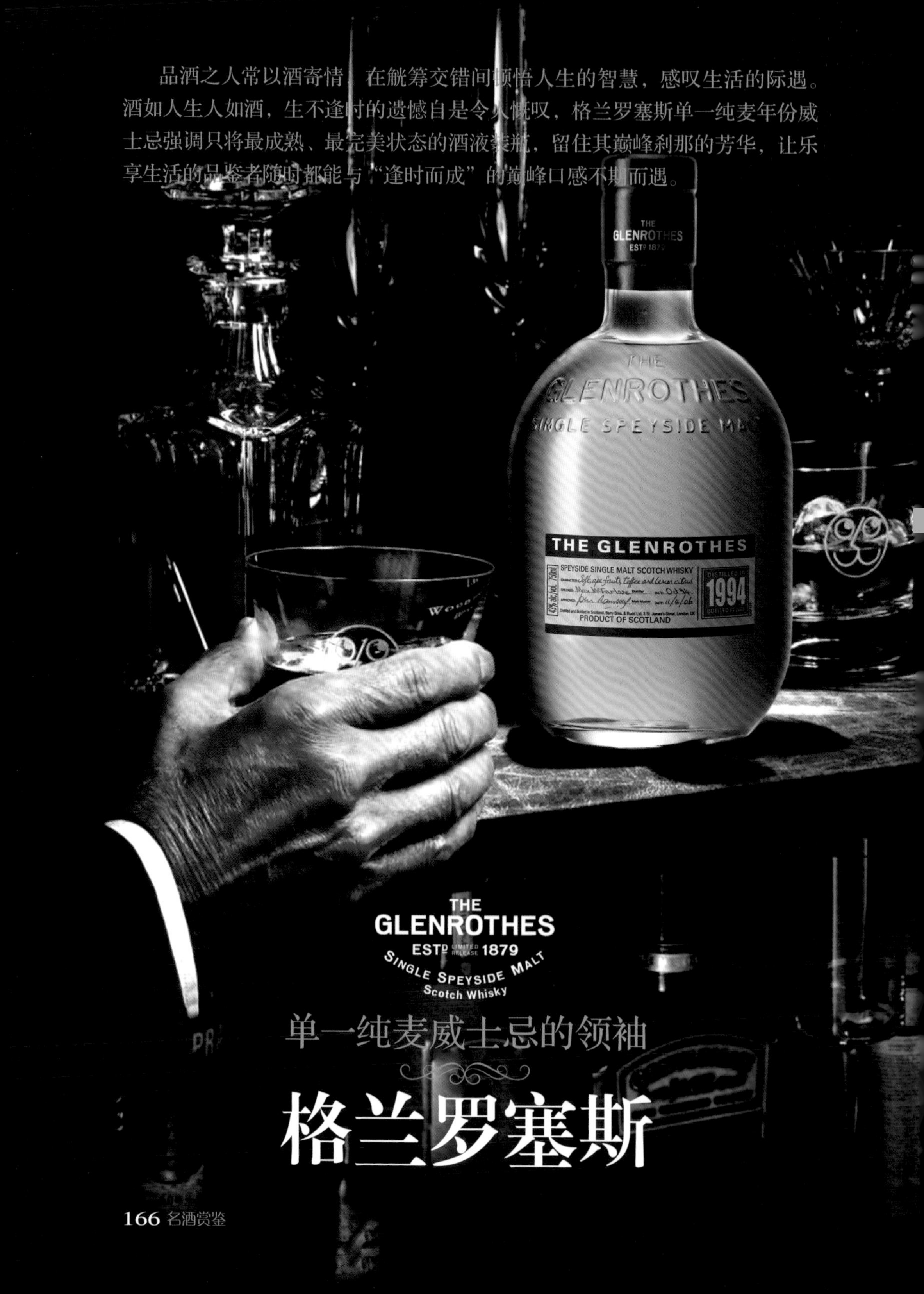

品酒之人常以酒寄情，在觥筹交错间顿悟人生的智慧，感叹生活的际遇。酒如人生人如酒，生不逢时的遗憾自是令人慨叹，格兰罗塞斯单一纯麦年份威士忌强调只将最成熟、最完美状态的酒液装瓶，留住其巅峰刹那的芳华，让乐享生活的品鉴者随时都能与"逢时而成"的巅峰口感不期而遇。

THE
GLENROTHES
ESTD LIMITED RELEASE 1879
SINGLE SPEYSIDE MALT
Scotch Whisky

单一纯麦威士忌的领袖

格兰罗塞斯

在威士忌酒界众多的酒厂中，很少有人以年份威士忌作为主打产品，因为这样做的成本极高，有时会得不偿失。而格兰罗塞斯凭借大胆的精神，为自己开辟了一条通天大路。智慧而又低调内敛，尊贵而不失亲切，“逢时而成”的格兰罗塞斯以自己的方式强调着独一无二及年份酒的可遇不可求，诠释着自己的巅峰品质。

在1878年建立的格兰罗塞斯酒厂，是由当时麦卡伦(Macallan)的老板詹姆斯·斯图特（James Stuart）一手建立起来的。早在1868年，詹姆斯拿到酿酒执照开始就在思考要创建一个与他所拥有的麦卡伦酒厂完全不同风格的蒸馏厂。这个初始的观念让格兰罗塞斯威士忌展现了完全不同的风味，一切也恰恰与麦卡伦威士忌的风味不同，因此决定了这个酒厂传承下来的企业精神。

可惜天总是不遂人愿，作为酒厂兴建的资金后盾的格拉斯哥市立银行，在1878年厂房才盖到一半时就出现了紧急的财务危机，这迫使詹姆斯不得不把股权让出来。前来接手的是另一家银行Caledonian Bank。这家银行背后有一支强有力的团队。当时有罗伯特·迪克（Robert Dick）、威廉·格兰特（William Grant），还有一位律师约翰·克鲁克沙克（John Cruickshank），他们组成了后来在苏格兰威士忌界呼风唤雨的威廉·格兰特集团(William Grant & Co)。此时的詹姆斯·斯图特也只好一心一意地照顾自己的麦卡伦酒厂。

格兰罗塞斯酒厂在1879年正式启动，然而它的发展可谓是多灾多难。1884年，因法律纠纷它不得不改名叫格兰罗塞斯·格兰利维（Glenrothes Glenlivet）。1897年，格兰罗塞斯酒厂遭遇了一场大火，损失惨重，并于次年便恢复生产，可谓是浴火重生，而且更令人称奇的是新建酒厂的产量比原先的产量提高了一倍。然而，在1903年，格兰罗塞斯酒厂又发生了大爆炸，酒厂造成了严重的损失。可这还没有完，1922年，酒厂的储酒仓库又发生大火，酒厂里2500桶珍贵原酒全数报销，无以数计的威士忌流入露斯河（Rothes River），几乎把下游的动物植物全都灌醉了！

然而危机也意味着转机，所有的重建都为格兰罗塞斯酒厂的未来带来新的契机。1963年，格兰罗塞斯酒厂把4只蒸馏器增加到6只；1980年，从6只增加到8只；1989年，从8只增加到10只。到2007年，格兰罗塞斯酒厂已经成为全苏格兰麦芽酒产量第四大的蒸馏厂了，也是国际知名调和式威士忌厂牌“顺风”（Cutty Sark）和“名松鸡”（The Famous Grouse）主要基酒来源。

虽然与麦卡伦同属艾汀顿集团，格兰罗塞斯威士忌与麦卡伦威士忌并不是兄弟关系，却是敌对关系。因为格兰罗塞斯酒厂在制酒上与麦卡伦同属艾汀顿集团，但在全球营销上却归英国伦敦老字号酒商Berry Brothers & Rudd（BBR）公司所有，这家公司是顺风牌（Cutty Sark）调和式威士忌的所有者。BBR才是决定格兰罗塞斯命运的主宰者。可以说，格兰罗塞斯威士忌将以什么模样面世都是由BBR这家公司决定的。

为了打败麦卡伦威士忌，BBR公司独辟蹊径，推出了年份威士忌，这让格兰罗塞斯威士忌在全球威士忌市场上脱颖而出。格兰罗塞斯威士忌是世界上首个以年份威士忌示人的威士忌品牌，也就是说格兰罗塞斯威士忌从没有12年、15年、18年的产品，而是装瓶的年份酒，这在威士忌界绝对是首创。因此格兰罗塞斯威士忌每一瓶酒都有它蒸馏的年份、装瓶的年份，还有负责管理该酒的工作人员的手工签名。

格兰罗塞斯威士忌在市场上极为少见，因为它的产量极少，酒厂每年仅能释出2%的酒拿来酿制格兰罗塞斯威士忌。极少的产量使格兰罗塞斯威士忌的价格居高不下，使其真正的奇货可居。这一传统一直坚持了100多年，从未改变。然而这惹恼了许多酷爱格兰罗塞斯威士忌的人。迫于压力，格兰罗塞斯酒厂在2007年不得不破例出产了一瓶没有用年份标志的酒，即Select Reserve。这款酒采用比较容易亲和的价钱面世，那些老饕对它颇为喜欢，因此这款酒受到了极大的欢迎。

在威士忌酒界众多的酒厂中，很少有人以年份威士忌作为主打产品，因为这样做的成本极高，有时会得不偿失。格兰罗塞斯凭借大胆的精神，为自己开辟了一条通天大路。智慧而又低调内敛，尊贵而不失亲切，“逢时而成”的格兰罗塞斯以自己的方式强调着独一无二及年份酒的可遇不可求，诠释着自己的巅峰品质。

影响威士忌风味的条件很多，即使在理想环境下，也很难达到完全一致的质量。因此首席调酒师撷取多种年份原酒进行调和的功夫，才显得如此重要。然而格兰罗塞斯威士忌重视每一个不同年份的威士忌所展现出来的独特风格，开发出少见的年份威士忌，这造就了每一个年份的格兰罗塞斯威士忌，都是独一无二的，并且各具魅力。

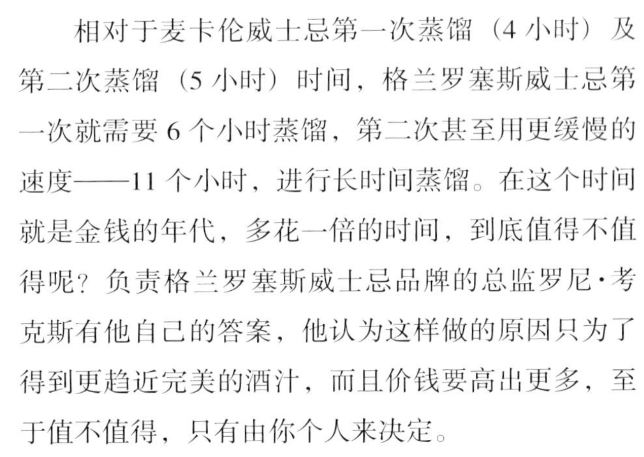

相对于麦卡伦威士忌第一次蒸馏（4小时）及第二次蒸馏（5小时）时间，格兰罗塞斯威士忌第一次就需要6个小时蒸馏，第二次甚至用更缓慢的速度——11个小时，进行长时间蒸馏。在这个时间就是金钱的年代，多花一倍的时间，到底值得不值得呢？负责格兰罗塞斯威士忌品牌的总监罗尼·考克斯有他自己的答案，他认为这样做的原因只为了得到更趋近完美的酒汁，而且价钱要高出更多，至于值不值得，只有由你个人来决定。

要知道，并不是随便哪个酒厂都能生产年份威士忌的，年份威士忌是可遇不可求的，即使是格兰罗塞斯酒厂也是如此，他们也不是每一年都有年份

威士忌问世。因为影响威士忌风味的条件很多，即使在理想环境下，也很难达到完全一致的质量。因此，首席调酒师撷取多种年份原酒进行调和的功夫才显得如此重要。由于格兰罗塞斯威士忌重视每一个不同年份的威士忌所展现出来的独特风格，因此才会有一般威士忌少见的年份酒款出现，而比较常在葡萄酒上看到的分类作法。这造就了格兰罗塞斯威士忌每一款年份都是独一无二的，并且各具魅力。

Good Fortune（好运）、Vintage（年份酒）、3%蒸馏选择装瓶一直是格兰罗塞斯三大品牌精神，分别寓意着好运、逢时而成的完美巅峰状态的酒液、只遴选最终3%高品质酒液装瓶的珍贵、稀有。其最非凡特色即Vintage（年份酒）概念，将最佳口感期的装瓶年份作为成熟程度的判断标准。这样的传统保证了每一瓶格兰罗塞斯威士忌都只用达到完美巅峰状态的、成熟的酒液，每一款都个性鲜明、口味独特。

另外，格兰罗塞斯酒厂所选用的橡木桶也是极为特殊的。它们都是经过储存过雪莉酒或波本酒后的橡木桶，而且每一个木桶都要经过多年的谨慎地检查，才能有资格盛装格兰罗塞斯的年份原酒。因此，这些橡木桶被专业人士称为“罕见的木桶”。

拥有130多年历史的格兰罗塞斯单一纯麦年份威士忌，就是在这样苛刻的条件下生产出来的。它的表现自然不俗，在2007年的Whisky Bible中，评酒家形容格兰罗塞斯威士忌是苏格兰斯贝河畔区中唯一能以最柔顺的方式，将丝绸般细滑的大麦风味以及柑橘香气传递给品饮者，以罕见的温柔轻拂味蕾的单一纯麦威士忌。在该年度的《威士忌圣经》总分25分的评鉴中，格兰罗塞斯威士忌获得了24分的极高分数。

还有一次，在美国旧金山举行的“第十届国际烈酒评比活动”中，30人的评判团由烈酒买手、品尝师和多方专家组成，他们齐集在旧金山市内的日航酒店，共同担负从来自57个国家超过1000款烈酒中评选出最佳烈酒的艰巨任务。评选的最终结果却出人意料地相同，那就是格兰罗塞斯威士忌获得了多个奖项：格兰罗塞斯阿尔巴窖藏（The Glenrothes Alba Reserve）获得了顶级最高奖项——双金奖，金奖由格兰罗塞斯1994年年份威士忌摘得，格兰罗塞斯1998年年份威士忌打败多路强手，获得了银奖。

除此之外，瓶身造型也是格兰罗塞斯另外一大特色，其瓶身造型构思源自传统威士忌蒸馏厂中的采样瓶外观，低调的圆形瓶身亦如艺术品，给人一种睿智、奢华且豪迈、硬朗的感觉，低调而又经典。瓶身上还附有原厂酿酒师的口感说明，而标签上也能找到蒸馏与装瓶的年份数据。精致且具创意的包装，还曾蝉联旧金山世界烈酒大赛两届双金牌，在国际市场上深受消费者的欢迎。

也许你现在能够理解格兰罗塞斯威士忌的价格为何如此昂贵了吧！毕竟不是谁都能体验到“逢时而成”的感觉的，正如多变的人生。

全球极负盛名的格兰罗塞斯单一纯麦年份威士忌，以其对威士忌在市场上独特的品牌的坚持——成熟非陈年的颠覆酿制观念，挑动每一位品酩者的味蕾！

素以丰富的水果风味及醇滑口感闻名于世的格兰罗塞斯威士忌，一直是许多骨灰级威士忌爱好者的最爱。在一次评酒会上，有一位单一麦芽威士忌追捧者与 BBR 公司的朋友打赌，这位朋友拿出一瓶格兰罗塞斯 1978 年年份威士忌，声称这是全场最具果香的威士忌。一试之下，所有的人都被这款格兰罗塞斯 1978 年年份威士忌打动了，该酒入口前后的果香和回味让每一位资深威士忌爱好者赞不绝口。

任何一款格兰罗塞斯威士忌都能完美地展现出清新的果香味，且因年份的不同而呈现出不同的口感。比如，格兰罗塞斯 1998 年年份威士忌就有着浓郁的香草、糖蜜及柠檬草香味，带有些许的肉桂柔顺口感；1991 年的则蕴含浓郁的果仁、香草和白巧克力香味，柔顺的香草味回味悠长；1988 年的口感较重，辛辣中夹带丰富浓郁的果酱味，浓郁的甜柑橘味与缤纷的果香完美地交融；1978 年的则略显辛辣的梅子味，夹着淡淡的花香，还伴随橡木、香草及白巧克力的浓郁口感……

品味格兰罗塞斯年份威士忌，你将获得不同的感受，其中的滋味只有亲自品尝过它的人才能知晓。

格兰罗塞斯 1991 年和 1994 年年份威士忌

"Maturity，notage"（成熟，而非陈年），格兰罗塞威士忌斯就是遵循这个真谛，装瓶时间由口味最佳的时刻决定，而非提前决定。为呈现巅峰状态的酒液，它打破了业界内的常规，因此创造了威士忌市场的奇迹。

如果你想投资威士忌，格兰罗塞斯单一纯麦年份威士忌无疑是最好的选择。只要你有渠道得到这些威士忌，升值的空间无疑是巨大的。可惜的是，每一款格兰罗塞斯单一纯麦年份威士忌都是全球限量生产，并非所有的人都能如愿以偿。

格兰罗塞斯单一纯麦年份威士忌的年份酒使每一瓶酒都在其巅峰口感下送到品鉴者的杯中，而每一批年份酒款都是无法复制的。比如，格兰罗塞斯单一纯麦 1978 年年份威士忌全球仅 500 箱，不仅口感非凡，更具收藏价值。

另外，约翰·拉姆齐从 1991 年开始参与格兰罗塞斯单一纯麦年份威士忌的生产，如果你能购买到从 1994 年开始出产的格兰罗塞斯单一纯麦年份威士忌，都可以看到瓶身上的 John Ramsay 标志。

约翰·拉姆齐是格兰罗塞斯酒厂著名的酿酒大师，在他手中出产了许多款极品威士忌。格兰罗塞斯酒厂为了表彰他对格兰罗塞斯威士忌的贡献，推出一款限量版的威士忌。这款单一纯麦威士忌是酿酒师选取 30 桶出产于 1973~1987 年间的原酒，这批威士忌不仅具有芒果、红橙、香草、黑巧克力香味，还存有持久的栎树香味。该款威士忌全球范围内仅发行了 1400 瓶，每瓶都被记录在案并以栎木盒封装，盒底夹层里面放置了拉姆齐对于该酒的点评。目前该款威士忌仅在英国有售，每瓶售价为 699 英镑。

作为威士忌顶级的分支，单一纯麦威士忌是用同一种麦芽在一个酒厂种植、酿制，用陈年数代表威士忌的成熟度，是众所周知的苏格兰威士忌行业的传统。然而 Maturity，notage（成熟，而非陈年），格兰罗塞斯威士忌就是遵循这个真谛，装瓶时间由口味最佳的时刻决定。而非提前决定，为呈现巅峰状态的酒液，它打破了业界内的常规，因此创造了威士忌市场的奇迹。

对美国人来说，占边·波本威士忌更似一种精神象征。苏格兰移民带来了酿造技术，与美国本土盛产的玉米完美地结合，变成了具有自由特色的“美国制造”。浓烈、辛辣的口感使饮用它的人变得更加粗犷，更具男人味。它就像你的一位老友，无论你的心情是舒畅还是忧伤，都能给你带来信心与希望。

美国精神的象征

占边·波本威士忌

从1795年至今，占边·波本威士忌由一个家族世代相传，独特的酿造手法不断地精进。这种出产于美国肯塔基州波本镇的威士忌，酒液中与生俱来渗透着美国精神。自家族创始人占边·拜姆卖出第一桶波本威士忌以来，便将占边·波本威士忌演化成为一种杰出的艺术品，世代相传。

说起占边·波本威士忌，首先要从波本威士忌说起。作为全球最大的威士忌消费市场，每一个美国人每年要喝掉16瓶威士忌，其中绝大部分是占边·波本威士忌——一种以美国特产甜玉米作为酿造原料的烈酒。对于美国人来说，占边·波本威士

黑标占边·波本威士忌是最佳的高档波本威士忌。多年的醇化过程和酒精度相结合，具有完美的口感，使它在 2007 年《威士忌圣经》中获得 91 分的评分，为高档威士忌中之最高评分。该酒呈深琥珀色，可嗅到饴糖、橡木和肉桂的香味。其口感浓烈而饱满、丰富、醇厚，并伴有浓厚的饴糖芳香，回味悠长、醇美。与大众型的白标占边·波本威士忌相比，黑标占边·波本威士忌的消费人群更具有选择性。

忌早已成为他们生活里不可缺少的一部分，就像在中国的餐桌上，佐餐的主角依旧是白酒一样。无论是林区的伐木工人，还是在高速公路休息站里歇脚的卡车司机，就连纽约高级俱乐部里的绅士，都习惯从一杯波本威士忌里寻找乐趣。

在20世纪全美实行禁酒令的时期，那些视波本威士忌为生命的美国人，冒着触犯法律的风险，私自制贩波本威士忌，偷偷聚众分享这种酒的快乐，甚至把波本威士忌当作货币在黑市里流通。直到第一次经济萧条来临，小罗斯福宣布解除禁酒令。因为失去工作的美国人需要一些快乐，保存希望，至少不要跳楼自杀。这希望的来源便是可以自由地在街头的酒吧里喝上一杯波本威士忌。浓烈的波本威士忌总是可以抚慰困境中的美国人，人生本是无常，至少小酒在握时还是幸福的。

对美国人来说，波本威士忌更似一种精神象征。苏格兰移民带来了酿造技术，与美国本土盛产的玉米完美地结合，变成了具有自由特色的“美国制造”。波本威士忌曾经被美国政府课以重税，在发布禁酒令时期也没有衰落，反而在这个国家的低潮期成了一剂强心针，充当了政府“快乐经济”的好帮手，扩大了内需，更为绝境中的美国人抚平创伤。喝杯波本威士忌，听听即兴的摇滚音乐，人生的苦境也就不知不觉地度过了。

波本威士忌的故乡在美国的肯塔基州。独立战争后不久，华盛顿为苏格兰移民们拨了一块地，其条件就是他们必须种植一种本土农作物——苏格兰玉米。由于玉米的运输困难，需求量又低，许多移民便把玉米制成一种更受欢迎的产品——纯玉米威士忌。玉米威士忌立刻被装在橡木桶中，很快地流通起来。

肯塔基州波本县的一个传教士不经意地将威士忌装入烧焦的橡木桶中。当他到达目的地时，买主发现桶里装的威士忌泛着金黄色，品尝后更是发现这种威士忌口感纯正，回味悠长。从那以后，越来越多的人开始寻求来自肯塔基州波本县的威士忌。聪明的肯塔基州人就把他们的木桶烧焦，而他们新酿造出的威士忌酒就被称为波本酒，或称为波本威士忌。

1788年，占边·拜姆（Jacob Beam）从德国移民到美国肯塔基，那里遍布丰茂的蓝草，土地肥沃，适宜耕种。占边·拜姆在他的农场四周尝试种植

占边·波本威士忌典藏版则定位于超高档的美国波本威士忌，同时也是世界销量第一的顶级占边原桶典藏系列产品，专为具有超凡品位的人士而设。它由酿酒大师亲自指导其多年的醇化过程，并手工添加特制葡萄蒸馏酒进行调配，酒体中散发出独特的蜜糖及香草馥郁的味道。占边典藏版波本威士忌是针对特定人群限量生产，每批 500 箱。该系列产品口感丰富，入口时细腻，如同丝绒般顺滑，唇齿留香，令人回味悠长。若加入 1/3 纯水，更能激发出柔和的甜味。这种香甜在味蕾上四溢，精妙绝伦，总让人意犹未尽！

玉米和谷物，流经附近的清澈泉水使谷物长势良好，而用这些谷物酿出的威士忌更是不同凡响。占边·拜姆为他的酒取名为“波本”。1795年，占边·拜姆卖出了他的第一桶波本酒，为日后的家族事业奠定了坚实的基础。当时，谷物难以存储，卖掉谷物更难。占边·拜姆发现，使用蒸馏法制酒是处理多余谷物的好方法。自那时起，占边·拜姆的创新精神和酿酒天分开始显露。

当占边·拜姆卖出第一桶威士忌时，他即缔造了一个优良的传统。他卓越、独创的配方和生产方法一直延续到今天，已有200多年的历史。1820年，占边·拜姆的儿子大卫·拜姆刚满18岁，便接管了家族事业，承担起父亲的责任。当时正值美国工业革命期间，电报、蒸汽船的发明以及水路、铁路的开通，使得占边家族的波本威士忌销路大增。

30年后，大卫·拜姆将酿酒厂搬到尼尔森县。然而就在酒厂刚刚建成不久，美国内战爆发了。在那个年代，波本威士忌常用来易货，往往被认为比“美元”更有价值。

占边家族第四代传人詹姆斯·拜姆将根基稳固的家族生意变成了美国式的大工业生产。詹姆斯·拜姆头脑机敏，性格迷人，受到所有商业伙伴的喜爱。占边家族的事业一直延续了67年，甚至在14年的禁酒期间也极为坚挺。当时，詹姆斯放弃了酿酒，改行种植水果，经营采石业和煤矿。詹姆斯最早开始培育用来发酵麦芽浆的酵母。为了防止植物病害，每当周末，他就倍加小心，将珍贵的酵母带上，开着黑色的凯迪拉克回家。幸运的是，他的酵母从未感染，在他的精心管理下，占边家族的事业不仅保存下来，而且日益蓬勃。在刚刚度过70岁生日后，詹姆斯又在克莱蒙特选址，修建了新的酒厂。

1947年，经过刻苦学习波本威士忌酿造的全部过程，詹姆斯的儿子成为酿酒大师。在父亲逝世后，他保持了家族企业的活力，并于1954年在肯塔基州的博斯顿附近开辟了第二座酒厂。

第六代传人弗瑞德为保持占边·波本威士忌的质量和声誉付出了极大的努力。1960年，他开始在占边酿酒公司担任荣誉酿酒师，在全部酿酒过程中，他总是在每一细节上亲历亲为，拒绝平庸，力求自己出品的每一滴威士忌都尽善尽美。品尝占边时，你可以感受到占边家族对威士忌的专注执着和献身精神。1987 年，弗瑞德推出了以他的名字命名的波本威士忌——“Booker's Bourbon”。最初，这是作为圣诞节礼物送给某些特殊的朋友。“Booker's Bourbon”直接从酒桶装瓶，保持原味，不经过滤。这款威士忌保持了占边·拜姆所制定的高质量水准，品质优秀，口感纯正卓越。

弗瑞德·诺伊（Fred Noe）已是占边家族的第七代传人，有着 20 多年的酿酒经验，曾协助父亲开发了其署名的波本威士忌——“Booker's Bourbon”。如今，弗瑞德·诺伊还在肯塔基州克莱蒙特的占边酿酒厂担任酿酒师，亲自监督珍藏版 Jim Beam Small Batch 的装瓶和包装。

作为一家世代出产波本威士忌逾 200 年的家族企业，占边家族深谙制造高品质波本酒的真谛，并一直在创造着奇迹。

占边·波本威士忌保留了 200 多年如一的独特纯正味道，同时也见证了美国的发展，它被看作美国精神的象征，体现了当下“自有我主张”随性的生活态度。

占边·波本威士忌始于 1795 年，历经占边家族七代酿酒师，始终保持产品的最高品质并成为全世界和全美销量第一的波本威士忌。占边现在隶属“Beam Global Spirits & Wine”公司，旗下囊括 100 多个世界知名品牌，产品畅销全球，其中尤以占边·波本威士忌最为著名。从 1933 年美国取消禁酒令至今，占边品牌已销售了 1000 万桶，相当于 300 亿箱波本威士忌。占边·波本威士忌不仅是美国销量第一的威士忌品牌，也是全球最为畅销的波本威士忌，被有胆有识之士奉为首选。1964 年时，美国国会特别通过立法严格规定了波本威士忌的制造标准，并将占边·波本威士忌命名为美国国酒。

白标占边·波本威士忌特有的香味和口味尤其适合混饮习惯。除了传统的白标占边加可乐之外，白标占边和脉动、汤力水、七喜等其他的饮料混合在一起，同样因其时尚的形象和良好的口感，受到了年轻人群的喜爱并成为在派对等场合的首选。

如果说一款酒代表一种人性特质，那么占边·波本威士忌所具有的特质又是什么？占边·波本威士忌保留了200多年始终如一的独特醇正味道，其口感是毋庸置疑的。而这200多年的岁月同时也见证了美国的发展，成为美国精神的象征。

占边·波本威士忌是美国波本威士忌的代表，与其齐名的田纳西威士忌相比，虽然两者在原料使用上是一样的，但在制作工艺上却有所不同。田纳西威士忌在蒸馏后又再用木炭进行一道醇化，醇化的过程去掉了更多辛辣、刺激的味道。这就是田纳西威士忌的口感比占边·波本威士忌要柔和许多的原因。不过这种柔顺对美国人来说也许不够狂野，不够具有代表性，不能代表美国精神。因此那些其他州生产的威士忌只能接受占边·波本威士忌为美国威士忌至尊地位的事实。

今天，占边·波本威士忌备受众多名流青睐，其独特的酿制方法尤为关键。全美排名第一、全球最受欢迎的占边·波本威士忌，每瓶均经过至少四年的窖藏。除了原料中使用玉米之外，蒸馏木桶内部经火强烈的烧烤赋予了波本威士忌强烈而独特的口味。

占边·波本威士忌之所以广受欢迎，除了独特的口感，多样性的饮用方法也是主要原因，最受欢迎的就是直接加上可乐调配成的“JIM BEAM COLA”，当然也可以让鸡尾酒爱好者自己调配出独特调饮，每一种饮法各有风味，充分体现了当下“自有我主张”随性的生活态度。

强烈、刺激的气味使占边·波本威士忌变得更加原始、粗犷，更具男人味。正因为这样，占边·波本威士忌代表了男人的坚毅信念、精妙的策略、胆识并重的特质，而这也是占边·波本威士忌的特色。

品味占边·波本威士忌宛若品尝过去。这是占边·波本威士忌曾有的味道，也是它应有的味道！占边·波本威士忌又是随性而自由的，它可以与各种饮料混搭，具有独特的美国气质，和美国人的精神不谋而合。的确，在品味占边·波本威士忌的同时，能够积淀深厚的历史余味，尽情享受纯情的真我，实在不失为一件美妙绝伦的事情。

与苏格兰威士忌不同，占边·波本威士忌需要放在新制的碳化橡木桶中陈酿，而不是使用陈酿过其他酒种的旧橡木桶。新桶赋予波本威士忌一股强烈的木头味，玉米、谷物在陈年过程中挥发的酒精与橡木桶交换而来的味道很像松香水。这些强烈、刺激的气味使占边·波本威士忌显得更加原始、粗犷，更合男人的口味。

作为经典产品，白标占边·波本威士忌（Jim Beam White）非常适合做调酒，它具有极其丰富的口感和百年如一的风味，使它成为美国销量第一的占边·波本威士忌。白标占边·波本威士忌是该公司从旗下众多产品中特别精挑细选的。除了传统的占边加可乐之外，占边和脉动、汤力水、七喜等其他的饮料混合，同样因其时尚的形象和良好的口感，受到了年轻人群的喜爱并成为在派对等场合的首选。

黑标占边·波本威士忌（Jim Beam Black）是最佳的高档占边·波本威士忌。完美的醇化年份和酒精度相结合，具有完美的口感，使它在2007年《威士忌圣经》中获得91分的评分，为高档威士忌中之最高得分。该酒呈深琥珀色，可嗅到饴糖、橡木和肉桂的香味。其口感浓烈而饱满、丰富、醇厚，并伴有浓厚的饴糖芳香，回味悠长、醇美。

无论白标还是黑标，占边·波本威士忌都需要在酒桶里陈酿4年以上，最长不超过12年。如果时间过长，橡木会把其他的风味都抹杀掉，失去占边·波本威士忌辛辣、刺激、强劲的口感。那样的威士忌就不能称为占边·波本威士忌了。正因为这样，在美国电影中，占边·波本威士忌被打造成了暴力催化剂。在大量的黑帮题材的电影中，杀手们在动手前都习惯喝上一杯加冰的占边·波本威士忌。而在许多悬疑推理片中，编剧们则喜欢为片中的侦探或是恶人加上占边·波本威士忌来做点缀。喝过占边·波本威士忌后，侦探立刻茅塞顿开，而恶人则令凶相毕露。

对于美国人来说，占边·波本威士忌就像一位多年老友，无论心情舒畅还是忧伤，它都时时刻刻地站在那里等待着你。也许这就是占边·波本威士忌的价值所在，它会在任何时候带给你信心、快乐，还有希望。

自1795年起，占边家族为奢华创造了一套新定义，这个继承了苏格兰威士忌传统酿制方法的威士忌品牌，以独特的酿制工艺征服了全世界的威士忌爱好者，成为美国威士忌的代表。虽然占边·波本威士忌并不像麦卡伦那样昂贵，但它所呈现的风格和所阐释的精神，在威士忌爱好者心中的地位是无法用金钱来衡量的。

对于美国人来说，占边·波本威士忌就像一位多年老友，无论心情舒畅还是忧伤，它都时时刻刻地站在那里等待着你。当年那些被风暴打倒的华尔街精英们抱着纸箱忧伤地走出写字楼后，便径直去了酒吧，扯松领带，要一杯占边·波本威士忌，听着Jazz，优雅地买醉……就这样，占边·波本威士忌成了全美最受欢迎的威士忌。也许这就是占边·波本威士忌的价值所在，它会在任何时候带给你信心、快乐，还有希望。

在占边·波本威士忌中，黑标占边·波本威士忌是世界上数一数二的威士忌。这款威士忌颇有烈酒的风范，并不像其他烈性威士忌那样入口辛辣、刺激，回味很少，而是入口时极为细腻，回味悠长。不仅适合那些豪迈、粗犷的血性饮家饮用，对那些不胜酒力的人也极为适合。好的占边·波本威士忌有着圆润、醇厚的风味，也拥有比苏格兰威士忌更深的颜色。对于不少资深威士忌饮家来说，黑标占边·波本威士忌的特色是它独有的甜玉米味和有点柠檬口感的酸味。这个酸味很特别，类似优质甜玉米汁的味道。

此外，占边·波本威士忌的典藏版被看作美国顶级威士忌的代表之作，此款威士忌专为那些社会精英、具有超凡品位的人士而设，并且限量生产，每年只有500箱在市面上销售，因此它成为许多威士忌爱好者的收藏目标。

杰克·丹尼威士忌体现了一种不屈不挠、勇于开拓的精神，展现了美国南部独有的田园情怀，它像是一位永远都在低吟浅唱的乡村歌手，静静地吟唱着杰克·丹尼一生的壮举。今天，它的足迹遍及世界的各个角落，而其曾经的坚持与执着一直没有改变，正是这种品质成就了杰克·丹尼威士忌。

田纳西山谷里的杰作

杰克·丹尼

如果你想寻找一个地方，仍旧使用传统的滴酿方式制造威士忌，恐怕再也找不出比田纳西莲芝堡的杰克·丹尼酿酒厂更好的地方。它隐蔽在远离公路的田纳西山谷，很难被人发现。杰克·丹尼酿酒厂的历史可追溯到一个多世纪前，它是美国历史上记载最早的酿酒厂。正如当年杰克先生常说的那样："我们每天都在竭尽所能地生产最好的威士忌酒。"这一切到今天似乎从未改变过。

1850 年，杰克·丹尼出生在田纳西的一个大家庭之中，在他 7 岁时就被送到丹·卡尔（Dan Call）家工作。丹·卡尔是路德教会的一位传教士，在洛

Old No.7
BRAND
Tennessee
WHISKEY
OLD TIME
Old
No.7
BRAND
QUALITY
Tennessee
SOUR MASH
WHISKEY
70cl
DISTILLED AND BOTTLED BY
DISTILLERY

兹河（Louse River）畔拥有一家自己的酿酒厂。在之后的几年里，杰克·丹尼从丹·卡尔那里学到了所有他所能学到的关于威士忌制造的知识。后来，丹·卡尔越来越强烈地想要致力于传教事业，便于1863年9月将他的酿酒厂卖给了杰克·丹尼。当时的杰克·丹尼只有13岁。杰克·丹尼十分聪明，而且颇具商业头脑。他在16岁的时候就向政府有关机构注册了自己的酿酒厂。也就是在这一年，杰克·丹尼通过自己的勤奋和对威士忌一丝不苟的严谨态度，凭着南方人特有的朴实诚信很快为以他自己名字命名的威士忌打开了销路。从那时起，几乎所有的美国人都知道有一种美国本土的威士忌——杰克·丹尼。

杰克·丹尼一直坚持选用最上等的玉米、黑麦及麦芽等全天然的谷物来酿制威士忌，而且配合清澈纯正的天然无铁质泉水，并采用独特的糖枫木过滤方法，再用新烧制的美国白橡木桶储藏多年，这样酿出的散发着天然独特的馥郁芬芳及渗透着浓厚琥珀色的优异酒液，自然就成为其成功的保障。杰克·丹尼威士忌很快获得了人们的青睐，不仅先后荣获了两枚国际金牌（以后又有5枚金奖入账），又很快赢得了“田纳西威士忌酒”的传世美名。

在当时，所有的酒都是装在木桶中销售的。为了将自己的威士忌与其他的酒区分开来，杰克·丹尼曾将他的威士忌装入有软木塞的陶罐中，还将自己的名字印在罐上。直到19世纪70年代末，玻璃瓶开始流行。杰克·丹尼马上开发了一种标准的圆形玻璃瓶，瓶上有酿酒厂名的浮雕。但杰克先生

是一个不断推陈出新的人，这种酒瓶并没有让他满意很久。由于他的木炭熏酿威士忌独树一帜，所以他认为杰克·丹尼的酒瓶也必须与众不同。

1895年，来自伊利诺伊州阿尔顿玻璃公司（Alton Glass Company）的一名推销员向杰克·丹尼展示了一种新颖独特、未经测试过的酒瓶设计——有凹形槽瓶颈的方形酒瓶。100多年之后，方形酒瓶已经成为杰克·丹尼威士忌的品质象征，就如同它所装的威士忌一样，并证明了方形酒瓶是很时髦的设计。

杰克·丹尼的老饮客不会对酒瓶上的“Old No.7”字样感到陌生，但很少有人能道出“Old No.7”的来历。有人说，这是掷骰子掷出的幸运数字。也有人说，这缘于杰克·丹尼先生的第7次麦芽浆配方试验。更有的说这是关于7桶遗失的威士忌酒，当它们被找回的时候，杰克·丹尼先生就在上面写下了数字“7”作为标示。这些说法似乎一个比一个有道理，但事实上并没有人知道真正的原因。“Old No.7”就如同杰克·丹尼的酿造秘方，始终是个不解之谜。也正因为如此，杰克·丹尼才显得更加迷人。

作为创始者的杰克·丹尼虽然没有人们想象中的坏脾气或是什么怪癖，但却终身未娶。直到他去世后，酒厂才传给了自己的外甥马龙，他只是要求此后的历任继承者都必须延续继承创始者留下的传统，坚持使用最优质的原料生产杰克·丹尼威士忌。

1910年，美国政府颁布了禁酒法令，并且关闭了杰克·丹尼在田纳西州的酒厂。田纳西州在整整10年中失去了威士忌的芬芳。在禁酒令实施的头几年，酿酒厂的运作移到了密苏里州的圣路易斯和亚拉巴马州的伯明翰，但这些尝试都因为没有纯正的不含铁的泉水而遭到失败。

1942年至1945年间，美国政府宣布在第二次世界大战期间禁止制造威士忌，杰克·丹尼酿酒厂一直处于“干旱无酒”的状态。直到1946年战争结束，政府才解除了禁令，然而解除后的法令还是规定只能使用劣质的谷物酿酒。

在杰克·丹尼优秀品质面前异常固执的马龙，无法容忍杰克·丹尼酒厂出产劣质威士忌，因此拒绝恢复生产。直至1947年，禁令得到解除后，高品质的谷物才被允许用于酿酒。杰克·丹尼酒厂正是在那时又重新开始了自己的创业之路。

杰克·丹尼酿酒厂作为美国历史上年代最久的酿酒厂，至今仍旧使用传统的滴酿方式来制造威士忌。今天，在世界上这样做的酿酒厂除了杰克·丹尼恐怕再也找不出第二家。正是因为杰克·丹尼酿酒厂始终遵照其创始人“滴滴精酿，始终如一”的座右铭，才使得杰克·丹尼威士忌享誉世界，成为世界名酒之一。

来自美国田纳西州的杰克·丹尼威士忌，被饮家誉为无与伦比的稀世珍酿，多年来赢得无数国际奖项，更是以全球销量冠军畅销各地。

美国杰克·丹尼威士忌于1866年面世，采用始创人杰克·丹尼先生精心研究的酿酒方法，选用清纯泉水及全天然的谷物酿制，每滴都经过糖枫木炭过滤，并以全新白橡木桶储藏，因此酒质特别香浓醇厚，一分一滴都绝对符合杰克·丹尼先生的严格要求，终于成为饮家们信赖的标志，驰誉世界。杰克·丹尼酿酒厂的产品不是“波本威士忌酒”。它虽然也是美国的产品，而且具有某些和波本威士忌酒相同的特点，但它是一种特殊的产品，产于田纳西州的丘陵地区，故称为“田纳西威士忌酒”。

生产杰克·丹尼威士忌是从精选玉米、黑麦和大麦芽开始的，先将这些谷物用酒厂附近的山泉水加工成一种麦芽浆。泉水温度常年保持在13.3℃，不含铁质，富含石灰质。杰克·丹尼酿酒厂的威士忌酒就是通过古老的、使麦芽浆变酸的方法酿制出来的。当然，这种威士忌并不是真正的酸性酒，我们把它叫作酸麦芽浆威士忌酒，是因为酒厂在开始新一轮生产时，都利用前一次制造的麦芽浆来发酵。发酵的最后结果是产生了所谓“酿酒人的啤酒”，然后把

它送进蒸馏器进行蒸馏。如果把蒸馏出来的威士忌立即装进桶内存陈，它就可能成为波本威士忌酒。可是杰克·丹尼酿酒厂在蒸馏出威士忌酒后还把它放在3米多厚的、用糖枫树烧成的炭上面过滤，让酒液缓缓地滴下来。恰恰就是这最后一道工序使杰克·丹尼生产的威士忌酒有别于波本威士忌酒，并因此获得了“田纳西威士忌酒”的美名。

杰克·丹尼酒厂独特的酿酒工艺相传至今已七代，其经典的酒质屡获殊荣。在1904年圣路易斯世界博览会上，当国际品酒师品尝完24张长桌上来自全世界的威士忌后，杰克·丹尼威士忌脱颖而出，被尊为世界上最好的威士忌。然而杰克·丹尼威士忌并未就此止步，它凭借卓越的品质获得了众多的国际金牌。1913年，杰克·丹尼威士忌获得比利时皇室金奖；1914年，获得伦敦欧美博览会的金奖；1954年，被评为布鲁塞尔杰出之星；1981年，获得阿姆斯特丹棕榈叶金奖……

杰克·丹尼酿酒厂作为美国历史上年代最久的酿酒厂，至今仍旧使用传统的滴酿方式来制造威士忌。今天，在世界上这样做的酿酒厂除了杰克·丹尼，恐怕再也找不出第二家。正是因为杰克·丹尼酿酒厂始终遵照其创始人“滴滴精酿，始终如一”的座右铭，才使得杰克·丹尼威士忌享誉世界，成为世界名酒之一。

木炭熏酿赋予了杰克·丹尼威士忌独有的风味。该酒吸收了木炭中的精华，使酒的精髓得到呈现，从而具备了独特的口味和芳香。人们无法想象，威士忌经由那粗糙多孔的的木炭之后，竟会被赋予更丰富的层次感、温暖的个性以及丝般的顺滑。

人生就像品酒一样，只有浅斟慢酌才能细细品味自己的人生。没有人愿意在20年后蓦然回首之时竟看不出自己的人生轨迹。相同地，当我们喝干杯中的最后一口酒时，却不知酒的芬芳从何而来，这真的令人遗憾。好酒靠“品”，懂得享受生活的人也一定懂得像专家一样去品酒。

追求完美与精致的人总是相信，当你拿起一杯杰克·丹尼威士忌时，不仅能体验一种豪爽之气，还能喝出一种绅士的味道，一种精致的情怀，一种经典的魅力。与其他威士忌不同，杰克·丹尼威士忌有一种独特的风味，这种风味是在炭化的橡木酒桶中存放时被逐渐激发出来的。

第一次品尝杰克·丹尼威士忌，感觉它的色泽特别深厚，口感馥郁芬芳，虽然有点儿干辣，可这正是美国人独有的特点：实在、纯正。就像中国农民自己酿造的土酒、黄酒一样，对于那些威士忌的爱好者来说，喝杰克·丹尼威士忌要绝对净饮，反对掺杂。当然，也有很多人喜欢掺杂可乐饮用，他们把杰克·丹尼威士忌当成了自己，把可乐当成了女人，这种看似毫不相干的结合让酒吧里的气氛更加暧昧。他们认为，把杰克·丹尼威士忌与可乐交融在一起才有味道，才会感到轻松畅快，乐在其中，而且越喝越上瘾。

无论怎样的喝法，都不影响人们随时来享受这份快乐。人生的每一刻时光都是美好的，快乐无需掩饰，也不需要任何规则。你可以纯饮，也可以加入冰块，或加入可乐，或加入苏打，哪怕加入绿茶，你都不必担心杰克·丹尼威士忌的味道会被改变。

杰克·丹尼威士忌并不是价格最贵的威士忌，但它的口感绝对纯正。在1904年密苏里州的圣路易斯世界博览会上，杰克·丹尼先生展示了他的“Old No.7”田纳西香醇威士忌。在从世界各地赶来的20家威士忌厂家中，唯有杰克先生获得了这枚金牌，他的酒被尊为世界上最好的威士忌。

没喝过杰克·丹尼威士忌就等于没喝过美国威士忌。100多年过去了，田纳西鼎盛时期的700多家酒厂如今仅剩杰克·丹尼酿酒厂。今天，杰克·丹尼酿酒厂不断推出新的威士忌，其中银选单桶威士忌被人称为“极品杰克·丹尼”，由杰克·丹尼第六

代首席调酒师吉米·百福德（Jimmy Bedford）先生亲自甄选，在他的味蕾检验下，每一桶威士忌的细微差异和变化原桶入瓶，限量发售。将其轻啜入口，一股强劲的焦糖及香草的芬芳即刻集聚于舌尖，携带着田纳西威士忌特有的糖枫木炭熏酿后的独特风味以及来源于橡木桶的果香，立即征服味蕾，继而震撼全身。这便是上等的田纳西威士忌带来的享受。每一瓶银选单桶威士忌都配有原厂原桶的橡木桶编号，增添了鉴赏的情趣。如今被称为“国宝级调酒师”的吉米·百福德功成身退，不知今后的银选单桶威士忌是何风味。无论如何，每当我们品尝银选单桶威士忌的时候，都应该向这位大师表示致敬。

像其他威士忌一样，杰克·丹尼酿酒厂也有自己早期的威士忌。在美国田纳西州曾经发生过一起案件，大概 24000 瓶总价值 100 万美元的杰克·丹尼威士忌因“非法销售”而被政府机构查收。这起案件与一些杰克·丹尼威士忌收藏家有关，这些收藏家将自己珍藏的威士忌进行私下交易。据说在这批威士忌中，有一瓶产于 1914 年的杰克·丹尼威士忌，封印完好，被众多收藏家标价为 1 万美元。可见早年杰克·丹尼威士忌的价值在今天依然十分珍贵。

芝华士，一种佳酿、一段传奇、一个奢华品牌。

THE CHIVAS LIFE

英伦男人的骑士精神

芝华士

历史篇 LISHIPIAN

芝华士210年的历史，是一部充满着赞美与荣耀的传奇。出于对威士忌事业的无比沉醉，芝华士兄弟遍访欧美大陆，成为最早发现威士忌酿制秘密的先驱：橡木桶的艺术——用来酝酿威士忌的橡木桶的品质对将来威士忌的口味有着巨大的影响；调和的艺术——将几种麦芽威士忌和谷物威士忌调和在一起便可以得到一种更美味、风格更独特的威士忌。种种发现使得芝华士兄弟成为19世纪调和威士忌的先行者。

芝华士的名字源自苏格兰语Schivas，这个词在苏格兰语中代表着“一个狭长的地方”的意思，慢慢地，芝华士演变成一个姓氏。这个姓氏最著名的代表人物就是芝华士兄弟——詹姆斯·芝华士和约翰·芝华士。

芝华士一家原来靠种田为生，由于人口众多（兄弟姐妹11人），父母经营的农场又太小，生活几乎难以维持。这种逆境激发了詹姆斯·芝华士和约翰·芝华士兄弟创业的决心，他们决定离开家乡，到苏格兰北海岸最大的港口阿伯丁镇找工作。

那时的阿伯丁镇是一个拥有新铁路、新商业和新乐观主义精神的繁荣城市。兄弟两人很快便找到工作，哥哥詹姆斯·芝华士在威廉·爱德华经营的位于阿伯丁镇中心的国王街 13 号的百货商店工作，弟弟约翰·芝华士成为一家大型服装鞋帽商店的学徒。

此时的国王街 13 号还不属于芝华士兄弟。詹姆斯·芝华士工作十分勤奋，直到 1841 年店主人去世后，詹姆斯联合另一位食品、葡萄酒商人查

斯·斯图尔特合伙买下了这家商店，共同组建了斯图尔特 & 芝华士公司。

当时，威士忌的口味极为单一，为了酿造一种与众不同的威士忌，芝华士兄弟开始遍访欧美大陆，成为最早发现威士忌酿制秘密的先驱：橡木桶的艺术——用来酝酿威士忌的橡木桶的品质对将来威士忌的口味有着巨大的影响；调和的艺术——将几种麦芽威士忌和谷物威士忌调和在一起，便可以得到一种更美味、风格更独特的威士忌。这些发现使芝华士兄弟成为 19 世纪调和威士忌的先行者。从那时起，芝华士兄弟生产的威士忌就一直得到世界范围的广泛认同，其地位从未动摇过。

19 世纪 40 年代，芝华士的盛名传遍整个欧洲。当地的贵族们纷纷到他们的杂货店购买威士忌，还时常到他们的酒窖品尝威士忌。芝华士兄弟最早的酒店与酒窖位于阿伯丁镇国王街 13 号，如今这里已变成一家餐馆，但

芝华士 12 年是一款入门级威士忌，它具有浓郁清澈的金琥珀色，柔滑醇厚的口感——芝华士高级苏格兰威士忌的卓越品质令其备受全球推崇。酒界权威保罗·帕科特曾说过："芝华士 12 年苏格兰威士忌，经典奢华的品牌带来调和型苏格兰威士忌中真正的'奢华'享受，Strathisla 麦芽威士忌则是它的灵魂。"

如今，这款威士忌行销全球 200 多个国家和地区，年销售量超过 4700 万瓶。每隔不到一秒钟，就有一瓶芝华士在世界的某一地方被打开分享。

依然是体验珍馐美酒的绝佳场所。当然，对于芝华士威士忌足迹的忠实追随者而言，Strathisla 这个迄今最为古老、且仍在运作的苏格兰威士忌酒厂则是不可或缺的路标，更不用说芝华士依然在墨本（Mulben）拥有的丰富窖藏——相信每一个人都会对在百年酒窖中品味威士忌充满兴趣和期待。

1837 年是对芝华士极具特殊意义的一年，这一年维多利亚女王登基，年轻的女王和她的丈夫艾伯特来到了苏格兰，并深深地迷上这块宁静、美丽的土地。此后，她在苏格兰居住的时间越来越多。一次，一位皇室成员来到了芝华士兄弟两人的店铺，并向芝华士采购了大量皇室宴会所需的饮料食品。不久后，芝华士就被指定为维多利亚皇室食品供应商，并向其颁发了第一张皇室委任状。芝华士兄弟所提供的产品和服务深受英国皇室的赞许。1843 年 8 月 2 日，芝华士被委任为永久的“皇家供应商”。这次皇室委任令芝华士兄弟名声大震，生意蒸蒸日上，与英国皇室建立了良好而巩固的关系。1857 年，芝华士兄弟自创门户，成立了芝华士兄弟公司。约翰·芝华士去世后，詹姆斯·芝华士开始独自掌管芝华士兄弟公司，直至 1886 年逝世。

19 世纪末，芝华士兄弟公司成为欧洲最著名的威士忌供应商，《今日苏格兰》称芝华士兄弟拥有“苏格兰北部最好的供应买卖，并将威士忌贸易延伸到殖民地，尤其是澳大利亚，他们往那里运去了大量货物”。1895 年，芝华士兄弟的店员亚历山大·史密斯和富有经验的调酒师查尔斯·斯图瓦特·霍华德接管了芝华士兄弟公司。查尔斯曾保证说：“芝华士的名字将代表最好的服务、最好的品质、最好的价值……代表卓越，我们将让它载着这样的意义代代相传。”查尔斯·霍华德缔造了芝华士 25 年调和威士忌，并把它作为第一种真正的奢华威士忌供应给美国。

当时正值一个工业扩张、充满机遇和乐观主义精神的时代，阿伯丁镇正在变成一个繁荣的城市，而大西洋彼岸的纽约，无线电广播、汽车运输以及消费主义正改变着人们的生活。整个纽约都散发着活力——令人敬畏的高楼和迷人的社交场所，可以说没有哪个城市比得上纽约。说起芝华士与纽约的难解情缘，这实在是一个非常精彩的传奇，这个当时世界上最为繁华的城市成为芝华士从苏格兰走向世界舞台的里程碑。1909 年，第一批特别酿造的芝华士调和威士忌从阿伯丁运到纽约，它的到来让素以老练而挑剔著称的美国上流社会为之折服。随即芝华士威士忌的魅力迅速地征服纽约并向美国诸州辐射，在短短数月时间里，芝华士威士忌成为最受美国人欢迎的酒。两年内，芝华士兄弟公司建立了其巩固地位，成为那个欣欣向荣、充满繁荣、魅力和生机的时代最好的缩影。选择美国纽约作为出口的首站，芝华士有着高明的战略眼光。当时美国不仅是最快吸收外来精华的中心，同时也是面向世界经济的窗口，这个活力四射的国家高速发展的经济让它成为世界的领军者，纽约更被视为繁荣和奢华的代表。事实证明，芝华士兄弟公司的选择实属睿智之举。在征服了美国人之后，芝华士威士忌迅速地成为世界各地的宠儿，活跃在全球舞台上。

1923 年，荣誉再次降临，芝华士兄弟公司获得皇室特许状，成为国王乔治五世的苏格兰威士忌供应商，这一褒奖又一次证明了芝华士顶级佳酿的显赫地位。1953 年，英国女王伊丽莎白登基，芝华士兄弟公司精心酿制了“皇家礼炮 21 年”特级苏格兰威士忌作为献礼，以示尊崇。“皇家礼炮”集苏格兰麦芽威士忌和谷物威士忌精华之大成，融合了所有完美的因素：独一无二的气候，清冽的泉水，多样的地形，存放过西班牙雪莉酒或美国波本威士忌的橡木桶，至少 21 年的酝酿，独特的三重调和，使这款为皇室献礼而制的极品威士忌一登场便受到广泛而热烈的赞赏。

100 多年漫长时光流逝，芝华士以精湛的酿造工艺、历久传承的经典气质以及对威士忌文化的透彻领悟，让经典恒久流传。

芝华士苏格兰威士忌凭借卓越品质和悠久传承，成为欧洲皇室举杯分享欢乐时光的不二之选。它代表着追求幸福生活、乐于与他人分享的积极人生态度，这正是全世界的人们选择芝华士威士忌的原因。

岁月可以成就经典，隽永总是创造传奇。芝华士兄弟公司出品的每一种顶级威士忌都保持着一贯的完美品质。究其原因，从酿造的第一步开始，它们就已经具备了尊贵的基因。例如芝华士皇家礼炮，苏格兰境内公认出产最好的麦芽威士忌的斯佩塞地区（Speyside）正是其灵魂的源泉，独一无二的气候环境，清冽的泉水和多样的地形，更兼有芝华士完美的酿造工艺和调和技术，终于造就了闻名遐迩的皇家礼炮威士忌。

苏格兰威士忌被当地人视为天赐的珍宝，其酿造生产受到了英国政府及苏格兰威士忌协会的严格监管。同时，英国和欧盟的法律也对苏格兰威士忌的酿造、陈年、标签说明有着严格的规定。在漫长的酝酿过程中，芝华士苏格兰威士忌使用优质橡木桶来提高酒质，使其更为纯粹。这么做使酒与苏格兰独特的空气融合，萃取环境的精华而更为醇香。这使每桶威士忌每年有2%被蒸发，加上芝华士威士忌独创的三重调和，历年累月，各种不同的酒香互相融合，充盈在空气之中。如斯特拉塞斯拉，苏格兰最古老的酒厂，18世纪的厂房，绿树葱茏，威士忌的清香缭绕在酿酒厂古堡的上空经久不散，有人形容说：天使都会在此处流连，而不愿返回天堂。

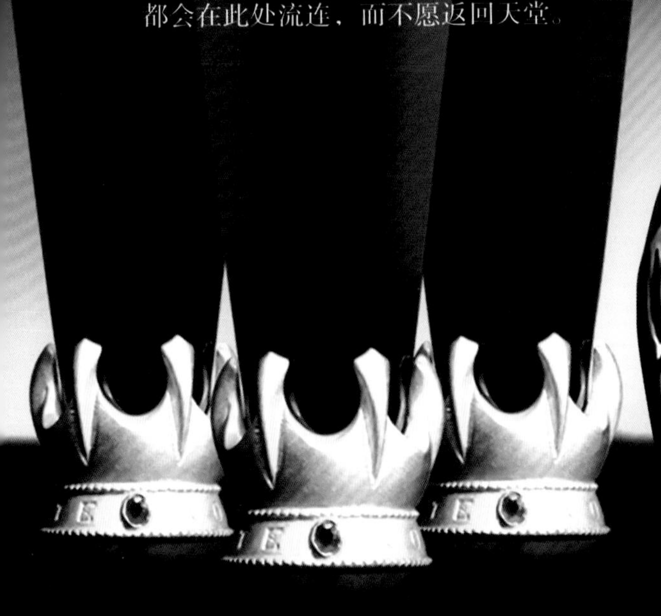

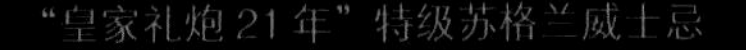
“皇家礼炮21年”特级苏格兰威士忌

1953年，在水灵山青的苏格兰，芝华士兄弟公司的酿酒师们在古老的城堡式酒厂见证了极品威士忌的诞生。此时，为女王伊丽莎白二世加冕登基鸣放的21响礼炮响彻伦敦——“皇家礼炮”因之而得名。作为向女王的献礼，第一瓶“皇家礼炮”献给女王陛下伊丽莎白二世，其余出口到全球各地，芝华士兄弟公司希望全世界一同分享这个喜悦的时刻……这就是“皇家礼炮”传说的开始。

最值得一提的是，盛装佳酿的蓝色瓷瓶全部都由手工制造，而且每一个瓷瓶都由英国最著名的陶瓷厂“Wade”的工匠花费整整6天的时间制作完成。伊丽莎白女王登基当年推出的“皇家礼炮”，每一个酒瓶都铸有皇室徽章标签，上面印有女王题词的缩写。女王皇冠上所镶的红、蓝、绿翠三色宝石化为三色瓶身。酒瓶上刻有手舞长剑、身跨战马的战士，商标上有两架礼炮，以此装点它不凡的价值。当然，这一切都是为了珍藏瓶内储藏了 21 年的甘美佳酿。

半个世纪后，芝华士兄弟公司为纪念英国女王即位 50 周年，推出了酝酿 50 年的顶级佳酿——“皇家礼炮 50 年”。而且芝华士兄弟公司表示，这次推出的“皇家礼炮 50 年”在全世界仅有 255 瓶，此后，至少在 8 年内世界上都不可能再有超过 50 年的芝华士调和威士忌。

无论是为了纪念英国女王伊丽莎白二世加冕登基，还是向女王献礼，芝华士威士忌一直都代表着尊贵、品位。可以说，芝华士威士忌是卓越品质的代名词，每一款芝华士威士忌都是苏格兰向世界的馈赠，也是调酒师向每一位鉴赏家的馈赠。

只有当你喝到芝华士威士忌时，才能真正领略到这个世界的绚丽多姿竟然能在一杯威士忌中淋漓尽致地发挥出来。芝华士威士忌的故乡有着“天使之享”的美丽故事，那就是酿酒厂里威士忌发酵后的醇美气息在空中经久不散而得的美名。

芝华士威士忌最突出的特点就是它那美妙的气息，所谓酒未点唇人先醉，芝华士威士忌可以说是名副其实的。芝华士威士忌是将多达数十种经过酝酿浓缩的麦芽威士忌精华及谷物威士忌精华分别按照一定的比例调和装桶，最后再按照严格的比例调和。所以它包含了各种不同的威士忌独特的气息，使它在嗅觉上有果香、花香和轻微的烟熏味。

品鉴威士忌最重要的莫过于入口的一刹那，这决定了酒的灵魂。芝华士威士忌以其百年的精湛工艺，加上独创的三重调和，为芝华士威士忌独特醇美的口感提供百年历史的精粹。这也是芝华士苏格兰威士忌能享誉世界的原因。从 19 世纪起，这上好的口味就受到了英国皇室的肯定，100 多年来一

芝华士 18 年，由甄选精美丰饶的上等威士忌调配而成，因此酒体呈现出深琥珀色，其口感饱满丰润，丝般柔滑，宛如天鹅绒般细腻，黑巧克力的风味透着优雅的花香和淡淡的烟之氤氲，且回味悠长、温润，令人沉醉。它还具有多层次的干果芬芳，并糅合香料和奶油太妃糖的自然味道。
每一瓶芝华士 18 年都印着芝华士独有的皇家狮子印记，而且拥有始创者、芝华士首席调酒师本人的署名，这既是绝佳品质的象征，更是自豪与荣耀的图腾。
CHIVAS 18
GOLD SIGNATURE
ESTD 1801
CHIVAS REGAL
18
SCOTCH
WHISKY
GOLD SIGNATURE

直是著名的“皇家供应商”。

当你品啜芝华士威士忌时，会发现它的味道并不是单一的，而且具有醇和清甜的口感，包含着各不相同，却又相互融合的美妙的气味。比如，入门级的芝华士 12 年就会给你带来醇厚、清甜的感觉，这其中还蕴含坚果味。芝华士 12 年以橙色为主色调，橙色往往带来年轻、激情和时尚的联想。与芝华士 12 年相比，芝华士 18 年要显得沉稳许多，基色则使用较为成熟、低调、神秘的深琥珀色，并且瓶身的标贴区别于 12 年，以传统代表高品质酒的蓝色进一步提升了 18 年的奢华感。芝华士 12 年代表着年轻、派对、聚会、音乐，芝华士 18 年给人的感觉则是低调的、简洁的、有品位的现代奢华。

无论哪种说法，芝华士威士忌都无法与年轻、时尚割裂开来。芝华士威士忌用琥珀色的液体，以及独特的口味、色泽、香气乃至世人皆知的压银箔古典包装解释着“经典”的唯一含义。然而，芝华士威士忌事实上更是一个不可思议的精灵，虽然到现在为止这位“苏格兰王子”不断地为我们传达的是沉稳、醇和、厚重，但只要我们懂得享受它，它就永远不会固守自己的年龄、性别。同样，芝华士威士忌在坚持着自己的经典上更懂得融合流行。

芝华士威士忌的价值已经不能简单地用金钱来衡量。它是拥有 100 多年悠久历史的芝华士兄弟公司奉献给世界的瑰宝，它诞生于人们对“幸福生活”与“共同分享”的梦想。

100 多年来，芝华士的传奇从来就没有间断过，并一直创造着尊崇与荣耀。芝华士威士忌于 1909 年进入美国市场这一历史事件就足以阐释其价值。

那一年，芝华士兄弟公司推出了一款 25 年调和威士忌，这款被后人誉为超白金威士忌的非凡烈酒首次登陆美国，立刻就像暴风雨一样席卷了整个纽约上流社会。有一本书曾经记载了当时的情形：

"芝华士从阿伯丁来到美国，犹如火星撞地球，引起了极大的轰动。芝华士威士忌刚刚登陆美国的头一个星期，那些美国代理商就纷纷致电阿伯丁，要求总部供应更多的芝华士威士忌。直到1910年5月左右，芝华士成为美国上流社会谈论最多的威士忌。芝加哥和圣路易斯的各家顶级饭店和宾馆为能购得一两瓶芝华士威士忌，不得不对那些代理商死缠烂打，而且声称这些芝华士威士忌只提供那些最重要、最富有的客人。"

随着第二次世界大战的爆发，芝华士兄弟公司受到了严重的影响，这款芝华士25年威士忌不得不停产。第二次世界大战结束后，芝华士兄弟公司开始推出芝华士12年、芝华士18年，虽然这些威士忌在美国同样受欢迎，但一些人对那款芝华士25年威士忌仍念念不忘。然而，整个世界等了芝华士兄弟公司足有50多年，这款芝华士25年威士忌才终于在2007年上市。人们再次迎来了曾经创造尊崇与荣耀的芝华士25年，其心情是难以描述的。当这款卓越之品再现纽约时，它仍然以其无与伦比的至尊品质成为万众瞩目的焦点，尽管此时距离首次芝华士25年在纽约亮相已过去了近百年。

芝华士25年的王者气质来自于由数十种至少酿造25年之久的最上乘威士忌并以独特的配方精心调和。这些酝酿了至少四分之一个世纪，为芝华士25年甄选的每一种来自斯佩塞（Speyside）的麦芽和谷物威士忌都拥有与众不同的特点。首先是Strathisla单一麦芽威士忌，它是调配芝华士威士忌的核心。在Strathisla的基础上加入芝华士兄弟公司精心窖藏的多种陈年单一麦芽威士忌，以及一定比例的在橡木桶中历经漫长岁月充分融和的混合麦芽威士忌，从而带来深邃、圆润和复杂的口感。

不仅如此，它的珍贵还在于芝华士25年的限量生产，每一瓶芝华士25年瓶身都带有独一无二的编号，瓶内金色的琼浆玉液折射出芝华士无与伦比的品质和优良传统。就像100年前亚历山大·史密斯（当时芝华士公司的CEO）形容的那样："I am a spirit，of no common rate"，这是莎士比亚在《仲夏夜之梦》中的一句诗，原意是"我是一个非凡的精灵"，"spirit"一词除了指"精灵"外，还指"烈酒"，亚历山大巧妙地利用了这个多义词，传达了芝华士25年"是一款非凡烈酒"的意思。

这就是芝华士威士忌，它一直承载着它的历史，见证它历史上每一个辉煌的时刻。当芝华士兄弟公司为纪念英国女王伊丽莎白二世加冕登基而推出“皇家礼炮21年”之后，开始了“皇家礼炮”系列威士忌的传奇。此后，为纪念英国女王即位50周年，又推出了酝酿50年的限量版皇家礼炮50年，该款威士忌是世界上最完美、最珍贵的苏格兰调和威士忌。全球仅有255瓶，用来调和这种产品的每款威士忌都酝酿了50年以上。

为打造出“皇家礼炮50年”的“尊荣极致”，瓶身设计与包装更加气势非凡。瓶身仍由“Wade”以纯手工打造，深蓝色瓶身外饰以999纯银及24K金纹章，连瓶塞也是金银镶嵌。此外，酒标上还编有珍藏序号，每瓶定价高达1万美金。其中第218号的珍藏版送给了《福布斯》版中国首富丁磊，而第99号则献给了中国登顶珠峰第一人王富洲。

此外，芝华士兄弟公司为纪念“命运之石”重回故土，推出了“皇家礼炮38年——命运之石”。命运之石自古以来就被用于古苏格兰国王和王后的加冕典礼，象征向王室成员赐予封印的无上权力。自从1296年这块苏格兰最珍贵的象征之物被运到伦敦后，直到1996年重回故土，足足与苏格兰分别了700年。可以说，这是芝华士兄弟公司向苏格兰最伟大的献礼。

这就是芝华士威士忌，其价值已经不能简单地用金钱来衡量。它是拥有100多年悠久历史的芝华士兄弟公司奉献给世界的瑰宝，它诞生于人们对“幸福生活”与“共同分享”的梦想。

认识苏格兰有三种方式：从《勇敢的心》中，感受威廉·华莱士为自由而战的信念；听一曲苏格兰风笛曲，从乐声中领略起伏的高地、郁郁的丛林；最不容错过的是喝一杯纯正的苏格兰单一麦芽威士忌麦卡伦，你能品出苏格兰人血液里饱含的激情。

EST. 1824

The MACALLAN

HIGHLAND SINGLE MALT SCOTCH WHISKY

苏格兰人血液里的激情

麦卡伦

拥有将近200年酿酒历史的麦卡伦酒厂，有着"世界最珍贵的威士忌"，它被誉为"麦芽威士忌中的劳斯莱斯"。它就像一件伟大的艺术品，经过岁月的沉淀，在全球各个角落都赢得美誉。麦卡伦拥有更多的是一种对时光的缅怀，对威士忌艺术的尊敬。

苏格兰高地斯佩塞地区是上好威士忌追寻之地。富于变化的天气、低垂的云雾、宁静的山谷、苍茫的原野……呈现给我们的是这块土地所独有的壮丽风光。始创于1824年，拥有将近200年酿酒历史的麦卡伦酒厂就是斯佩塞地区最早获得许可的酿酒厂之一。180多年来，麦卡伦——单一麦芽苏格兰威士忌被誉为"世界最珍贵的威士忌"，成为奢侈品经典中的经典。

麦卡伦威士忌的历史最早可以追溯到1700年，当时一位农夫用自家种植的大麦及家传酿酒秘方酿制出一种威士忌，由于他所酿造的威士忌味道纯正，所以深受当地人的喜欢。当时一位庄园的领主经常在自己家中用这种威士忌来款待访客，这种酒的声名便不胫而走。这种威士忌就是麦卡伦威士忌的前身。起初，麦卡伦的产量不多，只能供应苏格兰本土，所以较少人认识。如今，每一瓶麦卡伦威士忌包装盒上印着的“城堡”图案早已是家喻户晓、众人皆知了。

1824年，亚历山大·雷德创建了麦卡伦酒厂，厂址位于伊斯特·艾尔奇的斯佩河渡口处。如今的伊斯特·艾尔奇庄园（Easter Elchies Manor）已经是麦卡伦酒业集团公司的一部分。麦卡伦酒厂几经易主后，于1892年被罗德里克·坎普买下，他把酒厂更名为“麦卡伦”，从

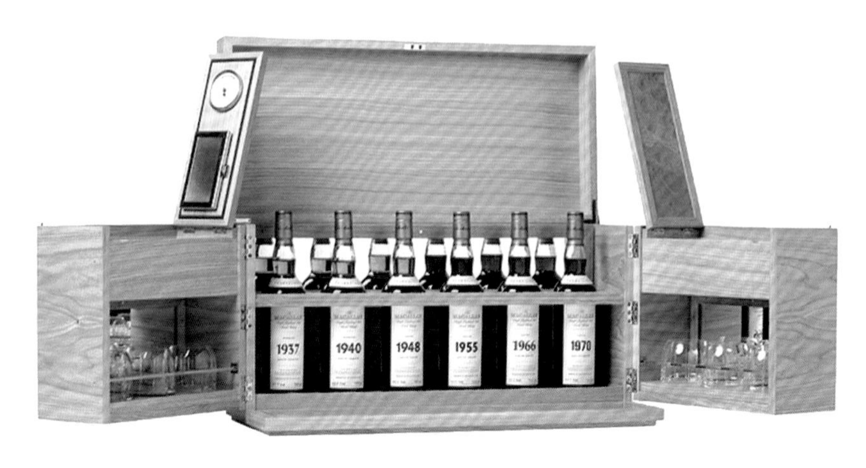

Macallan Linley Whisky Case 麦卡伦威士忌酒柜组

那以后，酒厂一直由坎普家族管理。在1968年之前，麦卡伦酒厂一直是私人财产，直到1996年在伦敦证券交易所上市之后，它被高地酿酒公司收购，现在它已归艾汀顿（Edrington Group）集团所有。艾汀顿集团同时拥有与经营其他4家麦芽威士忌酒厂——斯佩河畔的格伦罗西斯及汤姆德，奥克尼郡的海兰帕克以及高地区域的格兰特瑞特。它也是苏格兰最受欢迎的苏格兰威士忌名松鸡威士忌以及最畅销的顺风威士忌的业主。

艾汀顿集团仅用了几年的时间便使麦卡伦威士忌在世界酒坛上确立了显赫的名声，并成为威士忌中的名牌典范。英国葡萄酒及烈酒杂志《哥顿班尔》评价麦卡伦威士忌时说道：“所有麦芽威士忌都是以麦卡伦作为评审标准的。”麦卡伦的佳酿获得无数权威人士、评酒杂志的青睐和赞誉，因此获得了“麦芽威士忌中的劳斯莱斯”的尊称。在全球的纯麦威士忌拍卖市场上，麦卡伦威士忌更是一骑绝尘，占拍卖成交总价值的21%，相比之下，第二名仅占5%，远远落后于麦卡伦威士忌。

麦卡伦威士忌之所以能获得如此巨大的成功，完全在于它保留了极为传统的酿酒技艺。如今这些传统酿酒的方法早已被大多数威士忌酒厂所舍弃，如奇特的小蒸馏器、珍稀的“千金一诺”（Golden Promise）大麦，在来自西班牙的橡木雪莉桶中陈酿以达到完美的混合，力求自然丰富的色泽。正是通过这些传统工艺，使麦卡伦具备了卓尔不群的酒质。仅从蒸馏器这方面来看，麦卡伦酒厂 1965 年时只有 6 台蒸馏器，到 1975 年已增加了 19 台而达到 25 台。这些蒸馏器的体积很小，而且用于第二次蒸馏的蒸馏器更小。后来添置的这些蒸馏器都是按照以前的蒸馏器的形状和大小来设计的。

最令人称道的是，麦卡伦至今仍然采用古老珍贵的麦种“千金一诺”大麦，其高昂的种植成本令其他酿酒商望而却步，但麦卡伦坚信只有用它才可使酿出威士忌的醇和口感，浓郁香气。这样的坚持成就了麦卡伦的经典品质。就像一个成熟的绅士，纵使胸怀不凡，却无丝毫炫耀资本之嫌，只是坐观风起云涌。麦卡伦威士忌只是内敛地散发着其金子般的光辉。

拥有近 200 年历史的麦卡伦威士忌，就像一件伟大的艺术品，经过岁月的沉淀，终于登上威士忌的顶峰。作为世界最珍贵的威士忌，麦卡伦威士忌多年来几乎在全球各个角落都赢得美誉。

麦卡伦纯麦苏格兰威士忌的经典传承不只局限于外在，它在时间的长河中历久不变的还有其酿酒过程，及其作为拥有 188 年历史、世界最珍贵的威士忌所具备的珍贵与奢华的质量。

麦卡伦威士忌之所以昂贵，首先在于它的独特品质。酿制麦卡伦威士忌的主要原料大麦是一种特殊的品种，被人称为“千金一诺”大麦——仅由与麦卡伦酿酒厂签约的特定农庄生产。很多人不理解为什么麦卡伦威士忌要执着地选用“千金一诺”大麦来作为麦芽威士忌的原料。“千金一诺”大麦的产量极低，它的价格也如它的名字一样昂贵。与那些坚持批量生产的威士忌品牌不同，麦卡伦威士忌采用稀少却能发挥麦芽威士忌口味至高境界的“千金一诺”，从而使麦卡伦威士忌在拥有醇和感受的同时，还融合了浓郁的果香味，人们甚至能毫不费力地在其中感受到少许梨汁和亚麻仁油的独特气

The MACALLAN
12 YEARS OLD
The MACALLAN
HIGHLAND SINGLE MALT
SCOTCH WHISKY
12
TWELVE YEARS OLD
EXCLUSIVELY MATURED IN SELECTED
SHERRY OAK CASKS FROM JEREZ, SPAIN
40% alc./vol.
1 Litre
当麦卡伦12年纯麦威士忌那饱满的桃红色液体滋润舌尖时，融合太妃糖、姜、干果及雪梨酒和鲜花的轻微甜香开始在口腔和心中荡漾，再加上些许甘甜和恰到好处的辛辣，让人觉得既醇和又香艳，愉悦得难以言喻。

息。麦卡伦威士忌还充分运用“千金一诺”大麦中的油质成分，使亮橘色的酒体风格卓绝，即使在西班牙橡木桶中经长期沉睡，也不会沾染过多的树脂味道。

麦卡伦威士忌一直以斯佩塞山脉的天然泉水为原料，为保持泉水的绝对纯净，麦卡伦酒厂引来山脉内部的泉眼，以获得最纯净的威士忌水源。这些清冽的甘泉和已经经过充分加工的“千金一诺”大麦一起，在搅拌桶中悉心地搅拌，使“千金一诺”大麦的糖分充分析出。只有最纯净且富有自然气息的山泉，才能将来自大麦的精华淋漓尽致地体现。麦卡伦威士忌具备了极为柔和的口感，没有丝毫杂质，保证入口时即产生最愉悦的感受。当那份集天地灵气的感觉在唇内荡漾、在舌间缠绕之时，那美妙的感觉将使人一生都难以忘记。

要孕育麦卡伦威士忌，还需要盛装过雪莉酒的橡木桶——这也是麦卡伦威士忌有别于其他威士忌的地方。来自西班牙北部加利西亚省的森林橡木，经过安达卢西亚灼热阳光烘焙风干，再通过炭化，总能散发橡木的自然味道。这样精心制作的橡木桶在灌装蒸馏酒之前，还会被灌入少量的西班牙雪莉酒并存放三年以上，才能真正作为酿造麦卡伦威士忌的温床。当麦卡伦威士忌被灌入这些酒桶后，它们就进入了“睡眠期”。被开启装瓶之前的数十年里，它们几乎不会被打扰，直到你享用它的一刻，那蓄积了多年的热情将尽情地为你演绎。

选用“千金一诺”大麦，体现出麦卡伦对于酿制原料的品质要求；选用雪莉橡木桶陈年，更是赋予了麦卡伦威士忌温润的口感和层次丰厚的香气。还有什么能够成就麦卡伦的独特与不凡呢？如果对威士忌稍有涉猎就应该知道，威士忌的酿制过程几乎相同，简单的配方却因为酿制地和酿造工艺的不同幻化出不同的色泽、芳香和口感。麦卡伦——四种酵母菌发酵方式；使用斯佩塞河畔区最小巧的铜制蒸馏器；只取二次蒸馏后约16%最精华的酒心（一般最高为30%），这些独有的酿制工艺，在沿袭了近两个世纪后，不仅体现出历代酿酒师的心力与智慧，更是融汇了他们对于单一麦芽威士忌酿造工艺的理解。跟苏格兰的许多酿酒厂一样，麦卡伦酒厂如今已经向参观者开放。今天，人们会在这里看到硕大的不锈钢桶和铜制蒸馏瓶，“生产线”末端加入了复杂的计算机系统，用来鉴别酒的品质。这里不准拍照，不准开启手机，这些规定未必一定有什么讲究，但是它让人们体会到麦卡伦品牌的严肃性。

走进一家麦卡伦酿酒厂的酒窖，绝对是一件激动人心的事情。一个个橡木桶伸向似乎无穷无尽的暗处，你能在其中发现 30 年前、半个世纪前甚至更早装桶的麦卡伦威士忌——为了分散火灾风险，每一个酒窖都混藏着不同年份的酒。酒窖里挂着提示牌：“小声点！威士忌在睡觉。”还有指示牌告诉人们：在苏格兰窖藏的威士忌中，每年有 4.5 万升挥发至天空中，酒商们视之为“向天使交税”。

这就是麦卡伦威士忌——经由历史沉淀的最珍贵的佳酿，让你没有任何理由拒绝这份极致的尊贵！

麦卡伦威士忌有着苏格兰顶级的酒质，泛着柔和的淡金色泽，气味略带甜美，在混合少许泥炭的气息之中，渗着浓浓的麦香。这正是麦卡伦对纯麦威士忌的最佳诠释。

麦卡伦威士忌分 12 年佳酿、18 年佳酿、25 年佳酿及 30 年佳酿等年份酒，每一款佳酿都芳香醇厚，饱含丰富的干果、香料、丁香、香橙与熏木味，当你品尝第一口时，你会感觉到在橡木味的衬托下，散发着一股豆蔻、橘子的香味，口感丰富，余味持久。

与其他威士忌不同，麦卡伦威士忌有一股独特的香味。其他威士忌的香味主要来自于陈放的雪莉桶或波本桶，而麦卡伦威士忌在小型蒸馏罐内就已经形成了自己独有的香气与风味。另外，麦卡伦酒厂甄选欧洲高等级的西班牙雪莉酒橡木桶陈年制成——雪莉酒桶的陈年会比波本桶让威士忌的表现更为柔和。因此，当你将盛放麦卡伦威士忌的酒杯靠近鼻子的时候，你能同时闻到水果、花卉和甜麦芽的香味。入口后，麦芽的香甜会和着姜根与丁香的清淡辣味，长久而有回味的酒体让你觉得仿佛在口中同时咀嚼着坚果与香草味的奶糖。

当然，每一款麦卡伦威士忌所展现的风味与口感也是不同的，只有亲自品尝过你才能体会到麦卡伦威士忌的精致与醇美，同时你的感受也是不同的。正如威士忌有许多喝法，每一种喝法都是一种情绪体验，犹如古典音乐，在变化中体味着一种不变的永恒。设想一下，柔和舒缓的音乐，温暖舒适的沙发，午后和煦的阳光，洋溢着英伦风情的老式家居，一杯麦卡伦单一麦芽威士忌……透过晶莹液体的氤氲，淡定而优雅的生活状态浮现眼前。这份悠游的感觉，无疑是对麦卡伦精致生活的最佳诠释。

在这一刻，浮躁和轻狂完全散去，如同新酒在经过充分陈酿之后略去了几分辛辣，感觉更多的是柔顺与细腻。从容的心境，宜人的环境，或思索，或交谈，在悠然小憩中感悟生活，在惬意闲聊中享受默契。

没有人会拒绝精华，正如同没有人愿意放弃灵魂一样。麦卡伦威士忌被认为是“麦芽威士忌中的劳斯莱斯”，因此它是最具收藏和投资价值的单一麦芽威士忌。几十年来，麦卡伦威士忌不断地创造着拍卖纪录，又不断地超越自己。作为世界最珍贵的威士忌之一，麦卡伦酒厂并未陶醉于喝彩与荣耀之中，他们只是尽本分地酿制最好的纯麦威士忌。

国际上，麦卡伦威士忌被公认是最具收藏价值的单一麦芽威士忌之一，其主要原因不仅在于其纯正的品质，还在于它一直拥有着世界上最多不同年份的瓶装酒。麦卡伦威士忌特别年份系列 Macallan Fine & Rare 自 1926—1976 年，共拥有约 40 个年份的珍贵收藏，总价值高达 14.5 亿英镑。在以珍贵为特色的顶级单一麦芽威士忌品牌麦卡伦旗下，麦卡伦威士忌特别年份系列不仅是麦卡伦精湛工艺的结晶、每一个年份风味的绝佳代表、历代酿酒师的心力与经验的体现，更是收藏级的珍品。

威士忌拍卖是近几年刚刚兴起的一项国际化商业活动，全球第一次威士忌拍卖会是于 1983 年在克里斯蒂拍卖行举行的。那场拍卖会压轴的就是一瓶于 1928 年酿造的麦卡伦 50 年陈酿，它最终以 1100 英镑的价格成交，创造了当时单瓶麦芽威士忌的最高成交纪录。今天，麦卡伦威士忌在全球的单一麦芽威士忌拍卖市场上仍是一骑绝尘。2002 年，在英国举行的一次拍卖会上，一瓶“麦卡伦 1926 年”（1986 年装瓶，60 年酒龄），拍卖成交价高达 20150 英镑，折合人民币达 30 万元，突破全球威士忌单瓶拍卖历史最高价纪录。然而这个纪录仍在不断地被麦卡伦自己所超越。2010 年，纽约苏富比拍卖行更是以 46 万美元成功地拍卖出目前最贵的麦卡伦单一纯麦威士忌，成交价远超过 10 万美元的估价，创造了麦卡伦威士忌的拍卖新纪录。

今天，在全球威士忌拍卖市场上，麦卡伦威士忌占拍卖成交总价值的 21%，已成为全球威士忌收藏家的首选投资品牌。

麦卡伦特别年份系列威士忌是以珍贵为特色的收藏级珍品，从橡木桶的甄选、酿制工艺到完全手工封装，特别的年份凝结了历代酿酒师的心力与经验。目前，麦卡伦特别年份系列威士忌是世界上最昂贵、最具时代代表性的顶级苏格兰威士忌系列之一。比如，麦卡伦 1949 年单一纯麦威士忌就是这样一款具时代代表性的顶级苏格兰威士忌，这个系列的酒全球只有 19 瓶，产品全球限量，中国得到的配额不会超过两瓶。对于中国人来说，1949 年是一个非常具有代表意义的年份。据资深人士称，这两瓶酒不会在市面上流通，主要用于收藏，最低估价也要 10 万元人民币。

值得一提的是，这些天价麦卡伦威士忌都极具收藏价值。比如，麦卡伦 64 年单一纯麦威士忌（Lalique：Cire Perdue 64）以高于底标价 5 万美元 9 倍的 46 万美元的惊人天价拍出，创下了单一纯麦威士忌最高成交价的纪录。这款单一纯麦威士忌全世界仅有一瓶，而且只有 100 毫升。它分别取自三个不同年份的雪莉木桶，混调换桶。第一桶是 1942 年装桶，第二桶是 1945 年，第三桶是 1946 年，都是麦卡伦威士忌最好的年份。莱俪水晶为这款伟大之作量身创作了极具艺术价值的独一无二水晶酒瓶，凸显这件珍品的珍贵性。

“麦卡伦 64 年”莱丽水晶装的容积为 1.5 升，装瓶酒精体积浓度为 42.5%。这瓶独一无二的威士忌创下了麦卡伦酒厂历史上的最高年份记录。在它的“环游世界”其间，每到一座城市都拍卖它的一件样品并附有两个精美的水晶杯。

作为世界最珍贵的威士忌，麦卡伦并未陶醉于喝彩与荣耀之中，也绝不因此而骄傲。他们明白自己要做的只是尽本分酿制最好的纯麦威士忌。

被誉为“液体黄金”的格兰菲迪威士忌强劲、浓郁，引人入胜的烟熏泥煤味，超强的感染力，极具个性的口感，吸引着每一位高品位人士，心甘情愿地成为一名苏格兰威士忌的信徒。

格兰菲迪

苏格兰高地独特的土壤和达夫镇的气候使格兰菲迪卓然出众而成为世上唯一，大自然赋予的灵性令这块土地酿造出独一无二的美酒。130年以来格兰特家族所传承的对卓越、专注与完美的不变追求，更是格兰菲迪杰出品质的保证。

无论何时何地，当你开启一瓶格兰菲迪苏格兰麦芽威士忌，都能品尝到时光的味道。你所嗅到的酒香，品尝到的酒味，与19世纪那个花费了自己20年心血来实现“酿造最好的威士忌”梦想的苏格兰人酿出的第一滴美酒完全一样。这是一种怎样的奇妙感受？也许只有亲自走进格兰菲迪的历史才能体会得到。

那个花费20年心血来实现“酿造最好的威士忌”梦想的苏格兰人，名叫威廉·格兰特，一个土

格兰菲迪威士忌的包装也尤为特别，它的瓶子是三角形的。一般来讲，几乎所有的苏格兰威士忌都是圆形酒瓶，唯独格兰菲迪的瓶子是三角形的。

早年，威廉·格兰特先生因业务推广的关系必须跑遍世界各地，当时越洋的交通工具只有船舶，而且船舱的环境十分简陋，所以出行的人们在坐船时身边通常都会准备一瓶酒帮助自己入睡。可一旦遇见恶劣的天气，船舶摇晃得非常厉害，酒瓶子常会滚落到地上，船舱拥挤又很难捡回来。因此格兰特先生突发奇想，将酒瓶做成三角形，这样就不会滚来滚去了。如今，三角形的瓶子成为格兰菲迪最具标志性的象征，当人们远远地看见一个三角形的瓶子时就会想到苏格兰极品威士忌的代表——格兰菲迪。

生土长的苏格兰人。27 岁时，他在当地一家酿酒厂工作。威廉·格兰特并不想一辈子为别人工作，出于对威士忌事业的热爱，他发誓要酿制出世界上最好的威士忌，于是这个伟大的梦想开始慢慢地萌芽。他整整花了 20 年的时间才实现这个梦想。

1863 年，法国爆发的葡萄虫害致使大部分葡萄园减产，欧洲各地的葡萄园不得不砍掉了大片的葡萄树。葡萄酒的产量锐减，对法国上等白兰地的影响尤其大。苏格兰的消费者们只好转向其他的酒类，开始注意本土的产品。此时，阿德林·阿舍（Adlian Usher）在爱丁堡已尝试制作威士忌的混合产品，生产了一种更符合大众口味的、更清滑爽口的混合威士忌饮品。

在此期间，许多新的酒厂纷纷建立起来，其中就有威廉·格兰特的酿酒厂。

创建这个酿酒厂，威廉·格兰特花费了大量的精力。高品质的水源是威士忌的灵魂，没有好水源就无法酿制出完美的威士忌。为了寻找好水源，威廉·格兰特几乎跑遍了整个苏格兰，最终在斯佩塞地区找到了乐比多泉水。1886年，威廉·格兰特倾其所有，在那里购买了一片土地，开始实践自己的梦想。威廉·格兰特率领他的子女，亲自用双手一砖一瓦地建立了格兰菲迪酒厂。酒厂建成后，威廉·格兰特和他的子女几乎没有休息，整日整夜地工作。他们辛苦的劳动最终获得回报，1887年的圣诞节，第一滴格兰菲迪麦芽威士忌从蒸馏器中缓缓地流出，而这完美的一滴成就了一个伟大的苏格兰威士忌品牌。在当时，没有一家公司生产单一麦芽威士忌，其主要原因是成本太高，另外对酿制的要求也极高，如果稍有偏差就会影响口感。威廉·格兰特父子有限公司却坚持生产单一麦芽威士忌，这不仅是威廉·格兰特对自己酿酒技艺的挑战，同时也是一种自信的表现。

1898年，一个知名的混合酒公司帕蒂森公司倒闭，受其影响，威士忌销量不断增长的趋势停止了。帕蒂森兄弟被判入狱，他们的公司垮台使整个威士忌行业受到了很大的震动。受资金不足、支出过大以及经济不景气大环境的影响，许多酒厂纷纷倒闭。随着竞争的加剧，麦芽威士忌的市场开拓更加艰难。威廉·格兰特父子有限公司却一直屹立不倒，世界许多大财团曾提出许多诱人的价码试图收购该厂，然而格兰特家族却从不放弃，几次成功地抵制了财团的并购。今天，该酒厂的所有权和管理权仍保留在格兰特家族，这一传统已经延续了五代之久。直到今日，格兰特父子旗下已经发展到两家单一纯麦威士忌酒厂和一家谷物威士忌酒厂。格兰菲迪威士忌也已成为声名远扬的世界名酒，是世界销量第一的单一纯麦威士忌。威廉·格兰特父子公司于2005年和2006年蝉联国际烈酒大赛（ISC）年度最佳酿酒厂，是全球唯一获得此殊荣的酒业集团。

威廉·格兰特父子公司现在名列三大苏格兰威士忌厂家之一，其产品为英国王室贵族和全世界的苏格兰威士忌爱好者所热爱和追捧，在其众多的爱好者中就有鼎鼎大名的英国首相丘吉尔。第二次世界大战结束时，大麦等物资相当紧缺，对威士忌情有独钟的丘吉尔就迫不及待地破例允许因大战停产的威廉·格兰特父子公司以最快的速度恢复生产。这一举动引起当时苏格兰威士忌业界羡慕的目光。

格兰菲迪威士忌的尊贵来自于它的纯粹。优质的麦芽、清澈的泉水以及精致的传统工艺使得格兰菲迪威士忌一百年来都保持着水晶般的纯净，那是最原始的苏格兰威士忌的味道，纯粹而永恒是对它最好的描述。

格兰菲迪一直强调威士忌的完美品质。单一纯麦威士忌的酿造是一个极为漫长的过程，酿酒师凭借多年培养的精湛技艺，将不同的香味口感记忆下来，在不同的橡木桶中，在不同的年份成熟中，为不同的酒液赋予特殊的生命，这是酿酒师的神圣使命，更是格兰菲迪百年来所坚持的不懈追求。

一百多年来，格兰特家族一直坚持使用优质麦芽来酿制威士忌，他们在大麦成熟的时候收割，经过发芽、粉碎、发酵、蒸馏、成熟和装瓶等复杂而又漫长的过程，极品的格兰菲迪威士忌才得以诞生。在这个神奇的制造过程中，铜制蒸馏器的大小和形状对酒质起着关键作用。尽管对格兰菲迪威士忌的需求量不断增大，但格兰特家族抵制住了所有的诱惑，绝不改变蒸馏器的大小，因为即使一些细小的改变都会影响格兰菲迪威士忌的味道。因此，格兰菲迪酒厂 1887 年的蒸馏器至今仍在使用。

另外，格兰菲迪酒厂使用的唯一水源一直是乐比多泉水，他们称它是格兰菲迪威士忌“灵感唯一之源”。乐比多泉水流经康沃尔山，水质柔软并带有泥炭的味道，因此格兰菲迪威士忌也带有一股清香的泥炭味道。今天，所有格兰菲迪威士忌仍然在百年前的原产地生产，依然遵循精致的传统工艺。正因为它经历了百年的精炼，始终坚持对完美的不懈追求，格兰菲迪成为苏格兰顶级威士忌的象征。

从 1887 年圣诞节的格兰菲迪威士忌第一滴纯酿至今，已有数以万计的威士忌纯酿诞生。可以说，所有年份酒的问世，都是在格兰菲迪酒厂老工匠们的细心照料下，由酿酒师日夜观察口感变化，依据熟化过程中的色泽、

格兰菲迪 12 年苏格兰麦芽威士忌可算是格兰菲迪威士忌最普通的一款了，但却是最权威的苏格兰麦芽威士忌，也是最受世人欢迎的单一纯麦威士忌。本款威士忌在精心选择的橡木桶中熟化超过 12 年，有一种清新，略带洋梨味的芳香；在浓郁的水果口感中时而透出松木和泥炭味道，独特而且均衡；回味圆润持久，在口中久久不淡。对于大部分的威士忌爱好者而言，格兰菲迪 12 年威士忌特选经典独特的绿色三角瓶，简直就是单一纯麦威士忌的代名词。

香气、口感、余味等多方衡量挑选出最具特色的酒液装瓶，聚天时、地利、人和为一体才能缔造格兰菲迪威士忌。一些高年份威士忌的酿造，除了需要精湛的工艺之外，更需要一份上天赐予的运气，这也是其珍稀价值之所在。

威廉·格兰特父子公司坚持对卓越品质的不断追求，屡次在英国权威酒业杂志《威士忌杂志》的评选中获得佳绩。最值得一提的就是在2003年，威廉·格兰特父子公司的40年陈酿格兰菲迪威士忌，经过由75位威士忌酒专家组成的评审团的评选，从40款最具人气的单一麦芽威士忌中脱颖而出，被评为世界“最佳单一麦芽威士忌”，成为名副其实的威士忌极品。

格兰菲迪威士忌是纯净的泉水、麦芽、酵母与气候的完美结合，最终将威廉·格兰特的梦想变成现实。这个现实就是，在100多年后的今天，格兰菲迪仍是最负盛名、最成功的苏格兰麦芽威士忌之一。

轻轻地抿一口格兰菲迪，仿佛蜜汁般柔顺甘美与沉醉迷人的烟熏味巧妙地交融，春天的气息带着隐约的泥炭香味穿过岁月，如同一首韵味悠长的诗，轻轻地拂过你的心田。

品尝格兰菲迪威士忌，让人想到苏格兰的城堡、风笛、格子裙，等等。有人说苏格兰有两个极品：一个是穿裙子的苏格兰男人，另一个就是格兰菲迪纯麦威士忌。纯麦威士忌不仅是物质上的精品，更凝聚了一种独特的文化。当你举起格兰菲迪威士忌时，你知道其中的每一滴都出自那个景色如画的古老作坊，它更像是一件珍贵的艺术品。一个受人尊崇的品牌，代表着一种至高无上的精神，由内而外散发着一股动人的气质，弥漫着撩人心弦的感召力。

倾倒格兰菲迪威士忌时，首先引起你注意的就是它泛着金光的色泽；轻嗅它，你的第一感觉就是它均匀的橡木香气；再闻，就是馥郁的果香和甜甜的花香；深嗅，感觉它温存的蜂蜜尾韵。品尝格兰菲迪威士忌时，它的醇厚、芬芳、清香、柔滑如烟花般在你的口中绽放，到最后融合成萦绕不散的暖暖余味。格兰菲迪威士忌所代表的是极品的概念，是无可厚非的尊贵、高雅以及发挥到顶点的精致。

格兰菲迪50年单一纯麦威士忌的诞生，是格兰菲迪酒厂百年来的成就，更是单一纯麦高年份威士忌历史上不可磨灭的重要印记。格兰菲迪50年单一纯麦威士忌的到来，为世界上爱好顶级威士忌的朋友提供更好的品鉴与收藏的选择，同时又为威士忌文化增添了一笔无法估量的财富。

如果你想知道全球最贵的威士忌是哪个品牌，恐怕没有任何一款威士忌品牌能够超过格兰菲迪50年单一纯麦威士忌。作为历史上首售价格最昂贵的威士忌，格兰菲迪50年单一纯麦威士忌自面市以后的十年间，每年仅发行50瓶，全球共限量发行500瓶。

在单一纯麦威士忌领域，21年已属高龄年份，它意味着不菲的价值。作为世界上获得最多奖项的单一纯麦威士忌领导品牌，独占全球庞大市场份额的格兰菲迪酒厂所推出的格兰菲迪50年单一纯麦威士忌，其价值、意义更加不同凡响。格兰菲迪50年单一纯麦威士忌自2010年7月全球发布以来，已接到众多客户的电话咨询。可以想见，不久的将来，格兰菲迪50年单一纯麦威士忌必将引起高端威士忌市场上重量级贵宾间的争夺。

格兰菲迪 18 年

按《福布斯》杂志统计，1991年麦卡伦60年

威士忌，当时售价 6250 英镑，目前市价已涨到 2.3 万英镑。格兰菲迪 50 年单一纯麦威士忌将是最有可能超越麦卡伦的威士忌。苏格兰威士忌协会理事长伊凡斯（Campbell Evans）表示，他预期亚洲与北美地区的威士忌收藏家会对这款格兰菲迪 50 年威士忌有收藏兴趣，只有少数人会买来喝，绝大多数人买来主要用于投资，因为这款威士忌的官方售价就高达 1 万英镑。

这款威士忌的酿造在 1962 年之前就已经开始了。当时格兰菲迪酒厂的酿酒师大卫·斯图尔特说：“这么多年来，我一直在各种酒桶中取样，以确定哪两款威士忌最适宜在熟化年份到达 50 年时可以完美装瓶。经过细心挑选，我们选中了两桶酒，它们也就是格兰菲迪 50 年单一纯麦威士忌的来源——一桶来自美国波本橡木桶，一桶来自西班牙雪莉橡木桶。”斯图尔特有意挑选了两个本身熟化过程缓慢的橡木桶，以保证在未来的岁月中橡木桶足以达到时限要求而且不影响到酒体的品质。

在长达半个世纪的“陈年”过程中，这两桶珍贵的威士忌一直静躺在格兰菲迪酒厂的八号仓库中，由数位在格拉菲迪酒厂工作超过40年之久的工作人员精心地照料着。这款50年单一纯麦威士忌酒液呈琥珀的金色，复杂的香味优美和谐，口感极富层次感，起初带着淡淡的甜味和橘子、香草以及太妃糖的味道，接着能够感觉到一系列的层次感：诸多草本植物的芳香，熏衣草独特的香味和无核水果味，柔顺的单宁以及烟熏味，回味极为长久，并带有一点儿干的橡木味和一丝泥煤味。

格兰菲迪50年威士忌除了堪称完美的口感令人期待，其包装同样受人瞩目。每一个酒瓶瓶身都有苏格兰银装饰，由银匠大师托马斯·法托里尼制作，并印有威廉·格兰特父子自己的标志。手工吹制的酒瓶都采用独立编号，并配以手工缝制的精致皮盒，其黑色花纹皮革设计灵感来源于格兰特的簿册。格兰菲迪50年威士忌还配有一本精美的皮革装订的册子，详细地介绍了威士忌的历史，让鉴赏家在休闲阅读时了解珍贵稀有的单一麦芽威士忌背后的故事。每本册子都有一个编号，以及4位在格兰菲迪酒厂服务多年的工匠的亲笔签名。这些工匠在几十年中一直照看这些珍贵的威士忌。每一瓶格兰菲迪50年威士忌都是格兰特家族历史的宝贵遗产，其持有者还会被邀请将他们的证书寄回酒厂，经由公司主席彼得·戈登亲笔签名认证并登记其对格兰菲迪50年威士忌的所有权。

尽管这款威士忌的售价高达每瓶1万英镑，但依然拥有一大批格兰菲迪威士忌的热心收藏家以及追随者，这些人经常关注酒厂的最新动向，只为购买一瓶珍稀罕有的格兰菲迪单一纯麦威士忌。

除了格兰菲迪50年单一纯麦威士忌之外，“格兰菲迪1937年”也是一款售价高达每瓶1万英镑的威士忌，它从1937年开始在橡木桶中成熟，历经了漫长的64年，曾在2001年装瓶出售。

“格兰菲迪1937年”大概只装了200瓶左右，很快就被抢购一空。这款酒在亚洲仅被中国香港引进，而且只引进了6瓶，为香港机场免税店所拥有，以每瓶4.85万美元的定价陈列出售，后被香港的一名酒商买下。因为该酒太珍贵，那名酒商分两班飞机把它运回香港，以免万一发生空难而全部报销。这种酒是可遇而不可求的，其价值之高世所罕见。

百龄坛威士忌的瓶底印有一行拉丁文字“Amicus Humani Generis”，意思即“全人类的朋友”。这种以“朋友”身份出现的威士忌一上市就让人觉得亲切，它独特绵滑的口味，需要以一颗对待朋友的心来细细地体会。朋友，越是相处久了越能发觉其可贵之处，正如手中这杯百龄坛威士忌：大麦丝丝的甜味、泥炭的烟熏味、山泉的清澈和空气的湿润，在悠然回味中历久而弥新。

百龄坛威士忌得酒标是一枚纹章。这枚纹章于 1938 年由苏格兰纹章学院院长里昂爵士授予。苏格兰只有很少量的威士忌被授予纹章，百龄坛威士忌的纹章代表着威士忌顶级的荣誉，无论老派绅士还是现在的年轻人，都将百龄坛威士忌视作品质的象征和来自西方的优雅生活方式。

淡淡烟熏味的大麦香气、苏格兰独有的乡间泥炭味、山涧间清澈的山泉水，还有乡间纯净的空气，造就了百龄坛威士忌卓越的品质。百龄坛威士忌被看作“全人类的朋友”，苏格兰古老的传统与独具的欢乐气质在百龄坛威士忌中达到了完美的融合，恰如其分地彰显了百龄坛苏格兰威士忌的国际地位和顶级的品鉴之道。

Ballantine's

全人类的朋友

百龄坛

始创于1827年的著名苏格兰威士忌品牌“百龄坛威士忌”，由乔治·百龄坛（George Ballantine）先生在苏格兰首府爱丁堡酿造出的第一瓶佳酿揭开了该品牌辉煌荣耀的历史传奇。这个拥有180多年历史和皇家徽章的威士忌品牌，以“真正的苏格兰威士忌”享誉全球。

苏格兰威士忌源于中世纪欧洲修士们的创造，他们曾在漫长时光里酿制了这种令后人着迷的神奇液体。尽管今天在爱尔兰、美国，甚至日本都有自

“百龄坛 21 年”蓝色瓷瓶上配着金色 Logo、文字，而且采用木盒包装，更显高贵。21 年的百龄坛色泽不深，口感比 17 年更圆滑。可以说集烟熏、橡木、石楠、麦芽以至皮革的味道于一身。

己的威士忌品牌，但这没有妨碍苏格兰人如此骄傲地宣称：只有苏格兰的威士忌才是血脉正统高贵的“生命之水”。

1827 年，年仅 19 岁的乔治·百龄坛在爱丁堡开了第一家店铺，由此开创了他的苏格兰威士忌事业。乔治·百龄坛从零做起，以诚实、谦逊的风范销售最优质的产品，最终开创了苏格兰威士忌的新纪元。为了酿制上好的威士忌，乔治·百龄坛孜孜以求，从对发酵度的控制，到对新酒桶的选择，无不体现了他的匠心巧思，而这也正是百龄坛调和型苏格兰威士忌风行全球的奥秘。十年后，颇具商业头脑的乔治·百龄坛将自己的店铺迁至靠近王子大街（Princes Street）的南桥（South Bridge），当时这里是爱丁堡市中心，居住着许多贵族，他们成为百龄坛的主要顾客群。

乔治·百龄坛为了让自己的威士忌更完美，他开始尝试将清新淡雅的谷物威士忌和醇香浓郁的单一麦芽威士忌相调和。凭着对完美的不懈追求，乔治·百龄坛最终调出了新品威士忌，其风味独特，远甚于原有的种类。几年后，百龄坛威士忌就确定了在欧洲市场上的地位，乔治·百龄坛也将自己的事业扩展至格拉斯哥（Glasgow）。

在百龄坛家族的精心经营下，百龄坛威士忌一直延续着自己的传奇，它随后与英国皇室开始了一段美丽的故事，被英国王室称为“苏格兰贵族中的贵族”。乔治·百龄坛的儿子继承家族的事业之后，百龄坛威士忌走进了上层社会，得到了来自伊丽莎白女王的皇室许可证。这项至高无上的荣誉证明了百龄坛威士忌在上流社会中的崇高声望。此后，百龄坛酒厂又多次得到其他国家皇家的认可，不久，它被正式指定为爱德华国王的酒品供应商。

百龄坛酒厂一向为其杰出的传统而深深自豪。1938 年，苏格兰纹章院长里昂勋爵授予百龄坛酒厂纹章可谓是实至名归，这是百龄坛酒厂被授予的顶级荣誉，其声望也随之达到了顶峰。纹章是一枚引人注目的个人徽章，纹章的传统源于欧洲中世纪时期的圆桌骑士和皇家武士所穿服饰的图案。一旦一枚纹章被授予某人，其他人就不能再穿印有这一图案的衣服。百龄坛纹章以苏格兰旗帜及威士忌生产工艺中的四大要素为特色。百龄坛纹章是为庆祝威士忌生产的历史而特别设计的，也是对百龄坛酒厂在苏格兰拥有的荣耀地位的官方宣言和对百龄坛酒厂作为最优质威士忌生产商之一的认可。直至今日，每一瓶百龄坛威士忌上都印有百龄坛纹章，象征着百龄坛酒厂作为苏格兰顶级威士忌生产商的崇高荣誉。纹章上还有百龄坛酒厂的座右铭“Amicus Humani Generis”，意为“全人类的朋友”。

时至今日，百龄坛酒厂依然遵循乔治·百龄坛先生酿造高品质威士忌的理念，在由手工制成的波本橡木桶中进行陈酿，正是这些元素支撑了百龄坛威士忌乃至苏格兰威士忌在世界上的崇高地位。百龄坛威士忌将欧洲古老的酿酒艺术与英国百年酿酒工艺集于一身，将苏格兰的一切都溶进了它的灵魂之中，为世人奉献顶级的优良品质与非凡独特的绵长口感。

百龄坛 12 年虽然是酿藏年份最少的威士忌，但这并不影响它卓越的品质。此款威士忌很适合初饮威士忌的人士品尝，它有浓郁的雪梨香味，清淡爽口，温润醇和。

欧洲古老的酒文化与英国百年酿酒工艺的完美结晶、顶级品质和超凡口感的杰出代表——百龄坛苏格兰威士忌，于1895年被维多利亚女王钦点为宫廷御用酒，接着百龄坛酒厂成为爱德华王子指定用酒的供应商，还获得了象征至高荣耀的皇家徽章，此后曾两度荣获英国皇室勋章，被称为是“苏格兰威士忌中的贵族”。

“百龄坛17年”在2001年世界酒类评选大会上获得了金质勋章。此款威士忌在特级苏格兰威士忌市场中高居领导地位。它温和复杂而劲度十足的酒质，蕴含着橡木的熏香，口感醇厚、爽滑如丝，沉稳内敛、卓尔不凡，是威士忌中的上品。

百龄坛苏格兰威士忌是欧洲古老的酒文化与英国百年工艺的完美结晶。1895年，英国维多利亚女王钦点百龄坛苏格兰威士忌为皇家御用酒，以示嘉许。1906年，百龄坛酒厂成为爱德华王子的指定用酒供应商。30多年后，百龄坛酒厂获得了英国皇室授予的无比荣尊的纹章，乔治·百龄坛父子因此成为了“苏格兰贵族阶级的新成员”。

在欧洲，纹章是作为点缀中世纪骑士社会的华丽的图案而发展起来的。在古代希腊和罗马，皇帝都有象征权威的纹章。然而，骑士多把它当成战斗时用的标志，并且以它来夸耀个人和门第。在古代，这些纹章主要是阶级和地位的象征。即使是在今天的英格兰和苏格兰，政府仍设有纹章官。

纹章就是一部历史。个人的纹章能够述说他的家史。百龄坛威士忌的纹章的基本色调是蓝色和金色，分别代表水和大麦，是苏格兰威士忌生产中最基本的材料。纹章有四块区域，分别代表威士忌生产中的四大元素：麦子占据了纹章的第一块区域，因为成熟的麦穗是生产威士忌的开端；第二块区域代表了源源不断的泉水，优质的泉水是所有苏格兰威士忌的根本；第三块区域是制式蒸馏器，通过蒸馏，才使得各种不同风味的威士忌得以诞生，并可供进一步调和之用；第四块区域是橡木桶，威士忌正是经过在橡木桶中长达数十年的陈酿，逐渐达到现今的色泽、芳香和浓郁口味。

可以说，这个纹章是个非常简明的威士忌生产过程说明书：麦芽发芽、磨碎和发酵，在此过程中加入纯净的泉水，经过蒸馏提纯，最后装进橡木桶陈酿。不过百龄坛的纹章具有更多的意义，它代表着苏格兰威士忌的最高荣誉，是对百龄坛家族的酿酒技艺最权威的认可。在苏格兰，能获得此殊荣的威士忌酒厂寥寥无几。纹章是百龄坛被授予的顶级荣誉，其声望也随之达到了顶峰。仅凭这一点，就表明百龄坛威士忌超越寻常的精致品质和非同凡响的尊荣地位，绝非普通的威士忌所能企及。

时至今日，作为传统苏格兰调和型威士忌的卓越代表，百龄坛威士忌以其世代延续 180 多年不变的酿造传统和超凡口感享誉全球。

百龄坛威士忌被称为“全人类的朋友”，它不但体现了高级苏格兰威士忌所蕴含的欢乐本性，也是对苏格兰传统和成就的一种恰当的描述。作为一种遵循传统的真正的苏格兰威士忌，百龄坛威士忌对于那些追求调和型威士忌平衡、和谐口感的人士而言，无疑是最好的“朋友”。

百龄坛将苏格兰威士忌的风味引入盛境，它独特绵滑的口味来源于苏格兰所独有的四种天然成分：带有淡淡烟熏味，品尝起来有丝丝甜味的大麦；苏格兰乡间的泥炭，如果用火点燃，就会闻到一股好闻的烟熏味道；流淌在苏格兰山涧间的清澈的山泉水；乡间纯净的空气，这些都是造就品质卓越的百龄坛威士忌不可替换的特殊成分。正是这些元素支撑了百龄坛苏格兰威士忌在世界上的崇高地位。

百龄坛威士忌是拥有世界上年份品类最全的系

“百龄坛 30 年。”百龄坛酒厂很少推出 30 年以上的威士忌产品，因此这款 30 年百龄坛威士忌就显得非常珍贵了。它在 2003 年、2006 年都获得了国际烈酒与葡萄酒大赛金奖。百龄坛 30 年的市价在每瓶 1000 美元左右，均为限量发售。

这款百龄坛威士忌具备了苏格兰威士忌所独有的四种天然成分：大麦的甜味、泥煤的烟熏味、山泉的清澈和空气的湿润，在悠然回味中历久而弥新。正是这些元素支撑了百龄坛苏格兰威士忌在世界上现在的地位。对时间的拿捏和酿造过程的掌握，再加上百龄坛酒厂历代酿酒师的维护和创新，令百龄坛拥有了世界上最齐全的调和型陈年威士忌系列。30 年百龄坛味道老辣醇厚，其中烟熏味和辛辣味道更浓，而水果味和花香也更沉静高贵。酒的颜色也随着年份的增长而越来越饱满，形成纯正的金色。

列陈酿苏格兰威士忌，其种类包括百龄坛特醇、百龄坛 12 年、百龄坛 15 年、百龄坛 17 年、百龄坛 21 年和百龄坛 30 年。每一个品种都精益求精，倾注了大量的心血，恪守着 1827 年乔治·百龄坛创业时的严谨与精细。

百龄坛威士忌的每一系列均在全球备受欢迎，是真正懂得鉴赏的社会精英和优雅人士的心仪之选。百龄坛 12 年陈酿虽然是入门级的威士忌，但它的酒质极为温润醇和，具有浓郁的雪梨香味，清淡爽口，最能体现与生俱来的真挚与诚意，是艺术与质量的完美结合。百龄坛其他年份陈酿更是不凡，21 年陈酿，钴蓝色瓷质瓶身，彰显皇家气度的神秘高贵，口感醇和，爽而不腻，伴有金雀花的悠长芳香；极致珍贵的百龄坛 30 年陈酿，老辣醇厚，烟熏味和辛辣味更浓，水果味和花香也更沉静高贵。此款威士忌是限量发售，其外观俊朗挺拔，超越于世俗之外，是收藏家的荣耀。

最能代表百龄坛威士忌特色的当属 17 年陈酿，这款威士忌酒质温和复杂，口感醇厚，蕴含着橡木的熏香，余味绵长不绝。它在特级苏格兰威士忌市场中高居领导地位，曾荣获 2001 年世界酒类金质勋章。

百龄坛威士忌的颜色随着年份的增长而越来越饱满，从 12 年的蜜糖色到 17 年的金黄色，再到 21 年的金红色直至 30 年漂亮纯正的金色。酒液也越来越绵长挂杯，那些在杯壁上迟迟不肯滑下的酒滴被苏格兰人称作“天使的眼泪”。

拥有 180 多年历史和皇家徽章的百龄坛威士忌，以“真正的苏格兰威士忌”享誉全球。极为珍贵的百龄坛陈年佳酿一直是威士忌收藏家的最爱，这些陈年佳酿在市场上难得一见，因此普通人是无法理解有些人为何一掷千金来购买这些佳酿的。只有品尝过它的人才知道，百龄坛威士忌到底凭什么征服了所有深谙纯正威士忌品鉴之道的鉴赏家们。

对于那些酷爱威士忌的资深收藏家来说，每天他们必做的一件事就是关注那些著名拍卖行官方网站发布的最新消息，看看是否有机会入手一些难得的上乘的威士忌。在他们手中有一份列着许多佳酿名称的清单，其中肯定少不了百龄坛的名字。

在百龄坛酒厂众多威士忌产品中，最著名的当属“百龄坛 30 年”调和型威士忌，它是百龄坛系列中年份最久远、最珍贵的一款，在优质橡木桶窖藏至少 30 年，可以说是世间罕有的传世佳酿。这款极其珍贵的 30 年陈酿全部为限量发售，一直是收藏家的目标。当然只有喝过的人才知道它的特别：你只需轻嗅一下，它那含蓄而清甜的香味便会征服你的心灵，在口中留香持久，其味道特别辣，橡木桶的味道浓重，那接近完美、刚柔并重的酒质让你感觉到它无愧是名副其实的威士忌极品。

还有一些百龄坛威士忌即使在拍卖行上也很少见到，比如“百龄坛 35 年”威士忌，它是专门为在韩国举行的百龄坛高尔夫冠军杯特别定制的，全球仅有 15 瓶，没有零售价格，只有一瓶曾在冠军杯现场拍卖，两瓶分给了冠军杯的冠军，其剩余部分都已经被一些顶级收藏家预定。百龄坛酒厂曾经推出过“百龄坛 40 年”的陈酿，全世界仅 8 瓶，这种威士忌在普通市场上更是难得一见，其中一瓶曾在拍卖时创出 12888 美元的纪录。

虽然百龄坛威士忌在世界各地的拍卖行上没有像麦卡伦、格兰菲迪那样风光，但它仍不乏珍品。比如，来自“SS Politician”号航船的百龄坛威士忌就曾在拍卖行创出上千英镑 / 瓶的纪录。1941 年，SS Politician 航船满载货物从牙买加的金斯顿起航，其中包括钢琴、汽车配件、床上用品以及 2.8 万箱（合 26.4 万瓶）威士忌。由于遭遇风暴，这艘船搁浅在外赫布里底群岛附近的埃利斯凯（Eriskay）岛，船员幸运获救，接下来的几个星期，威士忌也陆续被找到。

由于战争时期威士忌供应量有限，埃利斯凯岛及周围的居民纷纷将打捞到的威士忌据为己有。在当局介入此事时，已有 2.4 万瓶威士忌被哄抢。当地不少人因抢酒被罚款或抓去坐牢，后来只有少量的酒被找到。一名当地海关人员因无法抑制威士忌的诱惑而将船骸引爆。一名岛民惊呼：“为了威士忌炸掉！你想象不到世界上有人会如此疯狂！”1947 年，一位苏格兰作家曾以这个事件为背景，写了一本名为《荒岛酒池》的小说，两年后这个故事被拍成电影，大获成功。

为纪念百龄坛高尔夫球锦标赛诞生50周年，著名威士忌品牌百龄坛在2010年推出一款超级限量版威士忌。该款威士忌被盛装在一个精心制作的红木盒中，以24K金装饰，镀金项圈用蜡密封，以确保瓶内威士忌的独特风味与口感。这款百龄坛威士忌全球仅有20瓶，专门供给那些喜爱高尔夫与威士忌的高品位之士享用。

据报道，SS Politician 的威士忌鲜见拍卖。1987 年，有 8 瓶从沉于海底的船只残骸中打捞而来的威士忌以 4000 英镑售出。1989 年又进行了一次大范围打捞，只找到了 24 瓶。有一瓶“SS Politician”号航船的百龄坛威士忌曾在苏格兰爱丁堡的拍卖会上拍卖。这瓶威士忌是从 20 世纪 50 年代至 60 年代的遇难船只残骸中搜获的，连同搜寻打捞的资料照片，预估价格为 1200 英镑至 1800 英镑，最后这瓶酒拍出了 5000 英镑的天价。

今天，百龄坛威士忌仍在不断地创造纪录。对于收藏家来说，想要收齐这些佳酿已经成了他们的一种嗜好，因为全套收藏不仅是一种流行的收藏方式，更是一种乐趣。他们会把百龄坛酒厂所发行的各个系列酒的都收藏，作为一种比较，不同的橡木桶风味不同，对酒的影响也有明显差别。这是一些资深饮酒者的癖好，对于他们来说这不光是投资了，更是一种乐趣。

Ballantine's
FINEST
FULLY MATURED
SCOTCH
THE LATE QUEEN
AND THE LATE KING

威士忌篇

威士忌酒被看成是上帝创造的一个伟大奇迹——至少是他的一位神甫所创造的一个奇迹：1494 年，修道士约翰·科尔用大麦芽酿成了琥珀色烈性酒。当时，这种酒被称作“生命之水”，苏格兰的凯尔特人用它提神、治疗感冒。后来，这种“生命之水”又被人们称为“威士忌”。

威士忌一词，是古代居住在爱尔兰和苏格兰高地的塞尔特人的语言，古爱尔兰人称此酒为 Visage-Beatha，古苏格兰人称为 Visage Baugh。经过千年的变迁，才逐渐演变成 Whiskey。不同国家对威士忌的写法也有差异，爱尔兰和美国写为 Whiskey，而苏格兰和加拿大则写成 Whisky，尾音有长短之别。

最早的威士忌就是单一麦芽威士忌。因为 100%采用大麦，制作精良，成本很高，无论是起源还是品质，苏格兰都是单一麦芽威士忌的代名词，但同样拥有清澈水源、优质大麦、泥炭和清爽适度气候的爱尔兰、日本、大洋洲东南部的塔梅尼亚岛也是制作单一麦芽威士忌的代表产区。

苏格兰威士忌分类

混合威士忌——由成本较低的谷物威士忌为主料，辅以多种麦芽威士忌的混合产物。谷物威士忌是以相对便宜的谷物为原料，采用现代化技术生产，成熟期较短，产量大，口感简单的威士忌。

纯麦威士忌——只使用高成本的发芽大麦作为生产原料，采用传统、繁杂的酿造流程，经过高年份熟化，其品质高档，口感卓越。

单一纯麦威士忌——只在单一酒厂酿造，一般以酒厂名称作为商标，代表本酒厂风格的麦芽威士忌，是苏格兰威士忌中的极品。格兰菲迪品牌正是单一纯麦威士忌之翘楚。

波本威士忌（Bourbon Whiskey）

波本是美国肯塔基州（Kentucky）的一个地名，该地区出产的威士忌都被称为波本威士忌（又称 Kentucky Stright Bourbon Whiskey）。它是用51%~75%的玉米谷物发酵蒸馏而成的，在新的内壁经烘炙的白橡木桶中陈酿4~8年，酒液呈琥珀色，原体香味浓郁，口感醇厚，回味悠长，酒度为43.5度。波本威士忌并不意味着必须生产于肯塔基州波本县，按美国酒法规定，只要符合以下三个条件的产品，都可以用此名：一、酿造原料中，玉米至少占51%；二、蒸馏出的酒液度数应在40~80度范围内；三、以酒度40~62.5度贮存在新制烧焦的橡木桶中，贮存期在两年以上。所以伊利诺、印第安纳、俄亥俄、宾夕法尼亚、田纳西和密苏里州也出产波本威士忌，但只有肯塔基州生产的才能称波本威士忌。

威士忌的年份

在威士忌的世界，不同年份的酒有着各自的风格特质，名家酒厂的酿造工艺和技巧也各不相同。年份只代表酒在橡木桶中陈化的时间，并不是法定的品质指标，只要经过恰当的窖藏时间，出窖的都是佳酿。不过请注意，威士忌并无11、13、14、19年份。12、15、17、18、21、30都是当前国内市面上常见的年份。

国际酒精度的表示法

目前国际上酒度表示法有三种：第一种为标准酒度。标准酒度是法国著名化学家盖·吕萨克（Gay Lusaka）发明的。它是指在20℃条件下，每100毫升酒液中含有多少毫升的酒精。这种表示法比较容易理解，因而使用较为广泛。标准酒度又称为盖·吕萨克酒度，通常用百分比表示此法，或用缩写GL表示。

第二种为英制酒度（Degreesofproof VK）。英制酒度是18世纪由英国人克拉克（Clark）创造的一种酒度计算方法。

第三种为美制酒度（Degreesofproof US）。美制酒度用酒精纯度（Proof）表示，一个酒精纯度相当于0.5%的酒精含量。

英制酒度和美制酒度的发明都早于标准酒度的出现，它们都用酒精纯度“proof”来表示。三种酒度之间可以进行换算。因此，如果知道英制酒度，想算出它的美制酒度或标准酒度，只要用下列公式就可以算出来：

标准酒度×1.75=英制酒度

标准酒度×2=美制酒度

英制酒度×8/7=美制酒度

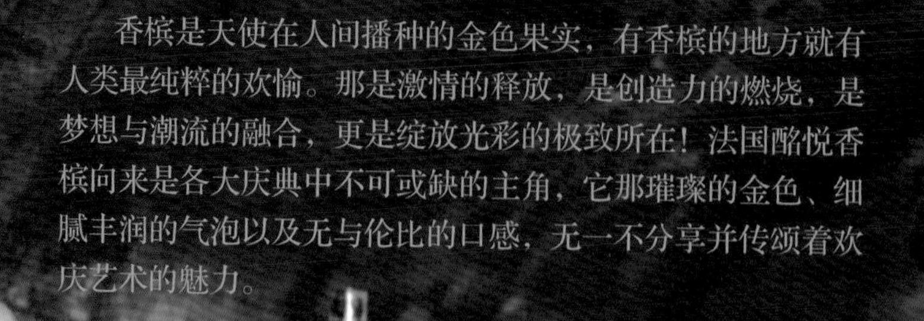

香槟是天使在人间播种的金色果实，有香槟的地方就有人类最纯粹的欢愉。那是激情的释放，是创造力的燃烧，是梦想与潮流的融合，更是绽放光彩的极致所在！法国酩悦香槟向来是各大庆典中不可或缺的主角，它那璀璨的金色、细腻丰润的气泡以及无与伦比的口感，无一不分享并传颂着欢庆艺术的魅力。

上帝恩赐的欢愉之水

酩悦香槟

酩悦香槟创立于1743年法国的启蒙时代，充分体现出该时代的人们追求进步和享受的热情，其创始人为巴黎埃佩尔内的葡萄酒商克洛德·酩悦。待其孙子让·雷米·酩悦掌管之时，酩悦更是名声盛扬国际，成为世界上最受欢迎的香槟品牌。

尽管现在谁也说不清楚香槟到底起源于何时，但这丝毫不影响人们对这种奢华、带有气泡的饮品的追捧。香槟的气泡源于瓶中的二次发酵，普通的静止葡萄酒在发酵罐内发酵完成装瓶后，就不再发生显著的变化，而香槟瓶内二次发酵后形成气泡，酒体同时获得升华，脱身于普通静止葡萄酒之列。由于在瓶内进行了二次发酵，在成品之前就需要将发酵形成的沉淀物分离出瓶，既要保留气泡，又要分离沉淀，可见是何等艰难的操作，这也是香槟价格不菲的主要原因。一瓶普通香槟（750毫升）大约拥有5000万个气泡。

不是所有带有气泡的葡萄酒都可以称为香槟，只有产于法国香槟地区、采用特定的葡萄以及工艺酿制而成的起泡酒，才可以享有这个称号。香槟区位于法国东北部，在这里，香槟品牌数不胜数，很难有人说得清楚全部品牌。不过，只要你提到酩悦香槟，几乎所有人都会心领神会地点点头。

酩悦香槟是当今世界上最著名的香槟品牌之一，它起源于18世纪中期。居住在法国香槟区的酒商克洛德·酩悦虽然于1743年建立了酩悦香槟事业，但一直到他的孙子让·雷米·酩悦才使这一品牌闻名于世。让·雷米·酩悦使酩悦香槟获得拿破仑的喜爱而赢得“皇室香槟”的美誉。

据说，拿破仑每次出征前都会到让·雷米·酩悦那里痛饮香槟，接着便会大胜而归。1815 年，拿破仑出征前没去让·雷米·酩悦那儿，也没带着香槟，结果遭遇“滑铁卢”。俄国人攻入法国后，将让·雷米·酩悦酒窖中的香槟用马车统统运走。不久，雨果接到一封写有“巴黎法兰西最伟大的诗人收”字样的信，他认为自己不够格，将信退回。邮局把这封信送给了诗人德拉·马丁，却再次被退回。邮递员只得拆开此信，发现信中只有一句话，“向法兰西最伟大的诗人——制造香槟酒的酩悦先生致敬”，落款是圣彼得堡王宫。香槟酒魅力由此大涨，因为它征服了拿破仑都打不赢的对手，在法国人心目中成了胜利和企望成功的象征。

1807 年，法国外交大臣对让·雷米·酩悦说：“尊敬的先生，您的英名一定会永垂不朽！我大胆地预测，正是由于这个杯子及杯内容纳的酒，您的名字一定会超越我，被世人牢牢地记住……”1814 年 3 月 17 日，拿破仑一世授予让·雷米·酩悦法国荣誉军团十字勋章，并称：“我要嘉奖你，是因为你使法国葡萄酒在国内外享有极高的声誉。”

酩悦的日记中记载了许多颇具名望的客户名字，他们有俄国沙皇亚历山大一世、奥地利皇帝以及普鲁士皇帝。作为欧洲各国皇室的御用美酒，酩悦香槟见证了无数历史盛况，包括登基大典、豪门婚宴及各种国家典礼等。蓬巴杜夫人（Madame de Pompadour）作为法国国王路易十五最宠幸的情人，她优雅高贵的品位曾被记载到宫廷生活的记事录中，她曾公开赞扬酩悦香槟是一种能“使每一位男士饮后变得诙谐风趣，同时也使每一位女士变得美丽动人的酒”。

从1805年到1841年这段时间，酩悦酒庄成为欧洲最有名的葡萄酒厂，其顾客名单上有维多利亚女王、普鲁士王子、剑桥公爵等。后来，让·雷米·酩悦将酒厂交给自己的儿子和女婿经营，并定名为酩悦（Moet & Chandon）而沿用至今。

经过两个多世纪的洗礼，如今法国酩悦香槟已当仁不让成为了法国香槟地区最传奇、最成功的品牌，成为世界上最受欢迎的香槟，也是唯一入选《商业周刊》全球百强品牌的香槟品牌。

据统计，世界上每卖出四瓶香槟酒，就有一瓶是酩悦香槟。全世界每一秒钟都有一瓶酩悦香槟在某处被人们尽情分享。

酩悦香槟被人称为幸福之酒，它拥有富于魅力、慷慨大方的个性，并以果味突出、口感香醇和高雅成熟而独树一帜。作为世界上顶级的香槟之一，酩悦香槟显示出葡萄园的丰富和多样以及葡萄种植技术的高超。如今，酩悦香槟再现了神秘浪漫、为爱欢庆的18世纪宫廷魅力。在那些钟情于法国酩悦香槟的热恋宫廷贵族的引领下，酩悦香槟成为了全世界高雅人士的首选佳酿。

香槟酒见证了欧洲的历史和贵族的奢华生活。自从佩里依修士无意中发明了二次发酵法，喝惯了葡萄酒的上流社会第一次见到色泽明丽的新式美酒，伴随着清脆的启瓶声，看到原本平静的酒液瞬间沸腾，飞花碎玉般喷涌出来，都惊叹不已。还有资料记载，法国一位侯爵流亡英国时将香槟酒带到查理二世宫廷，引起轰动，饮用香槟酒很快成了欧洲上流社会的时尚。此后，香槟不断地战胜各色美酒，并成为优雅、高贵的代名词。

除了历史机缘，香槟酒的尊贵还在于严格精细的酿造工艺与过程。这种精心，从采摘葡萄时就开始了。直到今天，香槟地区采摘所有的葡萄还必须手工完成。采摘后不能随意将葡萄扔进筐，而要小心翼翼地放到篮中，以免葡萄受损。可想而知，该地区 340 平方千米的葡萄园要投入多少劳力。

法国酩悦酒庄是法国香槟区最负盛名、最富饶并多样化的酒庄，它拥有香槟区面积最大的葡萄园，占地 10 平方千米，年产量 2600 万瓶，是英国皇室伊丽莎白二世的御用香槟供应商。酩悦酒庄具备香槟区最优质及最多样的风土情况，拥有产量丰富、品质优良的葡萄供应源，其中包括 16 个特级葡萄园和 25 个一级葡萄园，为酩悦香槟的酿造提供优质的葡萄。酩悦酒庄的 50%葡萄来自于特级葡萄园，25%来自于一级葡萄园。

几百年来，酩悦酒庄与葡萄种植师建立了密切的关系，从而确保了他们所提供葡萄的品质。在自产的葡萄和外购的葡萄之间，酩悦酒庄拥有最全的原料谱：在 323 个类别的产地中拥有将近 200 种。

对创新永无止境的追求是酩悦酒庄永葆成功的秘诀，也是酩悦酒庄传统的精髓所在：葡萄栽培、葡萄酿酒技术方面的创新，人力资源的利用以及对产品的创造，都表明了酩悦酒庄拥有得天独厚的土壤和最优秀的人才。

对香槟土地特性的深入了解、经若干世纪沿袭并不断丰富的葡萄酒制作技术，以及品质卓越的葡萄园，使酩悦酒庄得以稳居香槟酒制造业的头把交椅。数百名酩悦酒庄葡萄种植师整年都在悉心呵护、培育着葡萄。这些酿酒师对每一寸土地、每一棵葡萄树的状况都有着深入的了解，充分应用了几代相传的技艺，在这些技艺中某些甚至可追溯至 200 多年前。

葡萄酒一旦装入瓶中，就要储藏在地窖中。酒

瓶成排放置在搁架上，以进行第二次的瓶内发酵，随后在 10℃~20℃ 的恒定低温下进行缓慢的酒窖陈化。在酩悦酒庄，葡萄酒的陈化时间几乎是法定要求的两倍，无年份的酩悦帝王系列香槟为 30 个月，年份香槟则要 5 年。

香槟的制作是一个复杂而要求极高的过程，包括运输昂贵而易碎的葡萄以及挖掘葡萄珍贵的潜质，而后者的任务必须以精确、细致和慎重的态度来完成。酩悦的酿酒师们共同遵守着一个建立在数代酒窖管理经验上深植人心的原则，那就是保证一定用最好的葡萄来酿造香槟。

要产出品质最佳的葡萄，同时又不能破坏环境，这是酩悦酒庄全身心投入的课题。酒庄所有的葡萄园均根据不断发展的实践方法进行耕植，从播种到将葡萄输送至榨酒屋，在技术创新和传统方法之间进行了平衡。保持天然酿酒工艺流程是制成最佳葡萄酒的必需条件，在生产流程中，不可以有任何可能会损害酒的品质的行为，每一步都必须有系统地执行，所作的每一个决定都必须经过深思熟虑。

正是这样苛刻的规定造就了酩悦香槟的非凡品质，酩悦香槟也凭借对繁荣盛世的传统理解，将其 18 世纪伊始的奢华特质发挥到了极致。在那个奢靡成风的年代，法国宫廷成了世界顶级厨艺的竞技场，美酒与美食成了为盛世增色的无价之宝。无论文人墨客还是名流淑媛，都尽情地欢饮，通宵达旦，以此标榜他们极度奢华的生活方式。一边是伏尔泰在吟诗作对，另一边却是热闹地开了牌局。伴着让·菲利普·拉莫谱就的新曲的响起，人们跳起了独具匠心且技巧复杂的舞蹈。顿时，洛可可风格雕梁画栋的厅堂内裙袂翩跹，在灯光的映衬下，满屋绫罗织锦飞舞。

尊贵的酩悦香槟一路走来，点亮了一个又一个令人永世难忘的历史时刻——从路易十五的皇家庭院到伊丽莎白二世的加冕典礼，从盛大的歌舞剧首演到演绎顶级时尚的国际时装周，从 1899 年的世界博览会到 2006 年

9 月 28 日点亮著名的自由女神像庆祝其诞生 120 年，它以梦幻般的非凡的光彩诠释了“照耀世界的自由光芒”……它是毋庸置疑的显赫象征，它是无所不在的感性语言。

两个多世纪以来，法国酩悦香槟与无数皇室成员、超级明星和社会名流结下了不解之缘，直到今天，法国酩悦香槟依然是尊贵与典雅场合的首选香槟。

法国酩悦香槟完美地诠释了香槟的浪漫格调，它以其明亮的色彩和华丽口感而著称；视觉上，它或呈现出活泼的粉红色，折射出绛红色色泽，或展现出尊贵的金黄色，如一杯纯净的黄金之水；嗅觉上，它集合了草莓、覆盆莓和红莓的果香，并混合着微妙的玫瑰和山楂的香气；味觉上，馥郁的果味和华丽的口感使人立即迷醉，魅力尽现。当最后一滴玉液被斟尽，美好的记忆却被永久留存。

作为法国酩悦香槟品牌的旗舰系列，法国酩悦香槟（Moet & Chandon Impérial）体现了该品牌最引以为荣的标志性风格，同时反映出三种产自于法国香槟区最负盛名的葡萄品种的特质及多样性，述说着全球最受欢迎的香槟魅力。

法国酩悦香槟口感深厚而余韵悠长，泛出毫无杂质的纯正色泽。历久弥新，宁静致远，呈现出大气和轻松的感官享受。它以新鲜的果香、厚实的口感及醇郁的质感，近 300 年始终如一地保持不变的口感，以及其完美而富有生命力的独特风格，散发着令人愉悦的无限魅力。

由法国香槟区不同葡萄园的葡萄所集结而成的法国酩悦香槟以口感较为馥郁的黑皮诺（45%~50%）

为主调，搭配皮诺·莫尼耶（35%~40%）及少量的霞多丽（10%~20%）增添其清新的口感。它选用各30%的窖藏酒用以调配佳酿，凸显法国酩悦香槟完美的平衡口感、复杂层次及始终如一的高贵风格。

法国酩悦香槟的颜色呈现优雅的金黄色，散发着淡淡的琥珀色光芒。其香味中带有蜜桃、梅子、凤梨、蜂蜜的香味，还有淡淡的柠檬花香和奶油糕点与新鲜坚果的气味。它那充满魅力的丰盈口感强烈而又滑顺，浓郁而又细致，并以利落且富有活力的平衡收尾。酩悦香槟不仅可作为餐前的序曲，亦可搭配不同的佳肴，与生鱼片、饺子、贝类海鲜、烘烤的鱼肉、新鲜水果和色拉等食物的组合都是最佳的搭配。

法国酩悦香槟在过去的260多年里已经成为了各大庆典中的标志。在打开法国酩悦香槟的那一刻，一切看似平淡的生活，转而成为非凡的纪念。作为世界领先的香槟品牌，法国酩悦香槟在任何地点、任何场合都能带来奇妙和欢乐的感觉。

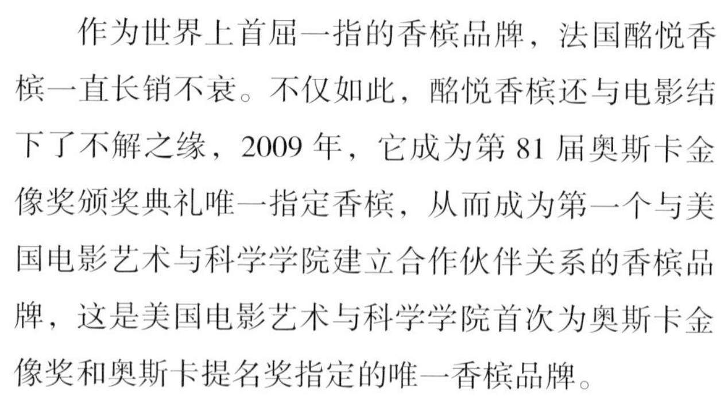

作为世界上首屈一指的香槟品牌，法国酩悦香槟一直长销不衰。不仅如此，酩悦香槟还与电影结下了不解之缘，2009年，它成为第81届奥斯卡金像奖颁奖典礼唯一指定香槟，从而成为第一个与美国电影艺术与科学学院建立合作伙伴关系的香槟品牌，这是美国电影艺术与科学学院首次为奥斯卡金像奖和奥斯卡提名奖指定的唯一香槟品牌。

法国酩悦酒庄一直将香槟的独特气质与时尚紧密地结合在一起，不断推出各种限量典藏级香槟。比如2006年次推出的“魅惑璀璨”限量典藏级香槟，其典雅的瓶身用施华洛世奇的珍贵水晶装点，为优雅入骨的法国酩悦香槟更添了几分璀璨的光芒，将其奢华夺目的气质挥发到了极致。

2010 年年终，酩悦酒庄倾力奉献“流金岁末”金箔限量版，附以华贵的手工金箔瓶身，欢庆一年一度的岁末时节。为将欢庆精神广为传颂，酩悦酒庄还把限量版的部分收益赠予国际电影援助机构（FilmAid International），以这些承载着尊贵传统和优雅气质的限量版回馈整个社会。

在此之前，金箔瓶身的限量版酩悦香槟仅供电影明星享用，现在有约 250 瓶“流金岁末”限量版酩悦香槟在世界各大城市指定精品店内销售。限量版金箔香槟酒瓶的镀金工艺由全世界知名的巴黎 Arthus-Bertrand 国际时尚珠宝设计、雕刻公司精心制作完成，法国闻名世界的荣誉勋章正是这些雕刻艺术家的鬼斧神工之作。始于同时代的酩悦酒庄和 Arthus-Bertrand 公司都享有历史悠久的美名，此次合作打造的“流金岁末”限量版酩悦香槟以法兰西一流的艺术巨制，为岁末欢庆时刻增添更为绚丽的光彩。

自 20 世纪 30 年代以来，酩悦香槟的曼妙身姿始终贯穿于电影界的荧幕前后，相伴电影艺术事业的发展。由众多好莱坞明星签名的酩悦香槟被用于慈善拍卖，也成为影界红地毯上的一大经典传统和佳话。酩悦香槟的缪斯女神——斯嘉丽·约翰逊是众多明星中第一个在限量版金箔香槟酒瓶上签名的艺人。作为全球至爱的香槟品牌，酩悦香槟不但频频出镜荧幕，同时也是各大电影节、颁奖典礼、正式场合、行业盛会及好莱坞顶级聚会的不二之选。

在酩悦香槟系列产品中，最著名的非香槟王（Dom Pérignon）莫属了。作为酩悦品牌的顶级香槟，堪称香槟中的至尊，成为顶级香槟的代名词。那些皇室贵族们每逢重要的欢庆时刻，往往把香槟王搬上台面。1961 年，酩悦酒庄仅出品了 12 瓶香槟王，只有在类似查尔斯和戴安娜的婚礼上才可能出现其中的一瓶（1961 年正好是戴安娜的出生年）。2004 年 12 月，在英国的一场拍卖会上，那个曾经出现在英国王室“童话婚礼”上的香槟王的酒瓶，被一位收藏家以 1050 英镑高价购得。

香槟王全部由老葡萄藤的饱满葡萄酿制而成，打开它的一瞬，人们立刻就可以闻到飘浮着的一股春天的花香；倒入细长的酒杯，气泡笔直一线地上升；气泡入口后的细致绵密触感，会让饮者品出其非凡之处。

据说世界上每卖出的 4 瓶香槟之中，就有 1 瓶是酩悦香槟。不过，能够打开香槟王的机会就没有这么多了。香槟王的销售量从来不予公开，据估计目前约有 20 万瓶香槟王在市场上流通，而这也不是一般人所能见到的。至于限量版的香槟王酒更是难得一见。

如果说香槟王是香槟世界里一顶尊华优雅的皇冠，那么 1990 年珍藏年份粉红香槟就是皇冠上一颗最为璀璨珍贵的宝石。香槟王 1990 年珍藏年份粉红香槟于 2010 年首度亮相，为这一至高品位的顶级珍酿再添华丽的注解。20 年的窖藏陈酿，珍贵时光将香槟王粉红香槟最浓郁醇美的特质升华，创造出令人赞叹的味蕾饕餮。

粉红香槟自 1959 年首批入窖封藏以来，一直是香槟王家族中最为稀有珍贵的酒品之一。作为香槟王珍藏年份粉红香槟系列的首款作品，1990 年珍藏年份粉红香槟将香槟王标志性的口感丰盈、香味浓郁、深邃迷人，粉红香槟的热情奔放，与珍藏年份香槟特有的韵味悠长完美地融合。

香槟王的限量版“至尊粉红香槟”从未在任何市场上推出，于 2010 年 5 月份首度亮相，直接由酒庄委托苏富比拍卖行进行拍卖。这次拍卖的“至尊粉红香槟珍藏”共推出六个稀有年份：1966 年、1978 年、1982 年、1985 年、1988 年及 1990 年，由标准瓶装至 1.5 升装共 30 瓶，总估值为

香槟王至尊奢华三重组合体现了酩悦香槟品牌及酒庄的多重精彩，每一款香槟都展示了其独特的品质，酩悦作为标志性的香槟，香槟王2000年份镶边采用黑皮诺和霞多丽两种葡萄完美混合酿制而成。

9.5万至13万美元。

号称“香槟之王”的酩悦香槟王不仅在成交数量上以40%的比例统领香槟酒的二级市场，在成交的绝对价格上也长久地占据领头羊的地位。

2008年4月，在纽约举办的陈年香槟酒拍卖会上，两瓶此前从未商业发售过的1959年份的香槟王玫瑰粉色香槟以84700美元创下有史以来香槟的拍卖纪录，短短一个月后这个纪录就被自家兄弟刷新。

在2008年5月香港举行的一场拍卖中，一组3瓶分别为1966年、1973年和1976年份的1.5升装的香槟王Oenotheque，以合93260美元的价格成交，远超过之前2万美元的估价。而早在2004年，1921年份的香槟就曾拍出超过 2 万美元的高价。二级市场上辉煌的成交纪录奠定了香槟王在投资市场的地位，而一级消费市场上不断上扬的需求无疑也会对其长期的升值起到一定的推动作用。2007 年，在葡萄酒交易网站（www.wine-searcher.com）上的 3600 万个查询中，香槟王的搜索次数在美国、英国、澳大利亚、德国和法国各居于第二、第九、第五、第六和第八位。

影响流通价格的除了酒庄品牌、葡萄年份以及色泽口感等先天条件之外，标签的好坏、是否带有原装的盒子等也都会影响香槟酒的投资潜力。拍卖行里成交的香槟如遇标签破损或带有原装纸箱的情况都会作出特别的说明。此外，一般说来，一箱 6 支的香槟酒总是比相同的单支具有更大的升值潜力。同样的，相对 750 毫升的标准瓶，数量较少的 1.5 升、3 升甚至 12 升的大瓶装更容易受到藏家的青睐。

香槟王

Dom Pérignon 香槟王

公元 7 世纪，圣·内瓦德（Saint Nivard）依照梦中神明的指引创建了奥特维耶修道院。1000 多年后，唐·佩里侬修士给这段传奇作出了最辉煌的注解。出于宗教上的狂热，这位修士在不为人知的情况下酿造出甘甜可口的葡萄酒，由此成为香槟之父和近代酿酒史上最伟大的人物之一。

时至今日，奥特维耶修道院依然承载着那段关于葡萄酒的记忆，它是那段历史的见证，是检验美酒的试金石，也是佩里侬修士精神的忠实守护者。

17 世纪，佩里侬修士在品饮香槟时曾如此叹道：“我正在酣饮星星！”这句描述品饮香槟时心情的名言，使得用他名字命名的香槟——香槟王（Dom Pérignon）成为世界上最具浪漫气质的图腾之一。

著名葡萄酒类作家休·约翰逊在他的《美酒传奇》一书中这样写道：“我们对唐·佩里侬了解得越多，却越难以理解他是如何将他的修道院的酒变

得如此弥足珍贵的。唐·佩里依声名远扬，巴黎人甚至以为唐·佩里依和亚依一样是一个村子，或是像奥特维耶那样的修道院，他们还在地图上寻找唐·佩里依这个地名。”自 1668 年奥特维耶修道院任命唐·佩里依担任酒窖主管至今，他的名字已经成为顶级名品香槟的代名词。

Dom Pérignon 香槟王有一种不可言传、只能意会的魅力，已故好莱坞著名影星玛丽莲·梦露就曾这样称赞它：“这是我喝过的最销魂的香槟，也是我最喜欢的香槟。”

或许唐·佩里依自己也没有想到，他花了一生时间来防止起泡的葡萄酒在他年届六旬的时候变得越来越流行起来。在当时，唐·佩里依不同意使用白葡萄来酿造静态葡萄酒，因为用那些葡萄酿造的酒有重复发酵的可能——而重复发酵正是现代香槟酿制的工艺雏形。300 多年后的今天，作为 LVMH 集团旗下的酩悦香槟为了纪念这位修道士，推出了顶级名品香槟——Dom Pérignon 香槟，这款香槟被人称为香槟王。

所有年份的香槟王，其葡萄均产自法国酩悦酒庄的 8 个特级葡萄园和奥特维耶的一级葡萄园。“每年的葡萄都不尽相同。如果哪一年没有达到酿制香槟王的标准，当年就不会酿造香槟王。这并非对某种价值的判断，而是从美学的角度加以欣赏。”香槟王主酿酒师理查德·杰弗瑞说道，“香槟王的性情在其诱人的张力中。我们始终如一地选择将香槟王最精致、最永恒的特性与某一年份的独特品质结合起来。同中有异，异中有同。”

香槟王清新、剔透而张扬，混合着白胡椒和栀子花的气味，随着酒品的醇熟渐渐地发出浓郁的炭香。饮入口中，前奏袅袅地牵引出极富张力的圆润，中调的茴香和干姜味道轻轻地滑过果皮（梨皮和芒果皮），营造出比丰盈更为感性的口感，尾调则悠悠舒散，沉静、醇熟，四溢的余味无穷。

KRUG
GRANDE CUVÉE
BRUT
CHAMPAGNE
KRUG
A REIMS-FRANCE
BRUT
GRANDE CUVÉE
PRODUCE OF FRANCE
fernando
pessoa
ÉLOGE

库克香槟自始至终都向人们传达着独特的艺术精神——像传统艺术一样富有内涵，像新兴艺术一样个性鲜明。历经六代传人的悉心经营，那一丝不苟的传统酿酒工艺和对品质的不懈追求，都在其独一无二的各款香槟中得到完美的回馈。品酒专家和鉴赏家们偏爱库克香槟，不仅仅因其独树一帜的醇美口感，更因为库克香槟对个性和品质的独特表达，让香槟的历史犹如艺术的进步，历久弥新。

贵族香槟

库克香槟

历史篇
LISHIPIAN

库克是世界上唯一仍然以最古老的方法来酿造香槟的家族，这亦是库克香槟具有浓郁酒香和丰富味道的关键所在。库克香槟没有精确的酿制方程式，真正的味道只靠库克家族代代相传。时至今日，库克家族仍直接管理库克香槟的每个生产步骤、品酒及混合过程，以确保库克香槟酒的完美品质。

在普通大众的眼中，唐·佩里侬（Dom Pérignon）香槟被看成香槟王，但是真正的酒评家所认为的香槟之王，则非库克香槟莫属。别的不说，库克入门级的无年份香槟的出厂售价就与唐·佩里侬香槟相同，前者最珍稀的单一园区香槟 Clos du

库克百宝箱

Mesnil 则每年稳坐出厂价最昂贵香槟的宝座。库克酒庄是一个德国移民约翰·约瑟夫·库克在 1843 年创立的，它最特殊之处是让酒在 205 升的小橡木桶里发酵后再装瓶进入第二次发酵，第二次发酵会产生气泡，因此它的香槟有一种木桶香草的独特风味，这让识货的行家赞不绝口。每当库克家族的人听到“库克是如何成为顶级香槟”这个问题时，他们都会这样说：“在库克，我们的最高指导原则就是味道，属于库克自有的味道。”

当初，约翰·约瑟夫·库克在一家知名香槟酒庄雅克森（Jacquesson）担任调酒师的职务。那时英国的饮家对于老的 Bordeaux（波尔多酒）和 Port（波特酒）特别有兴趣，英国人习惯品饮比较成熟、带些氧化干果味的酒，也欣赏随之而来的复杂度。在库克酒庄建立之前，约翰常常听到的评语是：“听着，我喜欢您的香槟，清新、雅致、顺口，不过您难道没有更浓郁集中，有较长的余韵，更有复杂度的酒吗？”

听到这些后，约翰将这一情况汇报给老板，不过老板并不想改变。当时约翰建议是为英国人的口味建立一个特别的 Cuvre（特选酒），而刚好这也是约翰喜欢的口感——希望以更好的葡萄（可以表达葡萄酒土地特性的葡萄）做出可以存放更久。价值和价格都更高的香槟，使得愿意付高价且喜欢老波尔多酒和老波特酒的英国人畅饮。

后来，约翰自己创立了库克香槟，并飞快地在英国建立了市场，慢慢地在大洋洲等地也可以见到库克的身影。从那时起，库克香槟开始在世界各地崭露头角。可以说，正是因为约翰老板的拒绝，促使约翰立志建立起库克香槟。随着库克家族的不断努力，库克香槟一跃成为顶级香槟的代名词。具有近 170 多年历史的库克酒庄以其独特的传承与创新精神，酿出了众多口味甘醇、个性十足的香槟酒。从库克酒庄的创始人约瑟夫·库克到如今的第六代传人奥利弗·库克，库克家族始终秉承着一以贯之的酿酒哲学，这就是对质量的毫不妥协与对细节的极致追求，其目的就是打造一款声名不坠的高端香槟酒。历经六代人的不懈努力，约翰的子孙们始终恪守着这一追求卓越的祖先古训。如今，库克香槟是当今世界为数不多只生产高级混合香槟酒的酒厂之一。“只求最好”的承诺，加上独到的酿酒技艺，成就了名满天下的库克香槟酒。

库克酒庄是香槟传统的守护者，它选用上等霞多丽、黑皮诺和比诺曼尼葡萄，封入小橡木桶中静止发酵，保证酒质精致细腻。到目前为止，库克酒庄可说是现存的唯一还以传统方式用小橡木桶做第一次酒精发酵的香槟厂。事实上，曾经的保罗·库克（Paul Krig）也尝试过用不锈钢桶来进行第一次发酵，不过后来他发现味道完全不对，那种味道不属于库克香槟的味道。于是，他又转回传统的小型橡木桶发酵。这并不是说以不锈钢桶发酵做不出好酒，而是库克香槟的风味需要以橡木桶才能发挥到极致。这一点让许多人心仪，觉得库克酒庄的酿酒方针十分清楚，不随波逐流。我们都知道，以橡木桶酿制香槟酒需要花费大量的人力和物力，如果不是忠于库克香槟的品位，其实是不必自找麻烦的。而坚持品位总是令人尊敬的。

库克酒庄从不使用大型庄园出产的葡萄，而一直取料于产量有限的小型葡萄园。由于小型葡萄园规模有限，园中的每一粒葡萄都受到了充分的照料，优产率很高。葡萄经过人工筛选后，被压制成葡萄汁液，静置于小橡木桶中。库克酒庄的每个橡木桶都分别标示产区及葡萄园名称。同时，有别于其他顶级香槟庄园，库克酒庄所有的基酒至今仍在小橡木桶内进行初次发酵，它对传统的忠实继承保证了每种酒的特性得以淋漓尽致地发挥。此外，使用小橡木桶的另一好处是通过葡萄酒、橡木与氧气三者间的交互作用，能够自然地减缓酒的进化过程，使库克香槟有着超乎寻常的陈年能力。

出桶之后，如何调配是决定成品香槟口感的关键。有人把调配称为香槟工艺的奇迹，品过库克香槟的人则把“调配”誉为库克酒庄的独门绝技。库克酒庄调配香槟的工作一般在每年的二月末进行，为期超过一星期，这是库克酒庄一年中最关键的一星期，整年的努力全部取决于此。从1843年开始，库克家族每年都会推选一名成员进行调配工作。具体的调配秘方都是口传心授的，因此调配艺术得以代代相传，并逐渐建立起一个世袭的“味觉库”，年代越久，可资参考的风味越多。由于每年的收成不同，自然没有所谓的标准配方和比例。因此库克香槟的调配每年都是从品尝开始，借此回忆，再次唤回记忆中独特的滋味。库克品牌发展总监就曾说：“即使让人看到整个酿酒的过程并拿到品酒记录，任何人也不可能找出库克香槟的调配秘密或调配的比例。”

为了确保库克香槟一贯的韵味及和谐多元的口感，库克酒庄还保留了一项足以傲视群雄的资源——窖藏基酒。窖藏基酒都经过精挑细选，是凝结了先人智慧和心血的珍贵原料，它使得库克酒庄成为当今唯一在调配香槟结构时能采用高达50%以上比例窖藏基酒的香槟庄园，可谓深得调配的真谛。

从一丝不苟的葡萄筛选、复杂的调配，直至酒窖里漫长的陈酿，库克香槟采用了无可匹敌的酿酒工艺，其令人一见钟情的独特品位，证实了它不仅是专家、鉴赏师们的宠儿，更是顶级香槟的典范之作。

特殊方式酝酿出的丰厚圆醇与浓郁芳香成为库克香槟世代传承的风格。它被世人称为“上帝给予乖巧天使的恩赐”，它是香槟中的劳斯莱斯，它有的不仅是尊贵，更是无法言喻的珍贵。

一直以来，库克香槟每年都是限量生产，因此它们的售价都高得惊人。库克香槟也从来不以“大众化香槟”自居，而是以“贵族香槟”自称。

既然自称为“贵族香槟”，当然有它们的秘诀。

库克收藏家香槟

库克香槟在酒窖内发酵的时间远比其他品牌的香槟要长得多，一般来讲，一瓶库克香槟要在酒窖耐心地等待 6 年至 10 年才能面世，所以味道特别香浓。这就意味着要事先储存充足的货源才能弥补至少六年的销售量。库克香槟出厂后，仍可继续保存很长时间，而且醇度有增无减；随着时间流逝，香槟会散发出果仁的芳香，口感丰富，均衡饱满，余韵细腻悠长，鲜美如一。不过，更加稀少的库克原窖藏年份精选（Krug Collection），则需要至少 15 年的窖藏才会出售。库克原窖藏年份精选指的是长久窖藏在库克酒庄地下酒窖的年份香槟，在窖藏至少 15 年以后，等香槟进入圆熟复杂的阶段后才会出售。除了特定买家之外，该款香槟不会外流市面。目前市面上销售的是 1981 年份的库克原窖藏年份精选，主要在高级餐厅或高级葡萄酒店出售，在拍卖会上也可见到。

库克酒庄在选料、酿造、品鉴、调制、保存等方面有着独门绝技，这个独门秘诀就是库克家族的世袭味觉库。库克家族自称，他们从来不因时间或成本问题而降低香槟的品质，坚持以一贯传统的方法酿制，以三种不同的葡萄调配出丰富的特质和独特的味道：黑皮诺（Pinot Noir）特性柔软，酿出的酒圆润香冽，而且储有年代愈久愈香醇；比诺曼尼（Pinot Meunier）带有果香、醇厚浓烈，口感细腻优雅；还有带花香的霞多丽(Chardonnay)。

库克大香槟（Krug Grande Cuvée）的经典美味，并且设计了造型独特的灯笼造型酒袋。使用竹子纤维和天然牛皮做编织，内侧皮面还别出心裁地选用樱花色做搭配，而球心中的保温袋则可以容纳一瓶 750ml 的库克香槟，并且保温 2 个小时，可以调整长度的皮革肩带方便携带。

此外，一年一度的“混合”过程可谓库克香槟的精髓所在，然而这个过程是没有公式可言的，因为每一季的葡萄都是独一无二的。如果库克香槟没有调制的公式，那么经年的出产为何能保持上等品质？这皆因为坚持用传统的小型橡木桶发酵，再加上一代传一代累积的经验。

库克香槟习惯地被人称为“香槟之尊”，一些品鉴家喜欢把它与颇具声望的勃艮第白兰地佳酿相媲美，认为它既有勃艮第白兰地的严谨，还拥有香槟酒的欢快、浓郁的香气与轻柔雅致的口感，正是这些迷人的要素完美地结合在一起，使它成为世界上最昂贵的香槟酒之一。

正是库克香槟的超卓表现，让其成为英国皇宫宴会的指定香槟。查尔斯与黛安娜的世纪婚礼也选用了库克香槟中用顶级原酒调和的库克大香槟（Krug Grande Cuvee）香槟，这是世界上公认的最好的香槟。过去的 20 多年里，这款香槟经常成为官方正式仪式的必备香槟酒，比如，1995 年 5 月，各国领袖在法国庆祝第二次世界

大战结束 50 年的午宴，喝的就是这种香槟。除此之外，从作家海明威到希腊船王奥纳西斯，从服装设计大师香奈尔到法国歌影双栖的伊夫·蒙当，全是库克香槟最忠实的顾客。他们有着共同的特点，迸发创作力并且拥有不甘随波逐流的人生态度，勇于表达自己，相信自己所做的一切。

无数传奇人物将品尝库克香槟视为一种奇遇、一个启示、一场鼓舞人心的邂逅。在库克香槟的浓郁、复杂的味道中，他们感受到了纯粹与完美。

库克香槟的生命周期很长，即使出厂多年仍可继续保存很长时间，而且醇度有增无减。对于库克陈年香槟来说，一般在出厂四五年左右，它就会进入第二个生命周期，整体风格虽然没有太大变化，但会显得更有深度。至于年份香槟，则必须要等到 10 年之后才能有明显的转变，这时年份的特殊风格

KRUG
KRUG ROSÉ
BRUT
xoxo
CHAMPAGNE
KRUG
A REIMS-FRANCE
BRUT
KRUG ROSÉ

会稍稍地削减，而原来较不明显的风味会跃至第一位，比如烤杏仁、烤栗子，等等。等到再更成熟一点儿，便会在酒香里藏有糖渍水果的气味，如无花果、李子干之类，口感劲道强烈。继续往后发展，三四十年后，便可出现类似香菇、菌类的迷人香气。

不过，不是谁都能体验到如此老迈的库克香槟的味道的，因为毕竟它们在市面上很少见。贺美·库克就指出，在他记忆中的1971年库克原窖藏年份精选就隐藏着这样令人着迷的老酒风味，这款香槟所发出的香味有一种鸡油菌菇的气味，随后，蜂蜜、杏桃酱的甜美随之渗透而出。至于1928年的库克原窖藏年份精选就更非同凡响了，它具有非凡的蜂蜜、杏桃、蜂胶韵味。1928年的库克香槟与苏丹法定产区的伊甘贵腐酒（Chateau d'Yquem）具有神奇的相似度，只不过它是不甜的，而且带有气泡。这样的神妙美味也许只有在库克的年份香槟里才可寻获。

库克原窖藏年份精选向来被认为是香槟界无人可比的长寿冠军，因为它的口味绵长复杂，香气迷人，而且是记年香槟，只用最好年份的葡萄酿造，因而造成不同年份间的独特口感。所以库克原窖藏年份精选能够成为香槟界的无上饮品，有很多此种香槟必须窖藏超过20年才能够上市（普通的库克大香槟的上市要求是6年）。

库克品牌最著名的库克大香槟具有无法阻挡的魅力，只要浅尝一口，它的魅力就足以令人神魂颠倒；微妙的感官刺激、强烈的力度、层次分明的感觉，都让人回味不已。1979年，库克酒庄在库克大香槟的基础上又添加了新的一款香槟系列白之百（Blancdeblanc），它全部由霞多丽白葡萄酿造而成，这就是闻名世界的库克窖藏钻石香槟。库克酒庄整整花了八年的时间来监控葡萄质量，终于在第八年酿造出让世界震惊的库克家族普通年份序列中最昂贵也是最精致的这款酒。该酒橙花香和白兰花香并具，还有一点点粗砾的白垩矿石味，清新但又不乏深度。

从加布里埃勒·香奈尔到吉奥尼·阿涅利，从卡拉斯·玛丽亚到伊维斯·蒙坦德，无数传奇人物将品尝库克香槟视为一种奇遇、一个启示、一场鼓舞人心的邂逅。在库克香槟的浓郁、复杂的味道中，他们感受到了纯粹与完美。

库克酒庄以“艺术空间”为主题的香槟皮箱，由著名豪华行李箱制造商弗莱德·皮涅尔亲自设计。库克香槟皮箱代表着一种摩登时代的完美的花花公子的品位特点，受20世纪30年代艺术之旅的启发，把库克的传统与现代的点式设计结合起来，在其传统而独特的形式上显示出了现代和典雅。

库克香槟从不因为市场的推崇而以专家自居，每个人都有自己的体验，只是不同的享受而非更好地享受，正是这样的信仰让库克香槟成为许多香槟爱好者兼投资人趋之若鹜的极品。

曾经作为新享乐生活代表的香槟酒，已经逐渐在投资市场上崭露头角。顶级的绝佳年份香槟酒产量原本就稀少，而且开一瓶少一瓶，无可复制。与红酒相比，香槟酒买来通常不会陈年，一般都会在短期内饮用，这恰恰导致市场上香槟的陈年佳酿更为稀少。因此一些顶级陈年香槟的售价一跃飞升。

以库克香槟为例，1996年的库克年份香槟一箱12支的售价在2008年达到了2350英镑，较2007年的1500英镑涨幅超过56%。另外，不同年份的库克香槟，从1979年至1996年份，一共的拍卖价格为29040美元。

香槟王、库克香槟以及路易水晶香槟（Louis Roederer Cristal）向来为酒饕心目中的极品，它们不仅是多数专家所公认的稳当投资，同时也是二级流通渠道上所热捧的品牌。在过去几年间，佳士得共举行了无数场酒类专场拍卖，在总共成交的香槟酒拍品中，香槟王和库克香槟酒的比例约占60%。

虽然唐·佩里侬（Dom Pérignon）有“香槟王”的美称，但是比起库克香槟还是要相形失色的。一瓶1928年份库克香槟就创下了全球香槟拍卖的最高纪录。全美洲规模最大的名酒拍卖行Acker Merrall & Condit在香港举办的2009年第一场名酒拍卖会上，这瓶750毫升的1928年份香槟以15900欧元的高价成功拍卖，远远高于预期的拍卖价。

1928年份库克香槟是有史以来最出色的香槟之一。早在2004年5月伦敦举行的苏富比拍卖会上，一瓶由酿酒师亨利·库克以及现任总裁雷米·库克（Remy Krug）签名的香槟售价就高达1955英镑。窖藏超过70年的香槟绝非一般人所能享用，它的价格已经无法估量，即使有人出得起，也不是轻易就能买到。库克原窖藏年份精选1928不仅具有库克香槟传统的风味，而且浓郁的蜂蜜、甜杏、蜂胶和甜甜的烟草味足以让所有爱酒者回味一生。此酒曾在总裁亨利·库克40年职业纪念庆典上用来招待贵宾，它代表了一段在香槟界足以被树立为丰碑的历史。

蕴藏了丰富气泡、色泽纯净的香槟酒，不仅从法国路易十四时期开始就成了新享乐主义生活方式的代表，成为崇尚优雅精致生活人士的“座上宾”，而且近年来更是在投资市场上崭露头角，成为与红酒并驾齐驱的新兴宠儿。与其他各种传统、非传统的投资品相比，香槟酒与红酒一样拥有一个显而易见的好处，一旦投资失败，在其他投资人经历泡沫破灭的痛苦之时，投资人虽然不至于打开一瓶香槟大肆庆祝，但最起码还可以怡然自得地欣赏从酒杯底部静静升腾起的气泡，品一口千金难买的佳酿。有一位资深的香槟投资者兼收藏家就曾这样说：“如果单从乐趣上讲，投资哪款香槟对我来说都无所谓；如果从乐趣与回报两方面来讲，投资库克香槟是绝不会亏本的。”

MAISON
FONDÉE
EN 1772
À REIMS
CHAMPAGNE
MAISON FONDÉE EN 1772
Veuve Clicquot Ponsardin
ROSÉ
A REIMS-FRANCE
BRUT

事业，爱人，朋友，自己，这些人生必不可少的部分在每个盼望已久的节日里浓缩、交融、升华，折射出复杂而明晰的光彩。快乐要你去创造，节日不仅是历法，你的感受取决于你的选择。在欢乐的节日里，人们都不会忘记选上一款晶莹别致、泡沫丰富的凯歌香槟，开启启迪快乐真谛的别样人生。这种生活态度正是来自法国汉斯的顶级香槟品牌——凯歌香槟——两个多世纪以来一直秉承的信仰。

Veuve Clicquot

REIMS FRANCE

欢乐与愉悦的见证者

凯歌香槟

“只在收成最好的那年才会出产年份香槟”，能这样描述自己品质的香槟，世上大约只有法国凯歌香槟。凯歌夫人，这位来自法国巴黎北部香槟区的“香槟之母”，曾让无数喜欢香槟的人沉浸在她的香槟酒里而无法自拔。

在法国香槟区的兰斯城，曾经有两位女子为人类作出了杰出的贡献而被永载史册：一位是被法国人奉为民族英雄的圣女贞德，另一位就是欧洲第一位走出家庭、开创事业的凯歌夫人，她的勇气与智慧不仅是香槟区的一个传奇，更是法国乃至全世界的一个传奇。

“凯歌夫人”就是妮可·芭比·蓬萨丁，凯歌酒庄继承人弗朗索瓦·凯歌的妻子。说起凯歌家族，他们在18世纪便来到法国香槟区安家了。1772年，银行家菲利普·凯歌斥资在这里建立了凯歌酒庄。经过凯歌家族的悉心经营，凯歌酒庄的产品于1780年第一次远渡重洋，到达莫斯科。1798年，菲利普·凯歌的儿子弗朗索瓦·凯歌与妮可·芭比·蓬萨丁喜结良缘。妮可·芭比·蓬萨丁生在一个富有的家庭，是真正的天之骄女。两人的结合，像是童话里的王子和公主幸福地走到了一起。

弗朗索瓦·凯歌从父亲手里接掌生意后，迅速地打开了国际市场。在德国、奥地利和意大利，人们都被这琼浆玉液所征服，接着是汉堡、法兰克福、戈丁根、汉诺瓦、华沙、圣彼得堡……直到1804年，凯歌香槟酒的出口量就已经达到6万瓶。

然而，正当凯歌家族的生意蒸蒸日上之际，一个噩耗突然降临凯歌家族。年仅27岁的弗朗索瓦·凯歌因病突然离世，这给妮可·芭比·蓬萨丁带来了沉重的打击，她于一夜之间就变成了寡妇。令她没有想到的是，菲利普·凯歌提出要她放弃家族生意，不要插手酒庄的任何事。其实，凯歌夫人并不是不能接受这个建议，因为她身为贵族，家境殷实，完全不必操劳生意而悠然度过一生，但这位倔强的夫人可不想就此放弃，深爱丈夫的妮可·芭比·蓬萨丁认为，只有把香槟酒做得更完美才是对丈夫最好的纪念。

就在弗朗索瓦·凯歌去世一个月后，妮可·芭比·蓬萨丁重新创立了凯歌酒庄，取名为Veuve Clicquot Ponsardin Cie。这个品牌的名称里包含了寡妇、她夫家的姓、娘家的姓，仿佛把凯歌夫人的一切都包含进去了。凯歌夫人和往常一样，每天都穿着那件朴素的紫褐色长袍工作。她很快就意识到，酿酒单凭天赋是不可能的，还必须通晓葡萄的不同品种、酿酒的各种工艺，甚至还要掌握管理方面的知识。有什么能拦住她呢？一袭素衣，顶多再加上一把小阳伞，她整天流连在果园里。

1810年，拿破仑的远征遭到了挫折，战乱和封锁使得国际葡萄酒市场大规模地萎缩。由于利润骤减，酒商一个接一个破产，大批工人失业。为了维持酒庄，凯歌夫人不得不变卖首饰。很难想象是什么支撑着这个弱小的女子度过艰难时世的。凯歌夫人始终相信，战争终要过去，和平终会降

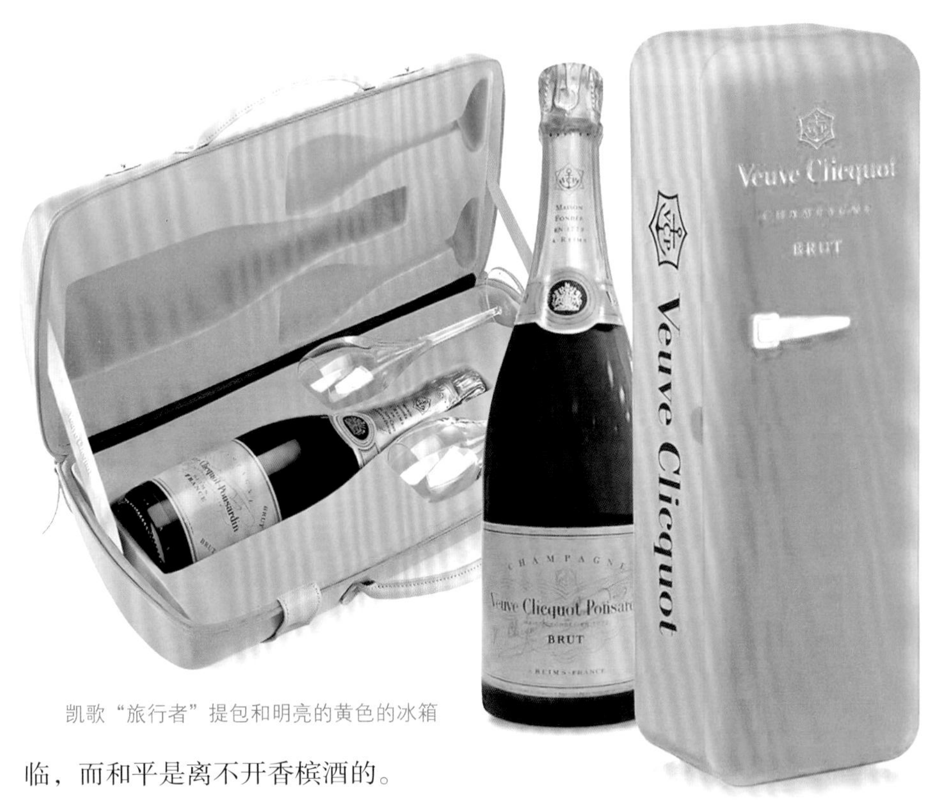

凯歌“旅行者”提包和明亮的黄色的冰箱

临，而和平是离不开香槟酒的。

1811 年，一颗彗星划破了天空，上天开始重新眷顾香槟区。这一年的葡萄分外甘美，该年出产的葡萄酒被俄国人称为“彗星之酒”。先是哥萨克人，接着是普鲁士人，他们抢劫了香槟区的酒窖。酒商们痛心疾首，唯有凯歌夫人从这里看见了商机：“彗星之酒”要声名远扬了。

凯歌夫人放弃了与精明的法国和英国商人合作，而是把目光转投向东欧，在那里寻找新的客户。她派遣了一位优秀的推销商——梅因里希·博内（Heinrich Bohne）进驻彼得堡。1814 年，她突破联军的封锁，将 1814 瓶香槟运到了俄国的宫廷。接下来的 50 年，俄罗斯的香槟市场一直是凯歌香槟的天下。从那时起，凯歌夫人才得以脱离窘困的日子，一跃成为了著名的“香槟之母”。

1818 年，凯歌夫人的酒窖主管——安托万·穆勒（Antoine Muller）完善了沉淀技术。1828 年，当她的酒庄所依托的巴黎银行家进行停业清算时，她的商业经理——爱德华·沃勒（Edouard Werle）典当了自己的资产，

Veuve Clicquot
REIMS FRANCE
VCP
GRANDE DAME
Veuve Clicquot Ponsardin
REIMS
FRANCE
LA GRANDE DAME
Champagne
BRUT
1998

把她从那帮紧逼不舍的债权人手里解救出来。心怀感激的凯歌夫人让沃勒成了酒庄的股东，就是这个人使凯歌香槟酒在世界市场上站住了脚。

有人问凯歌夫人，她的香槟酒品质如何？她会无比骄傲地回答：“只有一个品质——最好的。”凯歌夫人也的确朝着这个方向不断地努力着。

在那个时代，人们很难去除香槟发酵过程中产生的沉淀。工人们笨拙地把酒从一个瓶子倒向另一个瓶子，以清除积存在瓶底的渣滓，然而这样做，香槟中极其宝贵的气泡也就逃逸掉了，口感便少了许多回味。这仿佛是一个痼疾，影响着香槟品质的飞跃。凯歌夫人发誓要解决这个难题，她几经探索，终于想出了革命性的“转瓶法”。她在桌子上钻出一个个洞，将香槟酒瓶倒置在洞里，这样底部的渣滓就会慢慢地沉到瓶口去——唯一需要的手工便是小心地转动酒瓶，以免渣滓黏着在瓶身上。

传说，第一张香槟酒桌还是凯歌夫人用家里的桌子制成的——不管这是真是假，有一点是确凿无疑的，凯歌夫人成功了。清澄的酒液使凯歌香槟风行全球，人们宁可在港口等待那远途而来的凯歌夫人的香槟，也不情愿买哪怕是同一产地的其他品牌的香槟酒，因为凯歌香槟是无可替代的。

凯歌夫人追求完美的天性从未停止过，在 200 年前，她便具备了极超前的品牌意识。她用一只船锚把 Veuve Clicquot Pousardin 首字母 VCP 串联起来，刻铸在酒瓶上，成为当时独一无二的商品标志。她还用黄色的明亮基调设计酒瓶上的招贴纸，创出了经典的皇牌香槟（Yellow Label）。

1866 年，当 89 岁的凯歌夫人去世时，凯歌酒庄的香槟年销售量已达到了 300 万瓶。正是由于上述原因，凯歌酒庄后来由沃勒的后裔——贝尔特朗·德·蒙伯爵经营了 50 年。自从 20 世纪 70 年代后期以来，凯歌香槟进入了收购和兼并的团体发展路线时代，不仅收购了卡罗德·督且诺（Canard Duchene）香槟，而且兼并了约瑟夫·昂里奥（Joseph Henriot）的酒庄。如今，凯歌酒庄已经成为法国路易·威登·莫埃·轩尼诗（Louis Vuitton Moet Hennessy，简称 LVMH）集团中的一员。

今天，当我们啜饮着凯歌香槟，享受它带来的美妙绵柔之时，仍然会想起凯歌夫人，想起这位改变了我们生活方式的传奇女子，想起她那关于美酒与爱情的传奇人生！

在葡萄酒世界中，香槟一直保持着高贵的身段，“极致优雅”的香槟一直是各国皇室的挚爱。历史上，凯歌香槟曾是沙皇挚爱的香槟，它穿越了岁月的时空，从未蒙上没落历史的灰尘，仍然保持着顶级香槟的魅力。

出产于法国香槟区而得名的香槟酒因参与法国国王登基仪式首次享誉世界，从那以后，法国香槟成了与皇室贵族节日庆典及各种仪式紧密相关的必备之物。拥有独特金黄色品牌标记，象征品质、创新与尊贵的凯歌皇牌香槟更是起源于1772年的品牌翘楚。它在凯歌夫人的悉心经营下声名远播，成为最优秀的香槟品牌。凯歌夫人则因其进取和果敢成为她同时代的人公认的伟大女性，并被誉为“香槟贵妇”。200多年以来，凯歌香槟酒庄世代传承着凯歌夫人的箴言：“至醇至美，至尊品味。”

当年，凯歌夫人在她亲爱的丈夫去世后，这个年仅27岁的坚毅女子深藏起内心的痛楚，重振起凯歌家族的事业。当年正值战争期间，凯歌夫人突破封锁线，将凯歌香槟运到俄国，令她自己都没想到，凯歌香槟一炮而红，立即成为俄国沙皇皇室的御用香槟。

今天，凯歌香槟与那些明星也总有千丝万缕的联系，乔治·克鲁尼、布

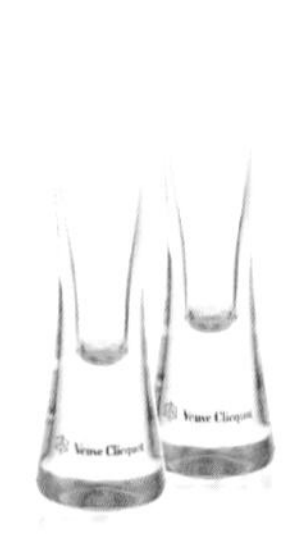

200多年前，凯歌酒庄创造性地酿制出世界上第一款粉红香槟，从此便成为了粉红香槟酿制的标准。2009年情人节前夕，凯歌粉红香槟正式登陆中国，同时带来Mon Amour粉红限量系列，用激情、浪漫、独特的爱情品位尽情演绎这个弥漫着醉人微醺的甜蜜季节。

拉德·皮特等人用凯歌香槟庆祝电影《十二罗汉》的首映式；著名电视节目主持人奥普拉·温弗瑞很久以前便成为凯歌粉红贵妇香槟的大使；明星们竞相购买凯歌贵妇香槟，作为送给朋友的新年礼物！

此外，凯歌香槟也似乎是法国小说和外国小说中最常提到的香槟。在伊安·弗莱明（Ian Fleming）的原著小说《皇家赌场》里，超级英雄詹姆斯·邦德选的就有凯歌香槟。在电影《卡萨布兰卡》中有一个情节，在一个忧伤的夜晚里，亨弗莱·鲍嘉希望英格丽·褒曼能够留下来，褒曼说："假如有凯歌香槟，我就留下……"

18 世纪，凯歌香槟开始销往俄罗斯，成为俄罗斯王室钟爱的香槟。俄罗斯在欧洲各国的征战中，每次胜利沙皇都会选择凯歌香槟来庆祝。今天，虽然沙皇时代一去不复返，但是沙皇们挚爱的凯歌香槟依旧是各国首选的"王室之酒"，走出尊贵光环的凯歌香槟，现如今已成为在至尊时刻享用的顶级香槟。

凯歌香槟酒品质如何？正如凯歌夫人当年说的那样："只有一个品质——最好的。"凯歌香槟一直呈现出生动而多层次的馥郁香气，口感甘醇，却不失清新，充满干果、蜂蜜与花朵的芬芳，圆润迷人。其独特的风格呈现出完美的情致，已经成为时尚人士追捧的至上饮品。

凯歌酒庄的葡萄园是法国香槟区最大的葡萄园之一，其面积约有 2.85 平方千米。可以说，这都是凯歌夫人努力的成果，也是她精明能干的有力见证。当年，她沿着古老的葡萄种植区域一步步地扩充自己的葡萄园，其中包含大量一流的葡萄园，如科德布朗的阿维兹、克拉芒、奥热河畔和勒·梅斯尼尔，还有在兰斯山区的昂博奈、韦尔兹奈和布齐。凯歌夫人当年购置的这些葡萄园，有 12 个至

年份香槟只在真正杰出的年份酿造。如同大自然中的每一个物种都是独一无二而又无法复制的，每一瓶年份香槟都是全新的挑战，带给人们一种全新的味觉体验。2002 年对于香槟是一个相当美妙的年份，再加上一定的窖藏期，凯歌香槟 21 世纪的第一款年份香槟——凯歌 2002 年年份香槟于 2007 年才被推出，它以其举世无双的典雅，开启了凯歌香槟的新篇章。以此与家人共享，无疑气韵倍增。

今仍被评为特级葡萄园区（Grands Crus），这些葡萄园遍布法国香槟区，用来酿制凯歌香槟的葡萄也正出自于此。

如今，凯歌酒庄已经不再使用传统的方法来酿制香槟酒了，而是完全采用现代化技术，所有的葡萄酒都用不锈钢容器发酵。发酵时，根据酵母的产地不同，选用大小不一的不锈钢容器。这不仅提高了凯歌香槟的品质，还使其口感变得更加醇厚细腻，香味依旧很浓郁，纯正的果香相当丰润，风味也比过去更加清新。

在凯歌香槟系列中，贵妇香槟是最能体现现代凯歌一贯风味的一款香槟。它由酒庄传统的 8 个顶级葡萄园的黑皮诺、比诺曼尼以及霞多丽葡萄酿造而成，含糖量 1.5%以下，属于“Brut”（天然）级，包括黄牌、银牌和粉红（玫瑰香槟）三大种类，其中深受女性青睐的玫瑰“贵妇香槟”是以 64%的黑皮诺、22%的霞多丽和 14%的比诺曼尼酿造而成。

将贵妇香槟倒入杯中，那浪漫的粉红色首先绽放出草莓、柑橘、蜜桃以及樱桃般的强劲芳香；加以摇晃，便呈现出细致的蜂蜜、奶油、榛子、杏仁以及烤面包的香气，口感丰富而富有曲线，诱人的香气一浪高过一浪。喝这款香槟，就像经历一场令人神魂颠倒的艳遇！

一般来讲，香槟并不像红葡萄酒那样强调年份，市场上90%的香槟都是不记年香槟，只有遇到雨水、阳光以及气温特别出众的黄金年份，凯歌酒庄才会推出自己的年份香槟，因此，像“贵妇香槟”这种极品中的极品，其美妙程度绝非笔墨所能形容的。

1996年无疑是贵妇香槟最佳的酿造年份之一。贵妇香槟1996年份是典型的金色，带有少量浅绿色的细致轻盈的泡沫。最初入鼻的是丰富而强烈的芬芳气味，你会发现桃子、柑橘的清香，其中还混合着榛子、杏仁的味道。与空气混合后，你能够感觉到少许的烟熏味和矿物成分，以及淡淡的奶油味道。

这款贵妇香槟的口感也十分绵长，入口后的层次丰富的芬芳味道充斥着味蕾。黑皮诺葡萄的强劲和霞多丽葡萄的精致使得香槟达到了一种完美的协调，有着圆润及浓郁的口味以及精致、顺滑的酒体结构和丰富的气泡，这是凯歌香槟1996年份非常典型的特征，饮后余味悠长，令人回味。

可以说，贵妇香槟蕴含了凯歌香槟所有的优秀基因，展现了其无穷魅力，它是一种随着时间而不断改变的香槟，它的那种优雅、纯粹的酒体结构却未因时间的流逝而改变，而是愈久弥香。

全世界最具声望、顶级的“贵妇香槟”，以其完美的品质诠释了凯歌夫人对梦想执着的追求，对未来的真知灼见，对理想的义无反顾，以及她一贯的职业守则：追求完美，至善至美。

200多年以来，凯歌香槟酒一直以其卓越的品质与风格享有盛誉，是生活艺术的完美象征。凯歌香槟完美地体现了凯歌的生活方式，尽情地欣赏生活中一切美好的事物——美、艺术、佳肴与凯歌香槟相互辉映。

借由 Riva 豪华游艇的设计灵感，凯歌为你带来珍藏版香槟礼盒“Cruiser Bag”。跨界的灵感从来都是奇妙的，事实上，“Cruiser Bag”就是受最早的一款 Rivarama 游艇启发设计的。

在今天，凯歌香槟一直被看成顶级香槟的代表，尤其是 1972 年为了庆祝品牌 200 岁生辰和向品牌创始人凯歌夫人这位“香槟之母”致敬而特别酿制的贵妇香槟（La Grande Dame），一直是酒饕迷们不惜一掷千金以求拥有的典藏级酒品。它被认为是凯歌香槟品牌的代表之作，是凯歌酒庄最具声望的美酒。凯歌贵妇香槟绝非一般的年份香槟，它比年份香槟更稀有珍贵。

“贵妇香槟”那优美的醇香、细致的口感，让人觉得一旦品尝，终生难忘，它是人们各种特殊场合中开胃酒的不二选择。它那金黄迷人的色调及典雅独特的酒瓶，完全诠释了一种艺术的极致，更让人着迷。

在国际香槟市场上，“贵妇香槟”的售价令人瞠目结舌。凯歌酒庄与 Riva 游艇公司合作推出了两款香槟礼盒——“Cruise Collection”与“Cruiser Bag”，就高达 65 万人民币。“Cruise Collection”包括 4 瓶 1998 年份凯歌贵妇香槟、两瓶 1988 年份凯歌贵妇香槟大瓶香槟，还可以根据客户要求定制各种酒杯和喝酒时用的器皿。设计团队负责人说：“定制一款珍藏版礼盒大概需要 3~6 个月的时间，大体的尺寸以及颜色不会改变，但是申请定制你所能想象到的任何样子都是有可能的。我们会尽力满足客户的任何富有创意的想法。要知道，只要符合规范并且可行，我们愿意尽自己所能拓展极限。”这套组合被人称为“藏有海风的盒子”，65 万人民币的售价绝非一般人所能接受的。

此外，由著名设计师 Andrée Putman 为凯歌贵妇香槟 98 年份设计的豪华限量版礼盒堪称难得的珍贵礼品，全球限量 2000 套，中国大陆市场只供应 9 套。

凯歌香槟贵妇 98 年份豪华限量礼盒

设计上，这款弥足珍贵的礼盒以不同深浅的黑色国际象棋盘格为主体，淋漓尽致地展现出凯歌贵妇香槟特有的迷人气质。更为绝妙的是创意，礼盒开启后能转化成一个造型典雅的冰桶，给人带来意想不到的惊喜。尽管这款限量版的贵妇香槟的价格十分傲人，但并不影响一些资深品鉴家愿意为它付账，因为这款凯歌贵妇香槟作为特别日子的典藏，与家人或者友人共同见证人生中的重要时刻是再合适不过的了。

在一些香槟爱好者看来，凯歌贵妇香槟已经不是一种酒，它成为了人们生命的一部分。在与家人相伴、与伙伴聚首、与爱人共对的欢庆时刻，人们都不会忘记选上一款晶莹别致、泡沫丰富的凯歌香槟，开启充满浪漫的别样人生。这种生活态度正是来自法国汉斯的顶级香槟品牌——凯歌香槟两个多世纪以来一直秉承的信仰。正是在这种信仰影响下，如今在全球 120 多个国家的各个角落，平均每隔三秒半就有一瓶凯歌香槟被打开。可以说，凯歌香槟带给我们的绝不是简单意义的奢华，而是一种快乐、一种浪漫。

凯歌香槟与保时捷设计室携手合作，打造了这款凯歌香槟“垂直极限”。这个名为“垂直极限”的独特酒柜采用全手工制作并以精钢包裹，全球限量 15 个，亚洲只有一个，尺寸为 2.1 米高，0.6 米宽。

PERRIER JOUËT
CUVÉE
BELLE EPOQUE
CHAMPAGNE
BRUT
BELLE EPOQUE
PERRIER-JOUËT
2002

巴黎之花也许不是最出名的香槟，也许不是最好喝的香槟，但巴黎之花绝对是香槟中最高贵的那个。它不仅拥有最浪漫华美的外表，更拥有扎实醇厚的内心。无论是外还是内，巴黎之花都呈现出一种柔美与高贵。它饱满丰润，令人愉悦的活力，充满唇齿之间，霎时，浪漫的情绪在每个细胞扩散着完美的幸福。

美丽时光

巴黎之花

出于对香槟共同的热爱，尼古拉斯·玛丽·比埃瓦（Pierre Nicolas Marie Perrier）与阿黛勒·欧布尔（Adèle Jouet）创建了巴黎之花香槟酒厂，一个优雅超凡、威望卓著的香槟品牌——“巴黎之花”由此诞生。高雅精致、追求完美是巴黎之花所珍视的价值理念，秉承将精湛工艺与追求完美的品质相结合的传统，近两个世纪来，巴黎之花香槟的杰出威望与品牌魅力倾倒众生。

提到香槟，人们似乎总喜欢将它与爱情联系在一起。当两个人手持香槟，在烛光摇曳的餐桌前默默注视，相信一段爱情马上就要开始了。巴黎之花香槟的创立就有着这样一段浪漫的历史，任何时间跨度达到199年的品酒历史都是意义非凡的，况且

巴黎之花美丽时光玫瑰香槟 1999 年份来自波奇葡萄园，它集顶级玫瑰香槟的所有特质于一身，封存在极富艺术感的 Emile Gallé 瓶中。它拥有雅致柔和的玫瑰色泽与旖旎浪漫的酒香，酒体中既有鸢尾花、紫罗兰的芬芳，又有草莓、新摘黑莓的新鲜果香，还略带丝丝姜辣味，入口清新，余韵柔和，完美的平衡令人难忘。

这段历史开始于一段浪漫的爱情故事。1811 年，软木塞制造商佩里耶·尼古拉斯·玛丽·佩里耶与安德烈成婚，夫妻两人在埃佩尔内市共同创建了巴黎之花香槟酒厂，一个优雅超凡、威望卓著的香槟酒品牌由此诞生。

高雅精致、追求完美是巴黎之花所珍视的价值理念，秉承将精湛工艺与追求完美的品质相结合的传统，近两个世纪来，巴黎之花香槟的杰出威望与品牌魅力倾倒众生。用品酒专家理查德·尤林（Richard Juhlin）的话说："从 1811 年到 2010 年，巴黎之花已经迷倒世界 200 年了"。事实也是如此，自从巴黎之花香槟诞生以来，就因其卓尔不群的品质征服了全欧洲。它以法国白岸顶级葡萄园的精选葡萄为原料，营造出浓浓的贵族气息。

在这些历史悠久、特性各异的优秀葡萄产区相互均衡呼应下，巴黎之花的独特魅力更趋丰盈完美。近 200 年来，巴黎之花香槟的杰出威望与品牌魅力令整个世界为之折服，被众多国际专业人士奉为最尊贵、最精美的名酒。

巴黎之花是在 1902 年开始真正享誉世界的。也许你不会在其他酒瓶上看到如此精致曼妙的图案：花藤团簇的白色银莲花与金色玫瑰藤蔓配合修长的瓶身，透射馥郁的艺术气息，融合了高雅与浪漫——那是法国著名玻璃艺术大师埃米尔·加莱（Emile Gallé）于 1902 年为顶级香槟品牌巴黎之花的美丽时光系列精心雕绘的酒瓶。精美的图案与瓶中香槟的香醇典雅交相辉映，这个精美绝伦的艺术品成为巴黎之花香槟的象征，也是"美丽时光"（Belle Epoque）的象征。

巴黎之花美丽时光香槟 1998 年份令人们体验到了香槟登峰造极的魅力，该款香槟融合魅力与典雅于一身，以精挑细选的优质葡萄为原料，其中 50%莎当妮葡萄、45%的黑皮诺葡萄和 5%的莫妮耶皮诺葡萄，淋漓尽致地展现出优雅芳香和轻盈的特色。瓶身使用 1902 年新兴艺术家、玻璃制品大师埃米尔·加莱的白色银莲花设计，内外均无与伦比、超越完美。独一无二的年份令香槟口感特别丰富柔润，初期的水果清香逐渐转化为诱人的甜蜜香味，浓郁的醇香雅致而又率真。

20 世纪初叶，当时的法国正处于“新艺术”浪潮时期，整个时代被崇尚美丽奢华、愉悦欢欣，充满艺术与高雅气息的氛围所笼罩，它是法国文化精髓的缩影，也是一段令人永远铭记的美好岁月。

1902 年，巴黎之花的经营者找到埃米尔·加莱（Emile Gallé）这位毕业于南茜大学（Ecole de Nancy）艺术学院的新型艺术玻璃制作大师，要求他为巴黎之花香槟设计酒瓶。在酒瓶上作画在当时绝对是一个创举。当时艺术大师埃米尔·加莱（Emile Gallé）为巴黎之花绘制了 4 个有白色银莲花和金色玫瑰藤蔓的图案，这一杰作史无前例，至今让人过目不忘。也就在那

时，巴黎之花香槟获得了巨大成功。

如果你认为巴黎之花香槟的成功靠的是酒瓶包装，那就大错特错了。巴黎之花之所以能够成为世界顶级香槟，最主要的就是它完美的品质和足够长的成熟期。世界上仅存的最后三瓶最古老的葡萄酒之一就是巴黎之花1825年的香槟，如今这款香槟已经被一些国际知名葡萄酒评论家品尝完毕，包括苏富比国际葡萄酒部总监塞丽娜·萨克利夫（Serena Sutcliffe）与法国著名葡萄酒评家迈克尔·毕坦（Michel Bettane）。

如果你想品尝世界上最古老的香槟——1825年份巴黎之花Sillery，最好抓紧时间，因为目前仅剩两瓶。不过一般人恐怕永远没有这个机会了，能获得这样一瓶香槟的机会几乎为零，除非你是一名顶级葡萄酒评论家或皇室成员。而有幸品尝此酒的品尝者称，当巴黎之花第七任酿酒师赫夫·德尚（Hervé Deschamps）打开了这瓶历史悠久的香槟，全场爆发出一阵热烈的掌声。这瓶香槟酒简直令人难以置信，由于酒体被严重氧化，因此没有出现气泡。苏富比的苏特克莱芙（Sutcliffe）从未品尝过如此古老的香槟，她说：“这瓶酒年轻时一定充满活力，非常甜美。”

法国著名葡萄酒评家迈克尔·毕坦（Michel Bettane）说：“巴黎之花香槟的顽强生命力是无法想象的，尤其是1928年的巴黎之花，酒体至今完美无缺、醇厚细腻，可以说是20世纪最伟大的年份香槟。”对迈克尔·毕坦（Michel Bettane）的看法，国际葡萄酒部总监塞丽娜·萨克利夫（Serena Sutcliffe）十分认同，他说：“世界上也许没有哪一款香槟的成熟期能像巴黎之花这样漫长，即使距离现在已经100年的1911年份的巴黎之花香槟，至今仍然处于年轻阶段。”根据专业部门评定，产于19世纪的巴黎之花年份香槟，都展现出极强的生命力，其中1825年、1846年和1858年的巴黎之花的品质可以与世界上任何一款顶级香槟相媲美。

今天，巴黎之花香槟虽然已经被法国保乐力加集团收入旗下，但其品质与200年前没有丝毫的变化。对于巴黎之花而言，其名作“美丽时光”系列香槟以令人惊艳的、20世纪初独一无二的艺术气息，成为那个年代绝美经典的写照。

今日，在巴黎之花的起源地法国埃佩尔内市，有一座落成于19世纪90年代的华丽的美丽时光酒庄（Maison Belle Epoque），它汇集了马若雷勒（Majorelle）、加莱（Gallé）、多姆（Daum）、莱俪（Lalique）乃至罗丁（Rodin）等“新艺术”浪潮时期著名艺术家们的精美创作，包括当今世界最大规模的美丽时光时期私人家具及艺术品收藏，巴黎之花用这样一个重塑美丽时光氛围的浪漫款待全球喜欢香槟的人们。

巴黎之花，高雅、精致、完美，历久弥新。不因时间的流逝而改变丝毫，顽强绵长的生命力与成熟期，让其见证了历史，更给今天的人们带来了无限的尊贵。

1825年，法国国王查理十世在兰斯大教堂加冕，为了庆祝这一特殊时刻，法国宫廷选用了巴黎之花香槟。这批香槟在见证了这场盛大典礼之后，被永久封藏起来。随着时光的流逝，这些香槟直到

200 多年后被公布于众。这些 1825 年的巴黎之花，被称为香槟中的“无价之宝”，令众多品鉴家拥趸一生。

2009 年，全球的香槟爱好者将目光投向了位于法国香槟区的埃佩尔内市，世界顶级香槟品牌巴黎之花在其酒庄举行了一场具有历史意义的品鉴会，20 支沉睡了近两个世纪的巴黎之花窖藏年份香槟于那年的春天美丽绽放。品鉴会一并开启了包括全世界尚存最古老的香槟——巴黎之花 1825 年份香槟在内的 20 款年份香槟。其中就包括尊贵的巴黎之花 1874 年份香槟，这款香槟曾在 1885 年全球著名的一次拍卖会上出现过，当时是全球最昂贵的香槟。

巴黎之花 1825 年份香槟还被《吉尼斯世界纪录大全》收录为世上尚存最古老的香槟之一。这些跨越了将近 200 年的巴黎之花香槟，每一滴都弥足珍贵。

亚洲最具影响力的葡萄酒评论家庄布忠先生感慨道：“能在一日之内体验巴黎之花家族跨越 178 年历史的 20 款珍藏顶级年份香槟，这无疑是激动人心的一刻，我深感荣幸。这些 100 多岁的巴黎之花香槟可谓各具特色，然而当最后一滴佳酿融化于舌尖时，我忽然顿悟，原来透过这一连串细腻芬芳的气泡，真正触动内心的是巴黎之花对于酿制完美香槟的不懈追求及对优雅和平衡口感近乎固执的坚持。”

这就是巴黎之花，高雅、精致、完美，历久弥新。不因时间的流逝而改变丝毫，恰如忠贞不渝的爱情。也许有一天，当你看到这样带蔓藤银莲花图案的酒瓶时，就会暗自发誓：总有一天，我要和一个重要的人，在某个地方，开一瓶巴黎之花……

巴黎之花香槟凭借着其遍布在香槟区各地的超过 64 万评分米的葡萄园，以及独特的混合了莎当妮、黑皮诺和莫妮耶皮诺三种优质葡萄的酿造方法，带来明亮而清新，同时兼具了圆润和浓郁果味的完美口感体验，更成为香槟酿造工艺方面完美的典范。

有人会问巴黎之花为何有如此强的生命力？这

被《吉尼斯世界纪录大全》收录为世上尚存最古老的香槟之一的巴黎之花 1825 年份香槟。

1978年份的巴黎之花玫瑰香槟，体现出约30个大葡萄园的完美合作，其中有40%的黑皮诺葡萄、30%的莫妮耶皮诺葡萄和30%的莎当妮葡萄。它的酒体力度适中，悬钩子、野草莓和玫瑰花瓣的馥郁芬芳优雅曼妙，犹如丝绸般柔滑细腻，淡淡的红果香及柔和的柑橘味营给予令人愉悦的清新体验。这是一款堪称完美的玫瑰香槟，无疑也是甜美魅力的高贵象征。

完全取决于葡萄的选择、独特的酿制工艺，还有不可言传的调配艺术。

巴黎之花香槟首席酿酒师赫夫·德尚（Hervé Deschamps）认为，拥有很好的葡萄园非常重要，这能够保证产品品质，也可以保证系列产品的连贯性。在巴黎之花近200年的历史中，赫夫·德尚（Hervé Deschamps）是第七任首席酿酒师，在巴黎之花也已经工作了将近30年的时间。长久以来，他一直保持着对这份工作的热情，这种热情和对这份工作的喜爱也是保证巴黎之花产品连贯性的重要因素。

好的品质一直是巴黎之花酒庄所推崇和关注的，因此巴黎之花对品质的追求一直比较苛刻。作为首席酿酒师，赫夫·德尚（Hervé Deschamps）会对每款香槟做不同的分析，当然最重要的还是去品尝，不停地品尝，在酿造过程中品尝，在醇化过程中品尝，去领悟最适合把酒液封瓶推出的时间。

赫夫·德尚（Hervé Deschamps）最著名的代表作品就是巴黎之花美丽时光香槟。在酿造美丽时光香槟时，这位酿酒大师表现出了属于自己的独特风格，这种风格是他及其六位前任在两个世纪以来所孜孜以求的品牌特点：魅力与典雅。

美丽时光香槟是创意的结晶，天才的直觉与专业的知识是这种创意的原动力。赫夫·德尚（Hervé Deschamps）将来自各产区的酒分别装在小酿酒桶中，对它们逐一进行研究。他反复品尝，甄选出其中的最佳，力求将美丽时光高雅、芳醇、轻盈的品质表现得淋漓尽致。

在调配巴黎之花香槟时，赫夫·德尚（Hervé Deschamps）不做任何预先调配，只是草草勾勒出计划大纲，然后一气呵成，直接创造出最终的佳酿。

调配好的美丽时光香槟将被存入巴黎之花古老的白垩酒窖中，用将近六年的时间缓慢地窖藏陈酿，逐步散发出其全部的丰盈潜质，最终酝酿成顶级年份香槟。这位酿酒大师的独特创造力在巴黎之花美丽时光香槟的酿造中表现得淋漓尽致。

在法文中，Belle Epoque——美丽时光，指的是20世纪初法国人崇尚极致奢华优雅的年代。在那个时期，到处都是歌舞、欢乐、派对和时装。所以美丽时光表示的不仅是一段美丽的时间，更代表了一种欢乐、幸福的生活模式。这种理念被巴黎之花香槟完美地诠释出来。

在国际香槟市场上，一直是诸如酩悦、库克、唐·佩里侬（Dom Pérignon）香槟王等香槟占据世界顶级香槟的宝座。不过，这个宝座如今又多了一个强有力的竞争者，那就是法国保乐力加集团推出的名品巴黎之花“美丽时光”香槟。

帕特里克·理查德（Patrick Ricard）是保乐力加集团总裁兼首席执行官，他表示：“新推出的‘美丽时光’香槟每瓶约为1000欧元，这将使零售价在每瓶180~220欧元的香槟看起来就像廉价的西班牙起泡酒，但我们不会大量生产。”面对股东们提出的诸如保乐力加在面对更大的奢侈品巨头如

PERRIER
JOUËT
CUVÉE
BELLE
EPOQUE
CHAMPAGNE
BELLE EPOQUE
PERRIER-JOUËT
2002

LVMH 集团时将采取什么对策的问题，帕特里克·理查德丝毫不予理会，他只相信巴黎之花绝对有这样的实力取得胜利。

事实也是如此，巴黎之花白中白香槟（Champagne Perrier Jouet Fleur de Champagne 2000 Brut Blanc de Blancs）一经推出，立即引起全世界葡萄酒界的轰动。如 2000 年的美丽时光香槟保乐力加集团向全球只限量发行了 100 套，其中在英国仅有 10 套，每套 12 瓶装，售价为 35000 英镑，是目前全球价格最贵的香槟。目前，这 10 套巴黎之花礼盒专门由英国皇家歌剧院、国际精英会和 Ritz 大饭店销售。

另外，保乐力加集团还决定，凡是购买这款香槟的人，都将得到去"美丽时光酒庄"免费旅行的机会，还有机会见到巴黎之花酿酒师赫夫·德尚（Hervé Deschamps）。法国保乐力加集团英国分部主管克里斯评价称："对于葡萄酒鉴赏精英而言，这是一次千载难逢的机会。"

巴黎之花的确算得上奢华、昂贵，但是其独特、完美的品质无可挑剔。即使如此，法国影星苏菲·玛索、法国服装设计师法赫里、伦敦雕塑家安东尼·葛姆雷以及英国歌手、演员玛芮安妮·菲丝弗都购买了这款昂贵的礼盒。

巴黎之花白中白年份香槟 100%由产自白岸地区——特别是卡门谷的霞多丽葡萄酿成，是一款不可多得的佳酿。它清爽新鲜，呈淡金黄色，带有强烈的丁香和红柚味以及淡淡的慕思、蜂蜜、香草和苹果味。这款香槟继承了巴黎之花的优秀基因，那就是年份越长，完美平衡的葡萄酒口味就越丰富和复杂。因此，它堪称香槟中的珍品，价格自然不菲。

巴黎之花美丽时光的白中白年份香槟是保乐力加集团最得意的产品，高高在上的风格是他们所推崇的。除了法国保乐力加集团总部，其他国家的分公司做展柜都不允许用巴黎之花美丽时光，一切关于巴黎之花的问题都要请示法国总部，可见它的身份非同一般。

在法文中，Belle Epoque——美丽时光，指的是 20 世纪初法国人崇尚极致奢华优雅的年代。在那个时期，到处都是歌舞、欢乐、派对和时装，所以美丽时光表示的不仅是一段美丽的时间，更代表了一种欢乐、幸福的生活模式。这种理念被巴黎之花香槟完美地诠释出来。

在香槟的王国里，有一个品牌把艺术和酒完美地结合在一起；在查尔斯王子和戴安娜王妃隆重的婚礼上，出现过它的身影；100%的霞多丽让人们品尝到它独特的清爽——它就是泰廷爵香槟。

泰廷爵

泰廷爵仅用70多年的时间就将自己的名字与法国的香槟酒酿酒文化紧紧地联系在一起，它不仅代表着法国香槟的品位，还诠释着顶级香槟的完美品质。

法国的葡萄酒历史悠久，据考证，早在公元前8世纪左右，希腊生产的葡萄酒就已经在高卢风靡起来。宗教对葡萄酒的发展起到了关键性作用，那些修道院的教士通常被看作是历史上的酿酒师。在法国兰斯地区，曾经有一座名为圣尼古拉修道院，这里的教士从13世纪开始就从事葡萄酒的酿制工作了，这所修道院是13世纪宗教艺术的瑰宝，是世界上为数不多的仍在酿酒的修道院之一。只可惜，圣尼古拉修道院最终在法国大革命中被毁。后

泰廷爵白中白香槟
此款香槟色泽为很浅的黄色，气泡极其细腻、轻柔，宛如一条跳动的慕思飘带。花香浓郁突出、精妙复杂。开始散发出山楂和蜂蜡的气息，随即迸发出清淡的鲜橙和凤梨的气味。口感生动活泼，悠长的余味中充满了柠檬和典雅的花香。
COMTES
DE CHAMPAGNE
BLANC DE BLANCS
1999
TAITTINGER

泰廷爵特级玫瑰香槟

精选黑比诺（Pinot Noir）单一品种添加少量同种红酒酿制，和泰廷爵干邑香槟（Taittinger de Champagne Blanc de Blanc）一样，是十分少见的单一品种香槟，其质感倾向强劲浓厚，色泽桃红娇艳，带有多种温带水果的香气，余韵清新悠长。

来的泰廷爵酒庄就是建在这座修道院的旧址之上。

18 世纪早期，兰斯地区的本笃会修道院 Hautvillers、Pierry、Verzy 以及 Saint-Nicaise 拥有香槟区最好的葡萄园。他们种植葡萄，并用收获的果实酿造出第一批起泡酒，虽然他们亲自销售一部分酒，但主要还是由埃佩尔内或兰斯地区的代理商经销。而于 1734 年由香槟经销商雅克·弗尔诺成立的零售和出口公司（也就是后来的泰廷爵）也在其中。

1912 年前后，泰廷爵家族的创始人皮埃尔 – 查理·泰廷爵（Pierre-Charles Taittinger）和他的妹夫们共同建立了一家企业，主要负责香槟的零售和出口业务。泰廷爵家族原本植根于法国洛林地区，但在 1870 年根据法兰克福条约的规定搬迁到巴黎地区，以保持法国国籍。

皮埃尔 – 查理·泰廷爵在第一次世界大战时期曾任骑兵军官，当时他第一次造访了埃佩尔内附近的德·拉·马克特瑞城堡，当时那里曾是著名文学家伏尔泰和戏剧家博马舍经常出入的场所，因此那里在历史上颇有盛名。这座宅院坐落在香槟区风景最优美的一座山脚下，纯粹的 18 世纪风格让他一见钟情。宅院附属的葡萄园里种植着大面积的葡萄，收获季节将近时，整片田野酷似国际象棋的棋盘。这片名叫 Marquetterie 的葡萄园归乌达尔修士（Friar Oudart）所有，此人是香槟的创始人之一。

第一次世界大战后，皮埃尔－查理·泰廷爵搬迁到此。此时，雅克·弗尔诺的公司和泰廷爵家族合而为一，后者持有管理权。1932年，皮埃尔·泰廷爵成功地购得了这片地产。当时这里是哲学家卡佐特（Cazotte）的住宅，他在法国大革命时期因为忠于路易十六而被送上了断头台。

1945年，泰廷爵葡萄园在法国众多葡萄园中脱颖而出，成为法国香槟区一支重要的新生力量。泰廷爵之所以能够取得如此大的发展，完全要归功于皮埃尔·泰廷爵的两个儿子，他们是弗朗索瓦·泰廷爵和克劳德·泰廷爵。兄弟两人悉心经营，泰廷爵的名气也越来越响亮，泰廷爵香槟开始崭露头角。弗朗索瓦·泰廷爵在1960年去世，克劳德·泰廷爵几乎将毕生的精力都倾注到企业的发展上。由于功劳卓绝，克劳德·泰廷爵还曾获法国荣誉勋章的提名。

第二次世界大战之后，泰廷爵公司的发展极为惊人，先是在1955年收购了依沃的香槟公司；经过十几年的发展，于1973年收购了卢瓦尔河的起泡葡萄酒商布维特·来督比的公司；仅仅两年后，又收购了协和旅馆连锁店。泰廷爵公司逐渐成为一个拥有百乐水晶、安尼克·古蒂埃香水等时尚奢侈品品牌的综合集团，不过最令他们引以为荣的还是与集团同名的香槟酒。纵然在盛产葡萄美酒的法国，泰廷爵香槟也是数一数二的香槟。值得一提的是，泰廷爵目前也是硕果仅存的、能把企业的生意牢牢地掌握在自己手中的法国家族，他们的名字也与法国的香槟酒酿酒文化紧紧地联系在一起。

泰廷爵被人誉为香槟中的年轻人。之所以这么说，是因为其使用泰廷爵这个名字只有70年的历史。虽然如此，但泰廷爵香槟酒却是法国最古老的香槟酒品牌之一，其酒庄也是法国香槟区内历史最悠久的香槟酒庄之一，而且它素以高贵、华美著称于世。

在法国，香槟酒那跳跃的气泡代表了路易十四时代的奢华生活，体现了维多利亚时代的太平盛世。到了现代社会，无数法国著名香槟酒见证了历史，如酩悦香槟就曾见证了伊丽莎白的登基大典，而法国本土的顶级香槟——泰廷爵香槟酒也见证了查尔斯王子和戴安娜的婚礼。

泰廷爵香槟受到很多名人的喜爱，比如泰廷爵“伯爵白中白”香槟是英国著名的《詹姆斯·邦德 007》的创作者伊恩·弗雷明最喜欢喝的香槟酒。这款香槟曾出现在邦德电影里非常有名的“爱在俄罗斯”镜头中。而泰廷爵“伯爵桃红”香槟是著名的俄罗斯舞蹈家和舞蹈指挥家鲁道夫·诺雷瓦最喜欢的香槟。他说：“当我喝泰廷爵伯爵香槟的时候，我感觉自己不是在跳舞，而是在飞!”

多年来，人们惊讶于泰廷爵香槟酒为何总有一股清醇的花香，而泰廷爵家族一直对自己所生产的香槟酒的配方及工艺守口如瓶。实际上，泰廷爵香槟一直采用霞多丽白葡萄作为酿制香槟的主要原料。霞多丽酿造的葡萄酒通常具有菠萝、青苹果或者梨的气息，口感比较圆润、中性，酸中微微带有一丝甜味。当年富于创新精神、目光长远的皮埃尔·泰廷爵决定把霞多丽作为自有品牌的主要葡萄，事实证明这是个明智的决断，现代消费者喜欢霞多丽的轻盈、精巧、优雅的特质。从 1945 年起，皮埃尔·泰廷爵的三个儿子弗朗索瓦·泰廷爵、克劳德·泰廷爵和让·泰廷爵见证了一段自家香槟酒厂效益猛增的历史，他们为了获得品质上乘的霞多丽白葡萄，不断扩充家族的葡萄园，如今泰廷爵家族在香槟区最好的地段拥有 34 座葡萄园，种植面积为 288.84 万平方米，除自己种植外，泰廷爵家族还从最好的葡萄供应商处购买葡萄作为补充。可以说，泰廷爵家族是法国最好的霞多丽葡萄园的最大买主。

泰廷爵家族一直采用传统的方法来酿制香槟酒，以第一遍压榨的汁液为原料，严格按照传统的方法酿成。由于坚持只采用第一次压榨的葡萄汁酿造香槟，泰廷爵香槟酒向来以新鲜芳香的口感与优美持久的气泡深受世人喜爱，它以精选自各年份的霞多丽葡萄酿制调配而成，带有浓厚的青苹果和李子的香味，以及淡淡的干果仁和烟熏气息，口感均衡协调。

泰廷爵家族沿用圣尼古拉修道院当年遗留的酒窖来存放香槟，因为这里恒定的温度和湿度十分适合香槟发酵。为此泰廷爵家族翻修了这座酒窖。

泰廷爵酒厂一直以这座古老的酒窖引以为自豪。该酒窖长达 4 千米，微弱的灯光照亮迷宫般的通道，通道靠墙的两侧是一排排“品”字形的香槟酒架。该酒窖建于不同的时期，最早可追溯到公元 4 世纪的古罗马时代。罗马人为了战事需要，取土修建工事，为了防止塌方，他们采用了独特的井式结构的取土方式，挖掘到了一定的深度，井沿阶梯状向四周扩展，从下往上望去，垂直的井筒如同金字塔形状。在这里，常年存放着各种规格 300 多万瓶香槟，加上另一个新厂地下酒窖存放的香槟，总共在地下存放了 2000 多万瓶香槟，光这些存放的香槟就是一笔巨大的财富。如今，在泰廷爵酒厂的酒窖里，一瓶瓶的窖藏香槟酒像一支支沉睡着的军队，时刻等待人们的唤醒。

泰廷爵是珍藏香槟的极品，它倒入高脚杯的瞬间就像是一位气质优雅的女士在弹奏一支钢琴曲，丰富的气泡从杯底缓缓地上升，伴随着香槟酒体特有的晶莹与色泽，演绎一场浪漫的故事。

年份香槟不是年年都能有的，只有那些出色的年份，一些知名的香槟品牌才会考虑制作体现当年葡萄品质特色的年份香槟。泰廷爵香槟也是如此，泰廷爵香槟系列中的“伯爵白中白”年份香槟，一直都十分抢眼。

泰廷爵“白中白”年份香槟是极少数仅以霞多丽单一品种酿造的香槟，名列法国三大白中白香槟之一；它的风味极其独特不俗，充满浓郁的柑橘芳香，口味则带有白葡萄柚、莱姆及杏仁烘焙熏香，曾多次被《葡萄酒的热情》（Wine Enthusiasm）杂志评为最佳年份香槟。泰廷爵“白中白”年份香槟还是电影里的英雄詹姆斯·邦德所喜爱的一款泰廷爵香槟，他曾在剧中说过：“给我一些泰廷爵的 Blanc de Blanc 香槟，它不是那么有名，但却是世上最好的香槟。”

有几款泰廷爵“伯爵白中白”年份香槟极为出色，比如 1995 年与 1998 年这两款年份香槟，曾被列为世界十大顶级香槟。1995 年泰廷爵极品白全部由产于白岸（la Cotes des Blancs）的霞多丽白色葡萄酿制，为了保持当年葡萄天然的好口味，只调和了 5%的陈酒。它的酒色亮白，泡沫细腻，气味复杂，最初以栀子花的芳香和青柠檬的清凉吸引着敏感的鼻子，最后却以甘甜的香草味收尾。这款酒是法国三大极品白香槟酒中的一位佼佼者。1998 年的泰廷爵白中白香槟既可现在品尝，也可继续陈放。这款香槟是葡萄经过手工初榨后，被放入泰廷爵的酒窖中贮藏近 10 年，具有白花香味、柑橘口味和平衡绵长的后味。

热爱香槟的人说，一瓶香槟就是一件艺术品。因为它不仅有优雅的口感和视觉质感，还与艺术品一样，具有一种感染情绪的力量。香槟与艺术相结合则是一件更有意思的事情。香槟中的极品泰廷爵的“艺术家之选”就是这样一组堪称艺术之酒的登峰造极的杰作。

酒标是酒的名片也是一种艺术品，它以优美的设计、各异的图案、不同的色彩表达了不同的内容和主题，涵盖了丰富的文化艺术信息。它在不同地区、不同时代以不同的内容和形式表达了人们不同的思想、审美情趣和情感态度。也许你不知道，某些酒的酒标同样具有经济价值，比如泰廷爵香槟的“艺术家之选”系列。

泰廷爵酒厂前任 CEO 克劳德·泰廷爵就是一个酷爱艺术的人，他用心感悟香槟，一直都梦想着能在艺术和商业之间搭建一座沟通的桥梁。当他体会到自己那些选自绝佳的年份、上好的葡萄园，精心酿制和调配并珍藏的年份香槟带来的艺术享受时，自然而然地想要为它们量身定做一件与其艺术内涵和气质相匹配的“外衣”。在与多位艺术家好友交流后，便有了现在泰廷爵独特的“艺术家之选”。克劳德·泰廷爵说：“我们决定维持‘大师’的地位，生产限量的极品香槟。”

克劳德·泰廷爵表示，之所以推出艺术酒标就是为了让一瓶葡萄酒能展现出更多的内涵和价值。当人们追逐伟大年份赋予葡萄酒出众品质的同时，也会寻求特殊意义酒标的价值。精湛的酿酒技艺被称为是一门艺术，珍藏诞生的过程被视为艺术创作，傲世独到的佳酿被当成艺术品，并绝对具有艺术品的身价。现代的葡萄酿酒人更是将葡萄酒与纯粹的绘画、雕塑等艺术直接结缘。一件件艺术大师的作品被引入葡萄酒标签或酒瓶装帧，葡萄酒艺术性的内涵由外在的艺术感直接诠释，更深刻地激起人们的共鸣，体会精美的艺术升华。

泰廷爵“艺术家之选”在香槟酒瓶外包裹上一层完整的塑料层，上面多是当代著名艺术家为此年份香槟酒设计的绘画作品，反映出泰廷爵香槟酒精益求精的艺术性，在瓶塞顶端的金属小盖上也绘上相呼应的图案。

泰廷爵“艺术家之选”

从 1983 年泰廷爵酒厂推出“艺术家之选”系列第一款年份香槟至今，总共推出不过 10 款。更加值得珍藏的原因在于每一款“艺术家之选”都是限量发售。比如，1998 年年份香槟酒的“外衣”是法籍华裔艺术大师赵无极老先生的作品，仅发售 5000 瓶，尽管价格不菲，爱好者依然趋之若鹜。

CHAMPAGNE
TAITTINGER
Reims

汉诺香槟的高贵来自于其家族对酿酒信念近两个世纪的坚持与执着，200多年来，汉诺家族一直用香槟诠释着感官与精神之间微妙的平衡，像爱护自己的身体一样呵护他们的香槟，像梳理自己的头发一样编制着顶级香槟的美感。

CHAMPAGNE
HENRIOT
MAISON FONDÉE EN 1808

霞多丽的杰作

汉诺香槟

历史篇
LISHIPIAN

1550年，汉诺家族定居法国兰斯，开始经营酒品的代理。从路易十四年代开始涉足酿酒工业，直到1808年，“汉诺”才正式成为香槟品牌，由汉诺家族管理。时至今日已运作近两个世纪，一直保留着家族式的传统酿造秘诀，并精选家族葡萄园所种植的葡萄品种为酿酒的原料。汉诺家族旗下有3大品牌，其酒品进入世界各地高端市场，如美国、法国、英国、日本等地，是众多高级餐厅必备的酒品之一。

在法国香槟区，香槟品牌数不胜数，很难有人说得清全部品牌，所以当你向当地人询问某个品牌而他却一无所知时，你也不必为此感到奇怪。在如香槟瓶内气泡般多的品牌中，有一个家族式香槟酒庄——它是目前最大的、仍然完全由创始家族后代

HENRIOT
REIMS
HAMPAGNE
ENRIOT
FONDÉE EN 1808
ROSÉ
IMS FRANCE

汉诺玫瑰香槟拥有娇嫩柔和的粉红色泽、清新迷人的草莓香气、丰满成熟的酒体，在欢快的气泡升腾中纷纷呈现出香槟多姿多彩的魅力。

此款香槟可与各种禽肉荤食甚至中餐里的川菜、湘菜等辛辣重口味菜系相配。此外，搭配口味相近的草莓、樱桃等水果，以及用此类水果制成的甜点，则能化去甜点的浓腻，带出馥郁又清爽的香甜滋味。

掌控的香槟酒庄，它就是汉诺。

16 世纪，汉诺家族在法国香槟地区安了家，并且开始经营葡萄酒。他们从路易十四年代就涉足酿酒行业。1794 年，尼古拉·西蒙·汉诺与阿伯林·高迪诺结婚，阿伯林的叔叔就是当地著名的葡萄种植者，这次联姻催生了汉诺香槟的诞生。1808 年，汉诺香槟行正式由阿伯林·汉诺——尼古拉·西蒙·汉诺先生的遗孀正式建立，汉诺也正式成为香槟品牌。汉诺家族继承了父亲家族在 Bouzy 的葡萄园，并以尤乌·亨里厄特·艾妮（Veuye Henriot Aine）的名称销售自己的香槟。

1850 年对汉诺香槟来说是具有特殊意义的一年，这一年汉诺香槟被认定为荷兰宫廷专供香槟酒。从那以后，经过半个世纪与当地香槟经销商的合作，汉诺获得了长足发展，并得到了奥地利以及匈牙利皇室的认可，进一步确立了汉诺在香槟地区的地位。

与当地其他香槟酒庄一样，汉诺也遭受到了根瘤蚜的危害以及第一次世界大战的洗礼。汉诺酒庄几乎在一夜之间被洗劫一空，当时汉诺酒庄拥有大型存酒库，而这些酒窖在第一次世界大战和禁酒令的颁布时期遭受浩劫。那时的葡萄园变成战场，酒窖避免不了被洗劫一空。在大战期间，香槟酒在海外市场也随之消失殆尽，经济萧条使人们无力购买这类奢侈品。当时只剩下俄国市场，而在1917年的“十月革命”之后，这个市场也不复存在。

艾田·汉诺（阿伯林·汉诺的曾孙）并未放弃，他用自己的专业知识，不仅重建了葡萄园，而且通过收购扩大了面积。在20世纪30年代，当地经济发展低迷，艾田致力于开拓海外市场，直到他的生命的最后一刻。但好景不长，第二次世界大战的爆发又给汉诺酒庄带来了创伤，葡萄园再次变成了战场，法国被纳粹德国占领。直到第二次世界大战结束以后，香槟地区才开始重建和恢复。

艾田的儿子约瑟夫·汉诺接管了汉诺酒庄之后，在致力于自己产品提升与发展的同时，他与当地的品牌进行联合，共同拓展市场，使汉诺香槟酒品牌不仅在法国享有了很高的声誉，在欧洲市场同样被广泛认同。今天，汉诺酒庄的管理权已经传到家族第八代传人，续写着汉诺家族辉煌的历史。

两个世纪以来，汉诺家族依然保留着酿造汉诺香槟的传统秘诀。精选最优质的葡萄园所种植的霞多丽葡萄，这是汉诺香槟的精髓所在。来自相同葡萄园而不同地点的相同葡萄品种，都会被分开发酵，确保每年生产的汉诺香槟系列每款的风格独一无二，与众不同。

在近两个世纪的时间里，汉诺酒庄的香槟事业已经传到汉诺家族第八代传人，他们保留着酿造汉诺香槟的传统秘诀——其主要特点就在于掌握“酒与酒渣接触时间”、“陈酿时间”、“酿酒技术”等。

汉诺酒庄在香槟地区拥有许多葡萄园，它们大部分都分布在顶级酒庄之中，比如阿维兹（Avize）、赛热尔（Oger）、韦尔蒂（Vertus）、加门特（Cramant）、舒伊（Chouilly）、韦尔兹奈（Verzenay）、韦尔济（Verzy）等酒庄都有汉诺酒庄的葡萄园。由于这些葡萄园所处的地理位置比较特殊，那些地方都为典型的法国北方气候，其气温保持在9.5℃到10℃左右，致使葡萄成熟缓慢，这为香槟酒和葡萄酒提供新鲜且恰到好处的口感。

汉诺香槟酒的酿制有一套十分特殊的工艺，这种工艺从葡萄采摘就开始了。为了保障香槟的品质，汉诺酒庄在采摘葡萄时都是采用现摘现压，避免葡萄在运输过程中受到损坏，尤其是容易氧化和发酵的黑皮诺葡萄。按香槟区的规定，每4000千克的葡萄，只能榨出2500升用来酿酒的葡萄汁。为此，汉诺家族使用各种不同种类的压榨器材，而且这些设备都是通过法国香槟行业委员会测试过的顶级的葡萄压榨设备。汉诺酒庄出产的所有香槟酒都是通过这种不计成本的方法酿制的，另外所有系列的香槟酒都只选用第一次压榨的葡萄汁。

如今，汉诺酒庄已经不再使用橡木桶来酿制香槟酒了，他们坚信用现代科学方法酿制出来的香槟酒要比原来的更好。最值得一提的是，汉诺香槟所散发香味的种类是最多的，有黄油味、蜜糖味、菠萝味、桃子味、茴香味，等等。一般来讲，香槟酒的香味大概有600多种，汉诺香槟是如何做到这一点的呢？这其中的奥秘就在于原酒的发酵。葡萄酒的发酵过程，实际上就是糖分在转变过程中发出香味的环节，而选用酵母的质量就显得尤其重要。汉诺酒庄在选择酵母方面几乎不计任何成本，一直选用法国香槟行业委员会认证的品种。

当这些原酒完成第一次发酵之后，将会被装入玻璃瓶中进行二次发酵，时间至少要在两至三年以上。然后还要经过一次人工转瓶，以去除香槟酒中的杂质。转瓶对香槟酒特别重要，每次只能将瓶子转动15度，这样既能去掉杂质，又能保持酒体的纯净和结构，丰富轻盈的口感。转瓶后的香槟还要经过调配等其他精细的工序，然后才可送到市场上销售。

两个世纪以来，从葡萄的选取到灌瓶，汉诺家族一直都在全心全意地打造汉诺香槟。为了能够使香槟发挥出独特的口味，汉诺家族不断地改良其混合的技术与酿造技术。正是通过他们的不懈努力，汉诺香槟成为欧洲各皇室专供酒。优质的葡萄、优良的酿造技术、得天独厚的地理位置使汉诺家族酿造的香槟享有盛誉，使每一位鉴赏家都称心满意。

优雅的花香味与矿物质味，造就了汉诺香槟独有的风味；坚韧高贵的霞多丽葡萄更赋予了汉诺香槟细腻的口感和完美的品质。作为霞多丽的代表之作，汉诺香槟以其独特的风格诠释香槟优雅的艺术。

汉诺香槟酒风格为优雅花香味、矿物质味的类型，其甜度低且细腻。为了能使汉诺香槟更浓郁，口味更优雅，汉诺酒庄主要选取霞多丽、黑皮诺这两种最高贵的葡萄品种。霞多丽是汉诺香槟中的独特元素，它的比例从40%~60%不等。此比例使汉诺香槟能在岁月的流逝中保有独特的风格。

霞多丽葡萄的适应性很强，无论在葡萄园还是酿酒厂，它都是一种很容易种植和加工的品种。霞多丽葡萄对气候条件要求不高，它在未成熟时果味酸涩寡淡，在成熟后香味惊人。用霞多丽葡萄酿制出的汉诺香槟充满蜜瓜香味，似黄油质香，其酒体丰满，酒精含量较高，酒香味浓郁，口感圆润，经久存可变得更丰富醇厚。因此，每一款汉诺香槟都具收藏价值。

一般来讲，霞多丽葡萄在橡木桶中发酵和陈酿出的香槟酒通常具有蜂蜜香、新鲜的奶油香和烤面包香。虽然汉诺酒庄早已不再使用橡木桶进行发酵，但它却很好地保留了霞多丽这种独有的风味，而且还具备了槐树花、焦糖香、坚果香和桃、柠檬、青苹果、梨、柚子、柑橘类、甜瓜、茶、烟草、奶油糖果等风味，而这完全取决于汉诺酒庄出色的酿酒技艺。

汉诺珍藏版香槟仅在少数几个年份限量生产，主要采用的就是霞多丽葡萄。比如，1995年的汉诺珍藏版香槟就曾被评为世界十大顶级香槟之一，该款香槟酒呈金黄色，散发着榛果和焦糖味以及牡丹和野蜜花的香味，绝对值得一品。

极强的陈年能力让最普通的无年份汉诺香槟具备了极大的收藏价值，而这正是汉诺家族200多年的信念——极品香槟绝对是时间沉淀的经典之作。正是在这个信念的引领下，汉诺年份珍藏限量香槟显得更加珍贵，成为酒饕们心目中的无上珍酿。

拥有200年历史的汉诺家族在占地300多平方千米的香槟区拥有近35万平方米的葡萄园，一直以来都对葡萄的质量要求极高。除此之外，汉诺酒庄也会使用收购来自其他葡萄园的葡萄。汉诺家族以其来自法定香槟（Cote des Blanc）产区内的霞多丽葡萄最为闻名。其中限量版的汉诺年份香槟大都

汉诺珍藏香槟

是采用霞多丽葡萄酿制而成的，比如 1988 年的珍藏汉诺香槟，如今在欧洲已经买不到了，而在中国大陆也只有 10 瓶左右，因此其价格可见一斑。

极品香槟绝对是时间沉淀的经典之作，汉诺香槟对此极为推崇。除了年份香槟之外，汉诺无年份的香槟都展现出超强的陈年能力，因此极具收藏价值，比如 Henriot Souverain 就是香槟爱好者们最钟情的一款香槟，Souverain 有主权的，君主的意思。这是由于汉诺香槟一直以来都是为荷兰、丹麦等皇室提供，因此他们的无年份香槟都是以 Souverain 命名的。每一支无年份的汉诺香槟都具备极强的窖藏能力，有的甚至可以窖藏陈年到 20 年之久。

此外，汉诺玫瑰香槟也不容忽视，由于制作难度更高，合适年份更少，因此只在极佳的年份才限量生产。加上酒庄内陈年时间也要很长，一般至少要两三年以上，甚至要 10 多年才能上市，所以在每个等级香槟里，不管是一般香槟、较高级的年份香槟，以至各香槟酒厂作为镇店之宝的奢华香槟——粉红香槟都显得昂贵稀有，是酒饕们心目中的无上珍酿。

绵延着170多年激情与博爱交相辉映的历史，玛姆香槟无疑已经成为世代传承的精致工艺与最先进的现代科技相融合的结晶。它的精巧绝伦使之历经岁月洗涤而经久不衰；它璀璨的色泽、细腻的芳香、优雅的气泡和多样化的饮用方式，俘获了全世界热爱生活的人和香槟鉴赏家的心，成为世人的梦寐之选。

无上荣誉的象征

玛姆香槟

当我们回顾法国顶级香槟——玛姆香槟诸多奇迹时，也许最不该忘记的却是一个德国人，他就是玛姆香槟之父——乔治·赫尔曼·玛姆。100多年前，乔治·赫尔曼·玛姆将德国人天生的严谨融入到每一滴玛姆香槟之中，使其走上了法国香槟的神坛，并书写了玛姆香槟的传奇。

多年以来，玛姆总是与传奇紧密相连，不仅因为它本身是香槟酒历史上的奇迹，还在于它总是和具有传奇色彩的事物联系在一起。事实上，尽管成就卓著，玛姆酒庄也从不浮夸其辞，而是积极热衷于社会公共事业，不断探寻世界差异性的共存空间。如世界瞩目的F1赛事，从1965年的杰基·斯

图沃特（Jackie Stewart）到2005年的费尔南多·阿隆索（Fernando Alonso）都有玛姆酒庄的支持，2000年，玛姆香槟更成为F1赛车比赛颁奖典礼官方指定的香槟。

不仅如此，玛姆酒庄的非凡探索还在于以下诸多创举：英国水手艾伦·麦克阿瑟（Ellen McArthur）首次女子单人环球航行；旺代环球航海大赛（Vendée Globe）；海军准将贝尔·格里尔斯（Bear Grylls）创造的最高高度参加正餐纪录……也许我们可以说，在人类探索非凡之路的历史上，玛姆的红绶带始终与之相伴！

如今，人们将玛姆红绶带看作欢庆胜利的象征，实际上早在拿破仑时代，这个标志就是拿破仑用来表彰卓著功勋的荣耀象征。

这一切还要从1827年说起，来自德国的玛姆兄弟爱德华·玛姆和哥特利伯·德·玛姆，与他们的合伙人共同创立了一家酒庄。玛姆兄弟是德国新教徒，来自于莱茵格（Rheingau）的吕德斯海姆（Rudesheim）。在那里，他玛姆红带香槟问世于 1875 年，瓶身上贴有耀眼的红色绶带标志，这是拿破仑用来表彰卓著功勋的荣耀象征。

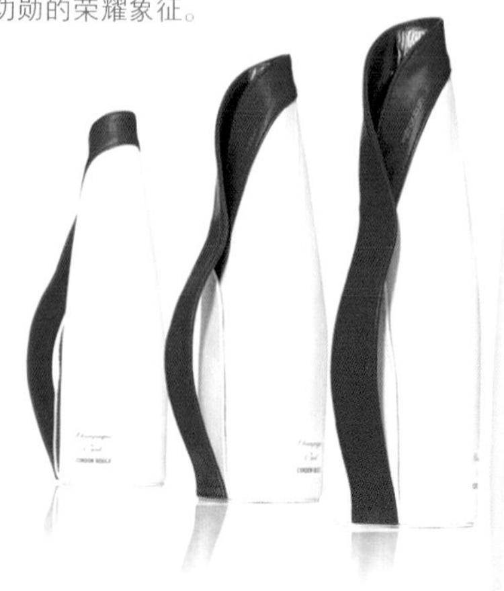

们有自己的葡萄园和葡萄酒销售业务。玛姆兄弟移民来到法国，就是看中这里蓬勃发展的葡萄酒业。

玛姆兄弟的这家酒厂一开始并不出名，只是法国兰斯地区一个普通的葡萄酒经销商。直到 1838 年哥特利伯的儿子乔治·赫尔曼·玛姆（Georges Hermann Mumm）进入酒庄后，情况发生了改变。乔治·赫尔曼·玛姆是玛姆香槟酒业的灵魂人物，可以说是他一手创建了玛姆酒庄。1853 年，乔治·赫尔曼·玛姆用自己的名字冠作酒庄的名字，还将酒庄发展的目标主要放在香槟酒上。从那以后，玛姆酒庄开始崭露头角，在其后的 50 年里，酒庄一直归玛姆家族所有并经营。

乔治·赫尔曼·玛姆为确保玛姆香槟能够达到最佳品质，不惜重金亲自到法国香槟区最好的葡萄园去采购葡萄。这种做法在当时颇受争议，人们都认为乔治·赫尔曼·玛姆大可不必这么做。但乔治·赫尔曼·玛姆却将德国人严谨的作风融入到玛姆香槟的制作中去。最终乔治得到了回报，玛姆香槟的声望开始越来越响亮，酒庄也不断扩大。

1876 年，乔治·赫尔曼·玛姆产生了这样一个想法：用拿破仑一世创立的代表法国最高荣誉的“荣誉勋位勋章”的红绶带来装饰自己的香槟酒。这便是我们今天看到的玛姆香槟酒酒标上那条明显的红绶带。从此，玛姆的红绶带成了法国香槟区一道独特的风景。

正当玛姆酒庄如日中天之际，却遭到了致命打击。1914 年，第一次世界大战爆发，身为德国公民的玛姆家族不得不离开法国，而他们所拥有的酒庄也被法国政府没收。1920 年，玛姆酒庄与其商标被拍卖，此时的玛姆酒庄已是兰斯地区最大的香槟商行。也就从那时起，玛姆家族不再是玛姆酒庄的主人。

1920 年的那次拍卖结果是玛姆酒庄被索依特·维尼科勒·德·索克瑟斯（Societe Vinicole de champagne Successeurs）购得。35 年后，以加拿大为基地的格莱姆集团获得了玛姆酒庄的一部分股份，后来又成为控股者之一。如今，玛姆酒庄成为保乐力加集团的成员之一。

在脱离玛姆家族之后，玛姆酒庄曾一度陷入困境。这种情况在 2000 年有所改观。玛姆酒庄作出一个惊人的决定，那就是每年以 200 万美元的价格签约，成为此后三年 F1 赛事的官方香槟赞助商，每站 F1 比赛结束后，人们都可以看到车手们在快乐地喷洒着玛姆香槟。三年后合约到期，玛姆酒庄的老板巴里耶又迅速地以每年 550 万美元的价格与 F1 签约 5 年，因为此时他已经意识到正是此前三年与 F1 的合作使玛姆香槟起死回生，而最初投入 F1 那 600 万美元，也许是他一生中花得最值的一笔投入——那些颁奖台上喷洒着的香槟泡沫，成功地改变了他与竞争对手各自在客户心目中的形象。玛姆香槟虽然与速度无关，然而

PATRICK JOUIN 设计的乔治香槟冰桶

它代言的是胜利时刻，与欢乐有关。事实证明，玛姆香槟自从成为 F1 官方指定香槟后，四年间玛姆香槟的市场认同率从 5%上升到 50%，成为著名的奢侈品牌。赞助 F1 赛事成为了玛姆香槟历史上最重要的命运转折点。

今天，当我们回顾玛姆香槟的历史时，也许最不该忘记的一个人就是乔治·赫尔曼·玛姆，正是他开辟了玛姆香槟的传奇之路。

玛姆香槟家族以其精巧绝伦珍贵稀有的神奇魅力，向世人展现了激情以及追求卓越、尊重传统和精湛工艺的品牌态度，同时也见证了品牌的辉煌成就——玛姆香槟成为全世界销量第三的香槟品牌。

人们都说生命是一种邂逅，但未必所有邂逅都是那么的偶然。在艺术的殿堂，在探险的终点，或是在人们奉为经典的银幕上，你都不难发现那条引人注目的红绶带。它彰显狂欢、激情、浪漫和优雅，它虽然从不炫耀，但你无法忽视它迷人的存在——那就是玛姆香槟。

红绶带代表着无上的荣誉，象征着人类的伟大成就和不朽的香槟酒庄精神——这个源自法兰西英雄拿破仑的荣耀、在1875年出现在玛姆香槟的标签，使这个1827年诞生于法国兰斯的经典香槟品牌得以向整个世界传达着它的精神：探索非凡之路。无论是对艺术的探索还是对未知领域的征服，抑或是对极限的挑战，你总希望有一位友善、可靠、迷人和优雅的朋友与你分享感受，而毫无疑问，玛姆香槟酒正是因之而生的杰作。

在经过近两个世纪后，时至今日，红绶带成为世界闻名的香槟标志，承载着玛姆香槟的优秀品质，在150个国家成为人们欢庆时光的当然之选。在2005年加入保乐力加旗下后，玛姆香槟的品质更是得到了巨大的飞跃。欧洲权威酒类媒体《葡萄酒与烈酒》杂志（*Wine & Spirit*）组织了一次大型无年份天然香槟品酒会，玛姆香槟在57种各式香槟酒角逐中脱颖而出，夺得冠军，证明了自身非凡的实力。虽然玛姆香槟没有库克、唐·佩里侬香槟王的声望，但其红绶带系列却占有法国香槟市场份额第一名的位置。

实际上，玛姆香槟从出生开始一直和喜庆紧密地联系在一起，每当有庆典的时候，玛姆香槟一定会成为宴会的必备品，玛姆香槟的这种特殊意义已成为它与其他品牌区别的明显标志。另外，玛姆红绶带香槟作为玛姆品牌的经典之作，将庆祝的喜悦表达得更加透彻，红绶带曾是拿破仑表彰卓著功勋的标志，如今因玛姆香槟而成为欢庆胜利的象征。玛姆香槟家族以其精巧绝伦、珍贵稀有的神奇魅力，向世人展现了激情以及追求卓越、尊重传统和精湛工艺的品牌态度，同时也见证了品牌的辉煌成就——玛姆香槟成为全世界销量第三的香槟品牌。

玛姆香槟在酿制方面也体现了精彩的创意。作为世界公认的最佳香槟酒和精巧绝伦的品质象征，玛姆香槟的调配工艺流程自每年9月份的收割季节开始，至次年2月最终试酒完成后结束。6个月的时间见证了每一次美味香槟佳酿的诞生，复杂精密的酿造工艺更是保证了香槟酒的保鲜度以及口感的一致性。

玛姆香槟一直对风土元素无比执着，坚持酿酒材料必须来自香槟地区历史最悠久的顶级葡萄园，因此每瓶玛姆香槟除了口感清新之外，亦不失成熟、细腻而复杂的酒味，一开瓶即传来扑鼻的橘香和矿物气息，还有奇花异果的芬芳及果仁糖的甜香，口味平衡，层次丰富，令饮家齿颊留香、回味再三。

玛姆酒庄除了出产高质量的标准香槟，还会严选好年份制作极品名酿。其旗下的每一瓶香槟都蕴含着高深的酿酒传统与艺术，无论是日常喜庆还是为非凡成就欢庆的场合，玛姆香槟都能见证这些重要的时刻。玛姆香槟一直与时尚生活息息相关，不仅是很多时尚中人的最爱，而且活跃在各种时尚聚会及大型活动中以烘托气氛，提升品位。

品鉴玛姆香槟，或许不必在意那些权威机构的评价如何。正如玛姆酒庄所倡导的那样——探索非凡之路，品鉴葡萄酒就是要你亲自去品尝、品评，从而完善自己的品鉴能力。寻找你自己所喜爱饮用香槟的方式，不论是冰镇的方式、品尝的温度，抑或是聪明的开瓶方法，无论怎样，玛姆香槟都会以其完美的品质征服所有的人。

玛姆玫瑰香槟

玛姆香槟有着独特的口感，无论哪款玛姆香槟都散发着鲜花和蜜饯的馥郁芳香，同时还能让人感受到干果和坚果独有的强烈的诱惑。

不过，一些权威机构对玛姆香槟的评价却是多种多样的，褒贬不一，有的甚至是全盘否定。比如1990年法国《*Que choisir*》杂志如此评道：“不值一提，泡沫太大，气味浓烈而又不均衡。对某些人来说酸度过高，也没有悠长的余味。”也有专家评价玛姆香槟有着清新的水果香，但风味不够成熟。不过，它添加的甜酒量比通常的香槟高，因而巧妙地达到了还算过得去的干香槟风味。它虽说还过得

去，但是谈不上有魅力，价格也有点儿偏高。当然，也有一些权威机构对玛姆香槟大加赞赏，称玛姆香槟的年份香槟是一种优质的纪年香槟，带有坚果气味，成熟度恰到好处，它的完美正是来自于那些顶级的葡萄园。

不管人们怎样评价玛姆香槟，它都赢得了许多人的喜爱，尤其是玛姆的年份香槟，比如 1998 年的玛姆红绶带香槟，由来自 77 个优质葡萄园的精选葡萄巧妙酿配。1998 年是一个令人无限惊喜的葡萄成熟和丰收的年份，这款香槟精选自 10 个葡萄园，混合了 69%的黑皮诺和 31%的莎当妮，带来鲜花和蜜饯的馥郁芳香及干果和坚果独有的风味，而其新鲜的辛香味收尾更是让人回味悠长。该年份的所有玛姆香槟都显示出超强的品质，它们颜色明亮、纯度极高、颗粒不大的气泡十分独特美丽，而且那种独特鲜花、柠檬、白肉水果的香味十分清新。

这一年份的玛姆香槟口感十分出众，入口时会先感到细腻无比的泡沫，柔和地轻抚而过，转瞬间浓郁的果香在口鼻萦绕，十分的精妙柔美，敏妙动人，清新淡雅的酒体让人感觉它是如此纯净，仔细地回味还能探寻到葡萄柚的影子。因此，有人将玛姆香槟酒各个系列作了一个比喻，如果说玛姆玫瑰香槟是一位美丽的少妇，那么1998年的玛姆红绶带香槟就是美丽动人的小公主，充满活力，让人难忘。

如果你想真正了解玛姆香槟的品质，或许真的不必听从那些权威机构的评价，最好的方式就是亲自品尝，到那时，你一定会有自己的答案。

作为玛姆香槟的旗舰产品，玛姆克拉芒香槟是难得的珍品。在玛姆克拉芒香槟未公开销售之前，它一直作为私人藏酿用来款待贵宾，或仅供香槟收藏家收藏。如今，普通大众也可以拥有玛姆克拉芒香槟，体验它的醇美。如果你有幸能拥有一瓶玛姆克拉芒香槟，最好还是开启它，因为一瓶不被人们开启的香槟绝对不是好的香槟。玛姆克拉芒香槟绝对不会令你失望。

玛姆香槟向来身价不菲，不论是收藏还是鉴赏都是第一位的。即使珍藏已久的年份玛姆香槟不到非常时刻你也不会舍得开启。但是请你记住，不开瓶的香槟绝不是好的香槟。当然，只要你有足够的开瓶理由，玛姆香槟就会为你带来惊喜。

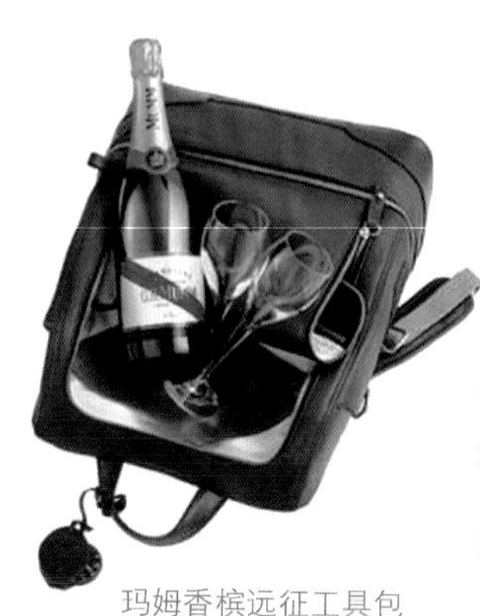
玛姆香槟远征工具包

在这里我们推荐的玛姆克拉芒香槟，可以说是玛姆香槟家族中最独特的一款顶级香槟。玛姆克拉芒香槟作为玛姆香槟的旗舰产品算得上是一枝独秀，是相当惊人的珍品。它起源于1882年，代表了香槟区白垩酒窖最纯粹的香槟，玛姆家族从19世纪就开始酿造这款独特的香槟，至今已经有100多年的历史，因其产量极小，很少在大众市场上出现，所以它有尊贵的身份。

玛姆克拉芒香槟被称为半气泡香槟，瓶内大气压虽然只有普通香槟的65%左右，但并未影响其丰富的气泡。克拉芒葡萄园在 1911 年被评为顶级葡萄园，这也是玛姆酒庄为何选择该园的主要原因。玛姆克拉芒香槟所选用的葡萄均来自克拉芒镇的莎当妮，它的泡沫柔和，持续时间极其长，酒体丰润饱满，口感芳醇清新，余香长久，品质纯净，并带有浓厚的矿物质气息，适合单独饮用。喜欢强劲酒味和悠长回味的人会觉得这款酒稍稍平淡，但它的干净纯洁足以弥补以上遗憾。因为产地的卓越不凡，基于对历史的忠诚，玛姆克拉芒香槟在相当长的时间里只留给收藏家或用来招待公司的贵宾，直到 1960 年才大量生产。

此款香槟是用同年的葡萄所酿制的，但由于属于半泡沫香槟，加之在酒窖存放两年后上市，因此不能称之为年份香槟。尽管如此，玛姆克拉芒香槟却展现出年份香槟具有的所有完美特质，与市场上同类无年份香槟相比，无论是从品质还是价格上都更胜一筹，正因如此也赢得了全世界香槟爱好者的青睐。

如果选择玛姆克拉芒香槟作为投资，一定是不错的选择。不过正如我们前面所说的那样，一瓶不开启的香槟绝对不是好香槟。如果你有幸能拥有一瓶玛姆克拉芒香槟，最好还是开启它，与朋友、家人一起分享那个美丽的时刻，玛姆克拉芒香槟绝对不会令你失望。

玛姆克拉芒香槟，作为一款特殊的年份酒首酿于 1882 年。它的外观设计，在玛姆家族中最为特别。最初，玛姆克拉芒香槟专门供给尊贵的客人享用。它的瓶身设计简单朴素，有趣的是并没有标签贴制，而是附上一张折角的名片。现今的瓶贴仍然沿袭了名片标签的独特传统。这款香槟，原料 100%选用来自著名小镇克拉芒特级白岸葡萄园的白葡萄莎当妮，精心酿制，低压灌装，品质轻盈优雅，浅酌一口，新鲜的青柠、柠檬以及柚子的味道令唇齿留香，恰与消解在口中的丰富气泡奇妙融合，曼妙滋味萦绕心间。

有些人爱香槟的名更胜于爱它的实，因为香槟是“欢乐之酒”。而伯瑞香槟却不同，它显得特别的文静，宛如一位极富内涵的年轻小姐，静静地站在那里等你开启，除了会带给你欢乐，还会带给你更多的东西。这是香槟与艺术之间的微妙关系，让你不知道是艺术的香槟，还是香槟的艺术；是香槟因艺术而美妙，还是艺术因香槟而动人。当然，成就这一切的渊源是伯瑞酒庄与艺术不解之缘，更是伯瑞酒庄过去和现在的主人的艺术情怀。

艺术香槟

伯瑞香槟

在法国兰斯城的地下，隐匿着无数个石灰石地窖。这些被称为“苛耶”（Carrieres）的地窖，是公元四五世纪罗马人为建造兰斯城开采地下石灰石挖就的。当年的罗马人不会想到，这些“苛耶”会成为今天兰斯城中那些传统香槟酒庄独有的财富，成为蔚为壮观的地下酒窖和香槟世界。在兰斯城里这些著名的香槟酒庄中，伯瑞酒庄的酒窖更特立独行，别具一格。

伯瑞香槟被喻为香槟酒业中沉睡的巨人，伯瑞酒庄曾有着辉煌的历史，但在1945年之前，它一直未能充分挖掘出自己的潜力。如同众多传奇香槟

POMMERY
CHAMPAGNE
POMMERY
à REIMS-FRANCE

伯瑞香槟极具现代概念的四季系列

酒庄的历史总是与修士和寡妇有关一样，将伯瑞香槟发扬光大的也是一位寡妇——詹妮·亚历山大德林·路易斯·梅林(Jeanne Alexandrine Louise Melin)——著名的路易斯夫人。

伯瑞酒庄创建于1836年，开始的时候生意平平。1858年，男主人突然去世，年轻的路易斯夫人成了寡妇，她带着两个孩子，毅然打理起丈夫一手创立的伯瑞酒庄。这位奇女子不仅对酒庄的经营有超人的魄力和果断的抉择，还对香槟制作有着锐意的创新和执着的热忱，同时她还是一位艺术家和收藏家。

路易斯夫人一直以“质量第一”为座右铭，对酒庄出产的每一瓶伯瑞香槟都尽可能地做到精致、细腻。正是在她的精心经营下，伯瑞酒庄酿出了品质优异的香槟，很快就占据了法国和英国的市场，并树立起伯瑞香槟的声望。

为了寻求更大的发展，1868 年，路易斯夫人买下一块土地和地下 100 多个石灰石岩洞。这些岩洞是 2000 年前罗马人建造当时的兰斯城挖凿地下石灰石而留下的。当时的人们并不知道路易斯夫人为何花巨资买下这些岩洞，更令人不解的是，路易斯夫人还在在这些岩洞上建造了一系列形象怪异的建筑。据说，这些建筑的设计来源于她在英国的那帮贵族消费者们的豪华宅邸。路易斯夫人还特邀请当时著名的雕塑家古斯塔夫·纳维利特(Gustave Navlet)，在这些岩洞的洞壁上雕刻了巨幅浮雕，将它们装饰一新。最后，路易斯夫人又将这些岩洞打通，连成一个巨大的地下室。当路易斯夫人将自己的香槟搬进这些岩洞里时，人们才知道她的大胆想法，原来路易斯夫人想充分利用这些岩洞来藏酒。

当年路易斯夫人耗时 10 载，造就了今天总长达 18 千米的庞大、壮观、华美的地下香槟宫殿，成为伯瑞酒庄著名的藏酒圣地。行走在伯瑞酒庄的地下酒窖，犹如步入一座历史陈列馆，更像置身于一座艺术博物馆。今天，这里除了沉睡着近 2500 多万瓶的伯瑞香槟之外，还有 100 多年前艺术家留下的壮美真迹，更有众多现代艺术家的作品。当你踏着 116 级古老的石阶步入这个深藏在地下的世界时，就像走进时光隧道，重回路易斯夫人的年代，隐约中仿佛看见这位年轻夫人忙碌的身影。

1874 年，路易斯夫人与酿酒师们一起创制出一种更为轻盈、细致而优雅的干型香槟，从此引领着人们追求更纯净、自然的香槟风格的时尚，并一直流行至今。可以说，伯瑞香槟开创了干型香槟酒的先河，成为干型香槟的鼻祖。

艺术、品质、创新可以说是伯瑞香槟一脉相承的标志和沿袭近 200 年的灵魂。在路易斯夫人时代，伯瑞香槟是干型（Brut）香槟的引领者。现今，伯瑞香槟不仅保留着 NV、年份、粉红和顶级名品路易斯等传统香槟系列，还创造了极具现代概念的四季和 POP 香槟系列。精选四种不同风格的香槟，作为春夏秋冬四个不同季节中适合品饮的香槟。温暖春日是粉红干香槟的温婉，炎炎夏日体会白葡萄白香槟 Blanc de Blancs 带来的清雅，绚丽秋日感受半干香槟的甜美，隆隆冬日迎来红葡萄白香槟 Blanc de Noirs 的丰腴。而 POP 系列更可谓是对传统香槟理念的大胆创新，并曾引来颇多争议。与现代元素恰巧呼应的POP名称，1/4瓶的小包装，附带吸管，这是许多传统香槟中少见甚而是颠覆的概念。POP系列的创意是希望香槟可随时随地更平易便捷地被人们饮用，特别是吸引年轻一代的喜好。POP香槟还相继推出由当代青年艺术家绘制的艺术包装系列。斑斓创新的艺术外衣里，盛载的依然是品质严谨出色的伯瑞香槟。从香槟系列的创意，到酒窖艺术构想，是再造，更是融合，是浑然一体的超然境界。

后来的伯瑞酒庄几经易手，最终由一位同样热爱艺术的人掌管，他就是Vranken Pommery Monopole集团（全球第二大香槟酒生产商）老总保罗·弗兰西斯科·范肯（Paul Francois Vranken）。当年平易随和、年轻有为的范肯先生第一次来到伯瑞酒庄参观时，立即就被这里的建筑、艺术品和处处透出的艺术气质所吸引。2002年，他终于如愿以偿，购得伯瑞酒庄，并成为其新主人。

伯瑞酒庄在保罗·弗兰西斯科·范肯手中得到了更大的发展，正如他自己所说的那样："酿酒不是工作，而是热情。"正是过去到现在一直为艺术、为香槟痴狂的伯瑞人，让古老与现代、传统与创新、品质与艺术在伯瑞香槟中完美的融汇。

作为摩洛哥王子的婚宴专用香槟，伯瑞香槟以其完美的品质征服了世界上所有的人。它的尊贵来自于对路易斯夫人"质量第一"酿酒理念的近200年的坚持与执着，还有今天对"奢华"的最新诠释。

在欧洲，伯瑞香槟的主要消费群体大多是一些电影明星，以及喜爱生活、比较有品位的人。法国古堡酒店——克莱耶尔酒店长期向这里的客人供应伯瑞香槟。这座坐落于法国东北部兰斯地区的古堡式豪华酒店，曾是伯瑞先生送给路易斯夫人的结婚礼物，而以她命名的香槟——伯瑞香槟是人们为何愿意住在这里的最主要原因。不仅如此，伯瑞香槟

还曾作为摩洛哥王子的婚宴专用香槟。

欣赏伯瑞香槟，了解其深厚的历史与文化，更应当了解它的酿酒师。目前，伯瑞香槟的酿酒师特里·加斯科（Thierry Gasco）加入伯瑞香槟团队已有 20 多年，他于 1974 年获得法国国家酿酒师的称号，丰富的实践经验，使他荣升为法国国家酿酒师协会主席。他经常奔波往返于各大葡萄园之间，与 360 多个葡萄园的种植者保持着良好的关系——在香槟地区，这对获得上好的葡萄至关重要。

特里主要负责伯瑞香槟的调配，决定着年产 500 万瓶的伯瑞香槟的统一风格。另外，特里还常常到酒窖巡查，判别那些香槟的状态和成熟度，决定上市的日子。在特里·加斯科管理下，伯瑞香槟的陈年时间比法律规定的要长很多，NV 香槟需要 30 个月，年份酒 4~6 年，顶级名品香槟路易斯甚至要 6~8 年。特里·加斯科解释说，伯瑞香槟陈年的时间之所以长，并不是为了满足法律的最低规定，而是完全从品质出发，保证上市时能呈现最完美的状态。

如今，拥有 307 万平方米葡萄园的伯瑞酒庄可谓是法国香槟地区最大的酒庄之一，几乎所有葡萄园的等级都可达到 100%。然而，这些只能满足市场需求的三分之一。自从 1990 年被 LVMH 集团购并之后，伯瑞酒庄决定继续开创市场。伯瑞酒庄较少地依赖那些优等级的葡萄园，有人认为这条路子会毁了伯瑞香槟的招牌。虽然这种担忧是有道理的，但特里·加斯科解释说这种担忧是大可不必的，因为伯瑞酒庄那些埋于地下的 2500 万瓶的陈酒，大多在 10 年以上，足以应付市场需求。值得一提的是，伯瑞酒庄的镇窖之宝——1874 年出产的第一瓶 Royal Brut 至今仍安放在这里，在它的周围放的香槟也都是上个世纪初生产的陈品，全都积着灰尘，饱经风霜。至于那瓶 Pommery Royal Brut 什么时候会面市，也许没有人可以回答。对此特里·加斯科笑说：“这个问题我很难回答，也许在不久的将来，也许永远都不会。不管怎样，这瓶酒都将留给全世界所有香槟爱好者。”

简单而清澈、新鲜而清淡的伯瑞香槟，弥漫着优雅和善的味道，那里藏着 200 多年的酒香，优雅的气泡源源不断地从杯底上升，从小变大，在表面的一串小气泡形成的“珍珠项链”，就像一个个跳动的精灵，让人忍不住喝掉它们。

近 200 年来，伯瑞香槟的完美品质从未改变，如没有年份的伯端干型皇家香槟是伯瑞酒庄的时尚核心产品，可说是伯瑞香槟风格的具体表现，当初酿造这款香槟时，酿造者只希望这是一瓶简单而清澈、新鲜而清淡的葡萄酒，没想到它在成为香槟之后具有了优雅和善的味道，还带着清淡与平衡感，在晶莹的淡金黄色泽中，透露着细腻轻盈的芳香，在餐前饮用，格外有开胃醒脾的效用。搭配鸡肉或其他清淡的禽肉，再附上一道浆果甜点，其清新、活泼的口感及柑橘果香会喷薄而发，干爽得让人耳目一新。

众多媒体对没有年份的伯端干型皇家香槟也是大加称赞。《雅敘》杂志评语为："浓郁芳香，丰富的泡沫中迸发出成熟的水果味与清香，然后逐渐消融，增强美酒品味。美酒创造和谐。"《宜人》杂志评论道："颜色清新，口感丰富圆润，伴有柔和蜜香，是迎合大众的开胃酒。"

至于伯瑞顶级年份系列香槟——路易斯伯瑞更是令人向往不已，所有年份的路易斯伯瑞香槟都精选产于香槟地区 Avize、Cramant 和亚伊（Ay）最优秀的 3 个葡萄产区的优质葡萄酿造而成。其酒色迷人，起泡丰富而细腻，香气浓郁优雅，具有烤面包、菠萝、青苹果的气息，口感饱满，清新活跃，具有很好的陈年潜质。

伯瑞香槟的 POP 系列（Product of Pommery）是伯瑞酒庄对传统香槟理念的一次大胆挑战。这款香槟的出现颠覆了传统香槟的饮用模式——不是倒进杯内饮用，而是以吸管饮用。据说这种饮法是在模特儿圈子中最先流行开来，女模特为了避免表演过程中弄花口红，却需要饮品来解渴，因此一切饮品都是饮筒啜吸。《欲望都市》里描述的模特们都是用吸管喝这种小香槟的。这种用吸管来喝香槟的方式赢得了许多年轻人的青睐。

对于那些香槟爱好者来说，一些人爱香槟的名

伯瑞 POP 系列（Product of Pommery）曾引来颇多争议，其对传统香槟的挑战可谓独树一帜。也由此看出伯瑞酒庄的创新精神。POP 系列的创意是希望香槟可随时随地更便捷地被人们饮用，特别吸引了年轻一代的喜好。POP 香槟还相继推出由当代青年艺术家绘制的艺术包装系列。在斑斓创新的艺术外衣里，盛载的依然是品质严谨出色的伯瑞香槟。

直接以吸管方式饮用，完全□覆香槟的刻板印象，一上市便掳获全球时尚男女的目光，人手一瓶，成为新的流行时尚。

更胜于爱它的实，因为香槟是“欢乐之酒”。它开瓶时压力令其发出的砰然声响，还有泛出的气泡，总会给人带来欢乐的气氛。大凡喜庆的场合，甚至是“浪费”的场合都有其踪影。而伯瑞香槟却不同，它显得特别文静，如一位极富内涵的年轻小姐，静静地站在那里等你开启，这样的香槟除了会带给你欢乐，还会带给你更多的东西。这就是香槟与艺术之间的微妙关系，从外在到内涵，从视觉到感觉，从感官到感知，在此完美地结合并升华。让你不知道是艺术的香槟，还是香槟的艺术；是香槟因艺术而美妙，还是艺术因香槟而动人。当然，成就这一切的渊源是伯瑞酒庄与艺术不解之缘，更是伯瑞酒庄过去和现在的主人的艺术情怀。

伯瑞酒庄出产的一款款名品香槟犹如一颗颗巨钻，珍贵而稀有。它们高贵的品质，鲜明多样的风格，蕴涵的历史记忆与内涵，给拥有的人、品尝的人以满足和愉悦，其价值不容小觑。

也许你在媒体上很少能见到伯瑞香槟被拍卖行拍出天价的消息，但这并不说明伯瑞香槟没有“天价之酒”，因为这些酒如今正躺在伯瑞酒庄著名的藏酒圣地之中，等待着奇迹的诞生。

在伯瑞酒庄的著名酒窖中，除了前面我们曾经提到的那瓶干型香槟Pommery Royal Brut（这瓶出产于1874年的香槟酒在全世界仅剩一瓶）作为镇窖之宝很可能永远不会上市之外，围绕它周边的诸多上个世纪的陈酒，每一瓶都价值连城。如果你有幸能够到伯瑞酒庄的地下酒窖参观，可以询问这里的讲解员这些陈酒有多贵。他们肯定会用同样的口气对你说：“Trop cher!”即“非常昂贵”的意思。

这些陈酒大多是年份香槟，其中有1941年、1942年、1954年、1929年、1921年各15瓶，1928年有14瓶，1906年的有8瓶，1904年只有两瓶，1898年和1874年的都仅有1瓶。至于这些酒的价格，只要看看它们身上那层厚厚的灰尘你便会明白。那厚厚的灰尘无声地代表了时间的重量。

年份对于其他法国AOC级的葡萄酒是非常重要的因素，对于香槟有着不同的含义。基于调配的理念，多数香槟是没有年份的，被称为 NV（No Vintage）香槟。有一系列香槟产品的香槟酒行，一般都会有一款无年份香槟作为该酒行恒定风格的代表。如遇到某个非常好的年份，部分香槟行才会考虑酿制该年的年份香槟，此时香槟更多体现该年份的特色。名品香槟族群里，绝大多数是记年的。也就是说唯有非常出色的年份才会制作，并非年年都出品。

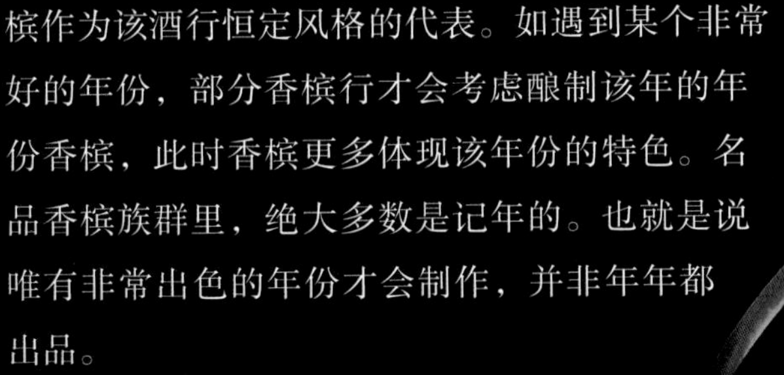

名品香槟多数是具有纪念意义的，承载了许多香槟酒行和香槟地区的历史记忆。伯瑞酒庄为纪念路易斯夫人而专门推出的年份香槟系列就是路易斯系列香槟。1998 年的伯瑞路易斯香槟以其恒定的出众品质，成为众多顶级名品香槟家族的佼佼者。该年份的伯瑞汇集了最优质的葡萄、最精心的调配、更持久的陈年，可以说完全展现了伯瑞香槟品牌的完美理念、卓越品质，而成为伯瑞香槟的终极代表之作。伯瑞酒庄出产的一款款名品香槟犹如一颗颗巨钻，珍贵而稀有。它们高贵的品质，鲜明多样的风格，蕴涵的历史记忆与内涵，给拥有的人、品尝的人以满足和愉悦，其价值不容小觑。

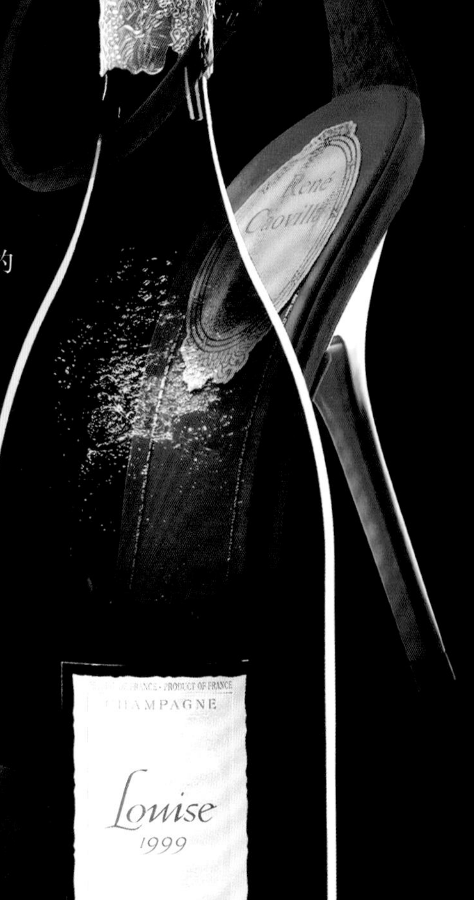

黑桃 A 香槟以卓尔不群的气质傲立于香槟之林，它一直坚持以纯手工精制。在权威香槟杂志组织的盲品大赛中，它以压倒之势在超千款香槟中一举夺魁，成为名副其实的顶级香槟！

纯手工的杰作

黑桃 A 香槟

产自法国著名酒庄的黑桃 A 香槟，是全世界唯一采用全手工制作的香槟品牌，从种植、酿造到标志性的瓶子及包装，全部由手工精心细作完成。其酒瓶设计来自于法国时尚界的灵感，金色的瓶子内闪耀耀眼贵气，粉色的瓶子优雅迷人，白色的瓶子简约大气，手工贴印的酒标精致优雅，每一瓶都散发着独一无二的光泽和色调，充分体现了“香槟内外都是艺术”的理念。

黑桃 A 香槟（Champagne Armand de Brignac）是一款新近出产的法国香槟，刚刚推出不到两年的时间便登上世界顶级香槟之列。2009 年，世界知名酒评人和品酒师在不知道品牌和价格的情况下，严格按照要求对 1000 多种香槟品牌进行了盲品。评

750 ML
BRUT
12% ALC. VOL.
Champagne
ARMAND DE BRIGNAC

黑桃 A 白金香槟是以霞多丽酿成的白中白，细致、优雅，珍珠串般的美妙气泡，有饼干、香瓜、白花等香气，以及新鲜桃子、柑橘的味道，口感绵密，回味绵长，酵母味道也很地道。

黑桃 A 粉金香槟色如蜜桃，红色浆果气息突出，还有桃子和香草的气息拂过，与甜品是绝美搭配。

黑桃 A 黄金香槟带着淡雅的花香，细品之下，口腔中浓郁的自然果感和微妙的奶油蛋糕香气结合得天衣无缝。

鉴结果发表在《顶级香槟》杂志上，该杂志是唯一的国际性香槟刊物，也是业界知名的权威杂志。整个评选过程非常严格，如果这些酒评人的给分有超过 4 分的差距，将对香槟进行重新品尝和重新打分。经过对结果仔细斟酌后，选出得分最高的 10 种香槟，其中包括很多经典的品牌。其中黑桃 A 香槟神奇地力压众多对手，获得 96 分最高口感评分，跻身全球最佳香槟榜单之首。

《顶级香槟》主编派克·纽卡（Pekka Nuikki）就比赛结果表示："这款优质香槟的口感细腻柔滑，酒劲柔和并且含有大量矿物质活力能量。评酒小组对其经典风格和对陈酿能力毫无影响的完美口感赞不绝口。它拥有极品香槟应该具备的一切，包装上也采用了与众不同、华丽的金色'黑桃 A'酒瓶——成为黑桃 A 香槟勇敢而成功的品牌的光辉典范。"

黑桃 A 香槟首席酿酒师兼该品牌创始人让·雅克·卡提尔（Jean Jacques Cattier）表示："能够被评为世界上口感最好的香槟是一件了不起的成就，而在一个大型盲品比赛中获得这样的荣誉是对我们产品质量的认可，这将激励我继续为那些真正对香槟艺术充满热情的人们酿造全世界最棒的香槟。"

黑桃 A 香槟产自法国香槟区马恩河谷，占地 20 万平方米的卡蒂埃香槟（Champagne Cattier）葡萄园，首席酿酒师让·雅克·卡提尔以一等葡萄园 Premier Cru（次于特等葡萄园，但优于一般等级的葡萄园）的白垩质土壤，加上最适合葡萄生长的寒冷气候，悉心把葡萄栽种得不致过熟，保留细致的果香及爽口的酸度。

用来酿制黑桃 A 香槟的葡萄包括莎当妮、黑皮诺及莫妮皮诺，采收过程坚持全部手工采摘，经轻柔榨汁，结合让·雅克·卡提尔家传基酒及一定量的利口酒之后，再进行传统的人手摇瓶来除渣。据说，整个酿制程序只容许 8 个人参与，以确保酒质的稳定性。

除此以外，酒庄还拥有全香槟区最深的酒窖，令香槟在地底充分酝酿出细致、幼滑的味道。据估计，一瓶黑桃 A 金香槟内藏 2.5 亿个细小泡沫，加上花香、果香、奶油的复杂层次，造就一次奢华的味觉旅程。除了质量的控制，让·雅克·卡提尔将香槟酒的层次再升华，化身成一瓶金光闪闪的艺术品。

以金属酒瓶来装载的品牌黑桃 A 香槟，被赋予了 melchizedek 的王者之称，就像能“点石成金”的弥达斯国王一样，是希望繁华的祝愿。

人们是在黑人歌手杰雷米·费尔顿的 MV 中第一次见到黑桃 A 香槟的。他在歌中唱道：“摩纳哥赌场中，唯有黑桃 A 香槟……”没想到黑桃 A 香槟因此而声名大噪，成为美国演艺圈炙手可热的梦幻之品。

当黑桃 A 正式上市后，立即引起轰动，受到多位世界级社会名流的推崇，如国际酒评家、国际影星莱昂纳多·迪卡普里奥、乔治·克鲁尼、威尔·史密斯、汤姆·克鲁斯等，歌手碧昂丝·吉赛尔·诺斯、亚瑟小子，体育巨星网坛天王罗格·费德勒和球星大卫·贝克汉姆等。如今，黑桃 A 香槟的身影在世界 70 多个国家都可看到。

绝大多数人第一眼看到黑桃 A 香槟就会喜欢上它。有别于一般香槟瓶，黑桃 A 香槟以全金酒瓶作标记外，每一个酒瓶的颈部及中间均由工匠以人手铸上“葵扇 Ace”图案及前后两块锡合金酒标，配以实木光面木盒。另外，酒庄不愿这奢华香槟的美感被规定进口酒要贴的纸背标所破坏，专门用金属铸造背标。

黑桃 A 香槟绝美的手工酒瓶展现了这一品牌的传承和它顶尖的风韵。这一独特的酒瓶还纪念着品牌在 20 世纪 60 年代与时尚设计师安德烈·库雷热（Andre Courreges）的合作。其中黑桃 A 粉红香槟以银白色进行包装，这是以“月亮少女”造型闻名的设计师深爱的颜色，在他看来，银白色是一种充满未来感的颜色。黑桃 A 被包装在黑色漆木盒中，配上标牌铭文，包裹在黑色天鹅绒内，瓶面还雕琢着品牌的皇家饰章，因此，这款香槟绝对是时尚精英们的最佳选择。艺术感的包装让黑桃 A 香槟被赋予了麦基洗德（melchizedek）的王者之称，就像能“点石成金”的弥达斯国王一样，是希望繁华的祝愿。

黑桃 A 香槟之所以能够拥有如此难以抵抗的吸引力，不仅体现在包装上，其完美的品质更能俘获每一个热爱香槟的人。它的产量极低，每年只有 3000 箱，远远低于其他品牌的香槟，它以细致、幼滑的味道而赢得了世界的关注。黑桃 A 香槟是传统与时尚的完美结合，在法国人心里，无论其他事物丰俭如何，香槟一直是生活中的奢侈品，就像曾经物质匮乏时期，人们总是

除了口感上的独特美妙，黑桃 A 香槟也是“由内而外皆艺术”的典范。它的金瓶设计来源于法国时尚界的灵感，瓶身闪耀着耀眼的贵气，充分体现了法国时尚圈追求奢华、夸张的一贯风格。精致的酒标同样是人手贴印上去的，可以说，黑桃 A 香槟浑身上下散发着贵族的气息，所以它的价格也跟它的品质一样高高在上，堪称世界上最名贵的香槟之一。

期待在新年伊始之际品尝到“稀有”的快乐。黑桃 A 香槟的奢华和个性，正好迎合了当代人的口味，更向人们重新诠释了香槟的意义。

忘记那些令人垂涎的拍卖会数据以及黑桃 A 香槟的 10 万美元的天价，香槟的真正意义是其特色的酒体和气泡总能超越金钱，在重要的时刻愉悦人们。

收藏界似乎永远不缺少对于稀有香槟的兴趣，佳士得曾经在伦敦举办的一场珍稀葡萄酒拍卖会中，成功拍出五组名贵的香槟，包括 6 瓶 1990 年的巴黎之花最终拍出 1317 美元；6 瓶 1990 年的香槟王拍出 1035 美元；8 瓶 1964 年的香槟王拍出 4892 美元；1.5 升装的一瓶 1971 年的香槟王粉红香槟拍出 3575 美元；8 瓶 1964 年的香槟王拍出 4892 美元。

看到这些数字，你一定会感叹这些香槟简直太贵了，但在看到黑桃 A 香槟在拍卖市场的表现之前，请暂时忘掉这些数字吧！第一瓶黑桃 A 顶级香槟弥达斯酒在美国拉斯维加斯大型夜店“XS”以 10 万美元的价格卖出，创下了香槟拍卖史上的最高纪录。当时有终极格斗锦标赛（UFC）重量级冠军盖·维拉斯奎兹（Cain Velasquez）、吉尔伯特·梅伦德斯（Gilbert Melendez）、乌利亚·费伯（Urijah Faber）、杰克·希尔兹（Jake Shields）等其他格斗士都见证了这一历史时刻。

也许你认为这其中一定有炒作之嫌。实则不然，在普通的香槟市场上，黑桃 A 香槟也是一骑绝尘。虽然黑桃 A 顶级香槟是新近出产的香槟，但其售价远远高于那些老牌香槟。在英国市场上，一瓶黑桃 A 白金香槟和黑桃 A 黄金香槟的价格大约要 400 英镑，黑桃 A 粉金香槟也要 250 英镑，换算成人民币几乎都在 5000 元左右。

不过，还是忘记那些令人垂涎的拍卖会数据以及黑桃 A 香槟的 10 万美元的天价吧，香槟对于大多数葡萄酒爱好者而言具有双重意义，是充满个人感情的投资品以及适宜“及时行乐”的佳酿。实际上，无论香槟王、泰廷爵香槟、凯歌香槟、酩悦香槟，或是黑桃 A 香槟，它们各有特色的酒体和气泡总能超越金钱，在重要的时刻愉悦人们，而这才是香槟存在的意义。

魔法与奇迹是人类一直充满敬畏与期待的领域，炼金术就曾是人类想象力的极致，点石成金，是贪婪，也是对完美的期待。酿酒又何尝不是呢？作为法国拥有百年历史的世界顶级香槟品牌，菲丽宝娜香槟酒拥有最自我的灵魂。菲丽宝娜家族将这种“点金术”发挥到了极致，酿造出世界上最优雅的香槟。由此产生的价值早已超过了黄金的价值，这也是菲丽宝娜香槟的最高境界。

酒饕的知音

菲丽宝娜香槟

菲丽宝娜酒庄曾为法国国王和情妇的爱巢，也为皇室提供葡萄酒。虽然香槟酒庄的一段美丽哀怨的传说已随风而去，但是给人们带来欢快愉悦的菲丽宝娜香槟，却如同酒标上的鲜花，绽放不息。

菲丽宝娜的酒标上繁花似锦，因为菲丽宝娜酒庄所在的豪宅里，曾经住着一位爱花的女主人。关于菲丽宝娜酒庄，民间有这样一个传说，传说法国国王路易十六真正喜欢的女人并不是安特瓦内特王后，而是克莱芒公爵夫人。1786 年，路易十六带着克莱芒公爵夫人前往兰特大教堂朝圣，并将附近一栋豪宅，就是今日菲丽宝娜酒庄赠予这位美人，并布置了取悦美人的满屋子鲜花，大有金屋藏娇之意。

法国大革命期间，路易十六被送上断头台，克莱芒公爵也被革命党人追杀，克莱芒公爵夫人因此而逃进了朗斯大教堂，祈求神的保佑。主教兰斯认出了这位闪烁着哀怨目光的黑衣夫人，正是当年陪同路易十六前来朝圣的女子，于是便收留了她。为了感激兰斯对她的救命之恩，她将豪宅捐献，从此她也从人们的视线中消失，有人说她郁郁而终，也有人说她从此隐居在教堂里不复露面。

正因为菲丽宝娜酒庄曾为法国国王和情妇的爱巢，也为皇室提供葡萄酒，所以香槟酒标打上了“Royale”的字样。虽然香槟酒庄的一段美丽哀怨的传说已随风而去，但是给人们带来欢快愉悦的菲丽宝娜香槟却如同酒标上的鲜花，绽放不息。

虽说这个传说无据可考，但早在 1522 年，菲丽宝娜家族就在香槟区的阿伊河和马勒伊 – 苏阿伊河（Mareuil sur Ay）村开始葡萄酒的酿造了。该村位于香槟区著名的爱柏丽村（Epernay）东部 5 千米的地方。菲丽宝娜在这里拥有一座装修豪华、高贵典雅的酿酒房。门口是一扇富有欧式特色的雕花拱形铁门，门上悬挂着一枚红金色相间的盾型勋章。这是菲丽宝娜创始人皮埃尔·菲丽宝娜（Pierre Philipponnat）在 1697 年注册的商标。

皮埃尔·菲丽宝娜非常努力地经营自己的事业，由于他拥有的土地非常适宜葡萄生长，酿出来的酒非常富有个性，因此菲丽宝娜在很早的时候就已经在当地享有盛名。在法王路易十四时期，它被指定为皇室和地方高级官员的专用酒。那时候的香槟区几乎还没有开始酿造带气的葡萄酒，“香槟”一词还没诞生。

到了 17 世纪，菲丽宝娜发展非常迅速，他们收购了原来跟他们相邻的马勒伊城堡（Chateau De Mareuil）葡萄园。此时，菲丽宝娜酒庄的面积已经覆盖了整个马勒伊 – 苏阿伊河（Mareuil sur Ay）村，这成为了菲丽宝娜事业发展上的一个里程碑。第二次世界大战期间，菲丽宝娜酒庄落入纳粹德国之手。为首的德国军官将菲丽宝娜视为至宝，令部下将年代久远的美酒悄悄地转移。等酒庄回到菲丽宝娜家族手中，酒庄的设施意外地保存完好，但存有的最老年份的香槟仅剩 1941 年的了。

几百年过去了，菲丽宝娜家族一直兢兢业业地打理家族的事业，为其建立了良好的声望和信誉。随着时间的推移，香槟酒行业的竞争也越来越激烈了。为了进一步巩固自己在市场上的地位，扩大销售渠道和网络，菲丽宝娜在 1997 年加入了著名的 Boizel Chanoine 香槟集团，利用其成熟的市场渠道把香槟出口到世界各地。这一举动为菲丽宝娜香槟注入了新的动力，也为其成为世界知名的香槟品牌奠定了坚实的基础。

有人将酩悦香槟比喻成丈夫，而把菲丽宝娜香槟当成是情人。酩悦每年的产量达到 1300 万瓶，其目标是酿造每一个人每天都喝能到的香槟；而菲丽宝娜香槟是专门给葡萄酒爱好者享用的，年产非常小，通常只会出现在世界三星有餐厅和五星级以上的酒店。人们无法在一般的超市找到它的身影，所以只能偶尔与它偷欢，享受那种无比的欢愉。正因为此，菲丽宝娜香槟成为众多顶级餐厅、酒店、美食家、鉴赏家追捧的宠儿。

在香槟一词还未诞生之时，菲丽宝娜酒庄出产的葡萄酒便已经成为法国宫廷的御用酒，可见其尊贵的地位。近 500 年来，一个姓菲丽宝娜的家族在那片土地扎根，与香槟耳鬓厮磨，这份情意触动了每一个接触菲丽宝娜的人。

菲丽宝娜皇家香槟

作为历史最悠久的香槟品牌之一，菲丽宝娜香槟被世界最杰出的选酒师埃里克·伯纳德（Enrico Bernardo）选为 Le Cinq（乔治五世酒店里一家顶级餐厅）等巴黎顶级米其林三星级餐厅的主推香槟，中国香港的香格里拉大酒店帕图斯珀翠餐厅、四季酒店都选用此香槟。此外，意大利著名时装设计师乔治·阿玛尼和中国香港影星梁朝伟也是菲丽宝娜香槟的忠实拥趸。

法国香槟区寸土寸金，绝大部分酒庄都是通过收购葡萄来酿酒，而菲丽宝娜酒庄有三分之一的葡萄来源于自己的葡萄园，因此比起其他的酒庄，有了更高的自由度。拥有单独种植酿制顶级香槟的黑皮诺葡萄园，在整个香槟区更是寥寥无几。而菲丽宝娜在 1935 年购得的歌雪园，则是正宗的单一黑皮诺葡萄园，酿出菲丽宝娜最耀眼的明星酒款。歌雪园位于靠河的向南山坡，与河水里的倒影一起，刚好形成一樽香槟酒瓶的形状，是香槟区的一道著名景致。尽管够独特，尽管够噱头，查尔斯·菲丽宝娜却说："很多人都建议我把它印在酒标上吸引眼球，我倒宁愿只留这瓶香槟在山水间，我已经把更美的风景倒进酒瓶里了"。

要想酿制出上好的香槟，选用葡萄的品质一定要好，香槟酿酒师的调配功力更要足够深厚，通常以不同年份的基酒进行勾兑，因此香槟大多不标示年份。很多人是冲着香槟的新鲜口感而来，人们都想知道他们喝的香槟是否够新鲜，菲丽宝娜便将"除酵母渣日期"这串数据清晰地标记在背标上。香槟经过了二次瓶中发酵后，去除了酵母渣，便可以上市。菲丽宝娜酒庄表示，以这个日子为界，粉红香槟尽早享用最好；无年份香槟在 5 年内饮用最佳；歌雪园则可陈放 30 年甚至更久。对基酒的选择，是菲丽宝娜香槟保持新鲜口感的另一窍门，菲丽宝娜酒庄只选用榨汁后的第一道汁液来酿酒，占全部汁液的 52%，剩下的全部摒弃。

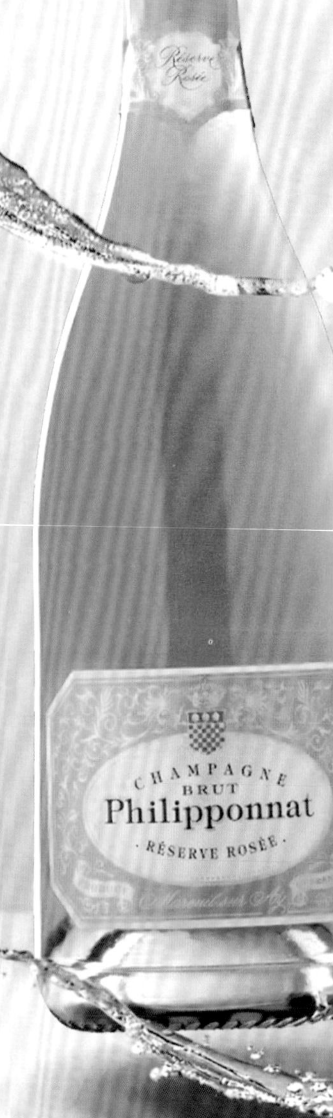

菲丽宝娜酒庄的酿酒哲学是顺其自然。他们相信，一个好的酿酒师是不需要对葡萄酒进行大规模改革的，因为葡萄的个性、特质都源于天然，任何

的人工修饰都是画蛇添足，会对酒质造成不良影响。

上帝赐予菲丽宝娜酒庄独一无二的土壤和气候，从而令其酿造出来的酒具有独一无二的品质和个性，它层次丰富的酒香和清新的口感令其与各式各样的美食都能搭配得天衣无缝，因而令其成为众多顶级餐厅、酒店、美食家、鉴赏家追捧的宠儿。

品质篇
PINZHIPIAN

菲丽宝娜香槟拥有典雅和贵妇式的气质，它犹如一曲完美的交响乐，香槟里的花香、酸度、甜味、涩味就像是大提琴、中提琴、鼓点、笛子一样，互相配合着，奏出悠扬悦耳的乐章。一杯入口后，它那香味仍凝聚在口中久久不散，就像余音绕梁一样令人难以忘怀。

菲丽宝娜香槟的高雅气质和优秀品质源自于其家族五个世纪的酿酒历史，大量法定的优质葡萄园和特等葡萄园，其中包括 17 万平方米顶级的黑皮诺葡萄园以及大面积优质的霞多丽葡萄园。菲丽宝娜酒庄用这些葡萄园的葡萄所酿出来的酒，都富有非常浓郁的香槟区特色，能完整地反映出当地葡萄的个性。要知道在香槟区，只有少数优质的酿酒厂能做到这一点。

菲丽宝娜拥有很多款各有特色的香槟，主要有菲丽宝娜皇家香槟（Philipponnat Brut Royale Reserve）、菲丽宝娜粉红香槟（Philipponnat Brut Reserve Rosee）和菲丽宝娜白葡萄香槟（Philipponnat Grand Blanc）。它们的风味各不相同，各有特色。与其他的香槟不同，菲丽宝娜香槟添加的糖分比其他的香槟都要少。其实给酒多添加一点糖分会更好地掩盖葡萄酒的缺陷，但菲丽宝娜不需要这样，因为它原本的品质就已经非常优秀了。此外，菲丽宝娜香槟窖藏的时间也要比香槟区法定的 15 个月更长，而且至少长一倍，这样的做法会让成本增加，但其品质也会更高。除此之外，菲丽宝娜酒庄最独特的就是没有市场部，完全依靠酒质来吸引客户，菲丽宝娜也不去大肆宣传和推广自己的香槟，但对于那些资深香槟爱好者来说，他们都知道菲丽宝娜。

品尝每一款菲丽宝娜香槟就仿如在倾听一首交响乐，欣赏一件艺术品，吟诵一首美丽的诗歌，带给你高雅、丰富的感官享受，令人无法抗拒对它的审美诱惑。

“菲丽宝娜香槟告诉我们，不该把开香槟那一刻的声响比喻成岁月的叹息，而是一种幸运。”从查尔斯·菲丽宝娜的这句话可以看出，香槟的意义在于享用，需要懂它的知音。

香槟与普通葡萄酒的不同之处，不仅是具有华丽的色彩和泡沫，还在于并不是每一年都会有“年份香槟”出产。这是由于绝大多数的酒庄只有适逢气候与收成绝佳、葡萄质量极好的时候，才会决定酿制一律精选该年葡萄、完全不添加其他年份酒液的“年份香槟”。

特选的“年份香槟”通常较一般的“非年份香槟”要花上更多的时间在瓶中陈酿，一般都要经过四五年以上方能问世。所以，“年份香槟”的口感更为浓郁醇厚，也更适合长期保存。对于品酒高手来说，不同年份的香槟往往呈现出不同的风味面貌，独特的个性，适合深入地对比品鉴。年份香槟的产量极少，占所有香槟产量的4%。就凭这一点，就可见年份香槟的珍贵。

在菲丽宝娜众多年份香槟中，1998年的菲丽宝娜尤为突出，被评为世界十大顶级香槟。1998年的菲丽宝娜香槟非常细致充沛的气泡在带有黄绿色泽的酒中升腾，其香气以酵母香为主，同时还带有饼干、新鲜面包、熟苹果和黄油的香气，以及一点丁香花的香料气味。入口细腻优雅，中间的吐司味道很明显，回味持续性好。与烤鸭、鱼类和贝壳类海鲜菜肴相搭配，更能显示其特有的风味。

实际上，菲丽宝娜酒庄有很多上好的年份香槟，也有很多古董香槟。

身为嫡传后人的查尔斯·菲丽宝娜称，目前菲丽宝娜酒庄最老的年份只有1941年的。原因是菲丽宝娜酒庄所在的玛赫依村是第二次世界大战期间法德之间重要的交通枢纽，火车的往来都要经过这里。第二次世界大战时，德军运送军火的时候会利用当地的酒窖存放枪支和弹药，当时德军进驻时，在菲丽宝娜酒窖里也放了很多的枪支和弹药，也在那个时候德军把所有的存酒全部喝光。德国人战败之后，英军和美军占领了当地，军队进入的时候也喝了很多酒，所以之前的酒已所剩无几了。所以现在酒窖里最老的年份也只有1941年的菲丽宝娜香槟。

查尔斯·菲丽宝娜表示，早些年曾在别人家里喝过1911年的菲丽宝娜，回忆起那樽刻着自己家族姓氏的香槟，查尔斯感慨万千。当被问道这些价值连城的香槟如今已经没有了是否会感到遗憾时，查尔斯·菲丽宝娜笑着说："为什么要遗憾呢？虽然这些酒并不是存在我们的酒窖里，但那些爱酒之人将我们的酒保存得这么好，一开瓶，尘封了数十年的气泡淡淡地溢出，醇香依旧，是酒之幸，亦我之幸。一瓶香槟最大的幸运，就是遇上知音"。

在查尔斯看来，人们真不该把开香槟那一刻的声响比喻成岁月的叹息，而是一种幸运。从查尔斯·菲丽宝娜的这句话可以看出，香槟的意义在于享用，需要懂它的知音。

PERRIER JOUËT
CUVÉE
BELLE
EPOQUE
CHAMPAGNE
BRUT
BELLE EPOQUE
PERRIER-JOUËT
2002
à Epernay-France

香槟篇

香槟地区的酿酒历史可以追溯到公元 1 世纪，当时的一个地区主教圣罗密开始运用他所知道的知识栽培葡萄，并酿造酒给当时的法国国王。此后的数个世纪中，僧侣们一直沿袭着种植葡萄和酿造葡萄酒的习俗。当时的葡萄酒除了用作宗教仪式外，还用来给借宿修道院的旅人饮用；当地的贵族或领主也会时时得到僧侣们的款待，当然葡萄酒是必不可少的。

香槟

根据法国的法定产区法（A.O.C.）规定，香槟只在香槟区出产，而且葡萄品种只限三种，分别是白葡萄霞多丽（Chardonnay）、黑葡萄黑皮诺（Pinot Noir）和莫尼尔（Pinot Meunier）。而香槟法还有严格规定，所有香槟都必须要在瓶内进行第二次发酵，令香槟酒产生出气泡。

粉红香槟

粉红香槟是混合红葡萄和白葡萄来酿制，并采用红色的葡萄皮来发酵，让酒色添上一片粉红色。除了少数是用短暂泡皮外，粉红香槟几乎都是直接将香槟区产的稀有红酒加入白酒之中调配而成，之后再进行瓶中二次发酵，添加的比例通常在8%~15%之间，加得越多，酒的风格就越强劲，涩味也比较重。略具野性型的香槟常带一点儿单宁的收敛性口感，除了较常有的干果香，偶尔会带点儿动物性香味，比较陈年的粉红香槟，甚至可以搭配味道浓重的野味。与一般香槟相比，它兼容红葡萄的果香，味道更有层次。将其冰冻来喝十分顺口，所以特别受女士欢迎。

Liv-ex 指数

该指数是以每日期酒交易数据为准计算而出的，liv-ex指数主要计算市场交投活跃的优质葡萄酒的价格变动情况，堪称波尔多地区最精准的数据，为投资者提供最新最准确的市场趋势判断。

香槟及气泡葡萄酒按照甜度划分为以下五个等级

Brut（天然）：含糖最少，偏酸

Extra Sec（特干）：含糖次少，偏酸

Sec（干型）：含糖少，带酸

Demi-Sec（半干）：半糖半酸

Doux（甜型）：较甜

香槟依据其原料葡萄品种的划分

用白葡萄酿造的香槟称“白中白香槟”BLANC DE BLANC

用红葡萄酿造的香槟酒称“红白香槟”BLANC DE NOIR

香槟如果气泡多且细，气泡持续时间长，则说明香槟品质越好。

香槟和其他葡萄酒一样，并不是存放越久越好。好酒是有“脾气”的，不同的年份有不同的口感。

香槟四大家族

躯体之香槟：黑皮诺的味道占主导，力道强劲，酒香醇厚而浓烈；入口后的味道让人联想到成熟的麦子、新鲜的牛油、香料、块菰、浅黄色烟丝及香堇。这种香槟有时候带有年份。颜色为金黄色。

心灵之香槟：味道由黑皮诺主导，口感比较醇圆，有桃子，梨、熟果、蜂蜜、玫瑰花瓣和香料味。这种香槟通常带有年份，颜色由黄铜到玫瑰色。

精神之香槟：味道由霞多丽主导，清新活泼。这种香槟的气泡轻薄，有新鲜杏仁、薄荷和柑橘的香气；颜色也很清淡，呈淡金色。

灵魂之香槟：无疑是最享有盛名的——要么是限量特殊酒酿，要么是绝佳的年份。这种香槟已经达到了最佳成熟度，泡沫极其细腻；颜色呈金褐色，酒香持久，深沉而丰富。

如何读懂香槟的标签

以 Boellinger 香槟为例。

这个标签足够让人学习香槟标签上的信息组成部分。在作出购买选择以前，每一部分的信息对于买家来说都是必须要弄清楚的。

1、“香槟”（CHAMPAGNE）字眼会标在品牌名的上面。

2、品牌名字“BOLLINGER”标在正中间。其他有名的牌子：Laurent Perrier、Moet & Chandon、Mumm、Dom Pérignon、Dom Ruinart……

3、配量额标在角落，指明香槟里面的糖分含量。糖分由低到高的排行：Brut-Nature（少于 3 克 / 升），Extra-Brut，Brut，Extra-Sec，Sec，Demi-sec，Doux（高于 50 克 / 升）。这个糖分指数并不代表什么，最重要的是香槟整体的和谐度。

4、“Spécial Cuvée”指的是香槟的掺兑情况。香槟酒庄有自己的掺兑标志。

掺兑信息指明了葡萄品种的运用。如果是单一的霞多丽葡萄，那么标签上就会显示“白中白（Blanc de Blanc）”，如果是黑皮诺或者莫尼尔，那么标签是“黑中白”（Blanc de noirs）。

如果使用的葡萄来自同一个年份，那么标签上要显示“好年份”（Millésimé）。

5、这里是香槟品牌商（酒庄名字）——Bollinger，指香槟生产的国家和城市。

6、瓶中香槟的容量。

7、酒精含量。

8、香槟业内委员会编号。

如果看到NM（操作批发商）字眼，要持谨慎态度：因为NM指香槟品牌商买葡萄然后自己酿制香槟。其他编号是CM，RC，RM，MA et ND。ND（批发经销商）是其中档次较低的编号，意味着酒商买香槟（瓶）然后贴上自己的标签。

9、品牌商标以及其他表明地理位置的信息。

在这里算是一个荣誉性的注语，Bollinger香槟是英国皇家的御酒。从市场营销的角度而言，香槟酒瓶上的标签是朴实无华的，因为它不会像葡萄酒瓶一样展示酒庄的地理风景。

香槟产区17个顶级酒庄

香槟省有上万的葡萄酒庄，其AOC级香槟中最好的17个酒庄被评为顶级酒庄，其100%用园内葡萄酿造，称GRAND CRU。

Sillery 、Puisieulx、Beaumont – Sur – Vesle、Verzenay、Mailly – Champagne、Verzy、Louvois、Bouzy、Ambonnay、Tours – sur – arne、Avize、Oiry、Oger、Chouilly、Cramant、Ay – Champagne、le Mesnil – sur – Oger另外40个酒庄被评为一级酒庄，90%~99%用园内葡萄酿造，称PREMIER CRU。

如何饮用香槟

香槟像葡萄酒一样，被存放在酒窖里面。不同之处是香槟不会像葡萄酒一样陈化，也就是说它从封瓶时刻起就停止了酒体内部的演化。

开瓶之前，香槟要在冰凉的温度下饮用。黄色香槟（身体之香槟和精神之香槟）要在6℃~8℃之间饮用。带年份的香槟要在8℃~10℃之间饮用。在开瓶之前，先把香槟放在冰箱里两个小时，或者把它放在盛着冰块或者冷水的小桶里面让它保持低温。喝香槟用的杯子在法语里面叫做“flute”，形状呈高脚长身。这种形状让气泡有足够空间往上升而酒香则保留在杯身里。

香槟和葡萄酒有若干点不同

香槟是气泡型葡萄酒。

第一点不同比较明显：香槟是气泡型的，葡萄酒则没有气泡，显得很“安静”。香槟的气泡不是由外灌入碳酸气体而得到的，它们是根据“香槟酿酒法”的第二次发酵而产生的。这种技艺也用来制作香槟型葡萄酒以及其他类型的泡沫型葡萄酒。在市场营销中，香槟被宣传是运用了特殊的制作技巧，实际上不然。当然，香槟确实是一种高级的气泡型葡萄酒。

香槟没有年份指数。

第二点不同关乎年份。葡萄酒的质量和年份有关系，这意味着用来制作葡萄酒的葡萄颗粒必须是采摘自同一年份的。有的年份产好的葡萄，有的年份葡萄的质量则不尽如人意。在香槟领域里，年份不是一个重要的概念。

香槟产家可以使用不同年份的葡萄制作质量优良的香槟。所以他们不用特别强调年份和产地的独特性，而着重在品牌宣传上。品牌宣传便成为了香槟酒庄强调自己特色的手段。如果出了一瓶带有年份的香槟，那意味着这是个好年份。由于气候条件不允许葡萄颗粒达到最理想的成熟状态，香槟酒庄的种植者未雨绸缪，一般会保留20%的葡萄给来年的酿造工作。

葡萄品种。

第三点不同关乎葡萄品种。用来制作香槟的葡萄品种只有白葡萄品种和玫瑰红葡萄品种。除例外情况，香槟一般是由三种葡萄掺兑而成的：黑皮诺、莫尼尔和霞多丽。有的酒庄利用单一的葡萄品种制作香槟，由于香槟特性的限制，这种做法并不常见。

霞多丽是香槟省里唯一的白葡萄品种。用单一的霞多丽制作而成的香槟会在瓶子的标签标明“白中白”。

最享誉盛名的霞多丽香槟有：Deutz, Dom Ruinart, Comtes de Champagne de Taittinger 或者 Blanc des Millénaires de Charles Heidsieck.

用单一黑皮诺葡萄酿制玫瑰红香槟则更是罕见。最传奇的要算是 Dom Pérignon 玫瑰红香槟，因为 Dom Pérignon 本身就是个传奇的名字。

如何用香槟佐餐

躯体之香槟较有力道，所以用来佐伴味道较浓烈的食物：鹅肝酱、海鲜、熏鱼加黑面包、鸡鸭鹅肉、鸽肉和被填充的阉鸡、野味，特别是和栗子及蘑菇配在一起烹饪的时候。

心灵之香槟口感醇圆，所以适合和带有水果味道、酸甜相间的食物佐配：带有香草或者藏红花味道的海鲜、带有熟果和蛋糕味及面包味道的鹅肝酱、有轻微熏味的三文鱼、熏烤的或者加咖喱的鸡鸭鹅肉，藏红花味或者桂皮味、烹煮成酸甜味道的野味。

精神之香槟较活泼、生猛。霞多丽香槟用来佐配贝壳、生蚝等海鲜可到极致：生蚝或者贝壳，生的或者熟的、烹煮的虾蟹或者天妇罗，烹煮的鹅肝酱，佐伴绿色蔬菜、用调味香草腌制的三文鱼，生牛肉或者寿司，冷的家禽肉、柑橘类食品。

灵魂之香槟层次最丰富，所以要用较清淡的菜肴来佐配，以免掩盖了香槟本身的味道：不加调味料的鱼子酱或者块菰，不加调味料的龙虾、海螯虾和扇形贝壳等，不加调味料的烧烤家禽肉。

香槟的风格类型

以下列出了不同风格香槟添加甜酒量的大致范围。

极干型：这种酒不常见，酿制时未加甜酒，开瓶塞时丢失的酒就是用等量的同种香槟补充的，结果就形成这种极干型香槟。劳任特·皮埃里尔和雅克·塞路斯是酿制此种酒的典型代表。

干型：添加1%的甜酒就会酿制成这种经典的干型香槟。通常用酿制出的最好的几批酒来生产干型香槟。

次干型：添加1%~3%的甜酒，酿制成这种介于干到半干之间的香槟。

半干型：添加3%~5%的甜酒，酿制成这种具有半甜味的香槟。

甜型：添加8%~15%的甜酒，这种香槟甜味明显。

香槟的色泽

香槟的酒体应是绝对澄清和完全透亮的，因此外观浑浊或不透明的香槟肯定是劣品。大多数香槟是黄色的，颜色跨度从柠檬色、稻草色到樱草色、乳酪色直至金黄色，甚至古铜色。如果酒略带淡青色，这说明该酒品质卓越而新鲜，如果带有黄褐色，则要敲响警钟，因为这暗示该酒已经过了它的最佳饮用期。

1. 草黄色的莫尼野比诺（Pinot Meunier）香槟

2. 全草黄色：高度黑比诺（Pinot Noir）香槟

3. 深金黄色：用木制容器陈酿的香槟

4. 柔和的橙红色：调酒用的浅红色香槟

5. 深玫瑰红色：粉红色中带有各种色度的铜色

6. 暗金黄色：陈酿 16 年的风味成熟的夏尔冬勒（Chardonnay），勒梅尼勒（Le Mesnil）出品

7. 鲜艳的柠檬色／草黄色：带有些青色、新鲜的白葡萄白香槟

香槟酒瓶的型号

香槟酒瓶有 10 种不同的型号。然而只有 1／2 标准瓶、标准瓶和麦格郎么瓶能不受约束地上市，这些瓶里可进行第二次发酵。耶罗波安酒瓶和其他更大些的酒瓶的运输要受到技术限制，其技术标准源于 7.5 毫升（25.4 液量盎司）的标准瓶，1／4 标准瓶也是如此。大型酒瓶——塞么那扎（Salmanazar）、拜尔撒扎（Balthazar）和尼布甲尼撒（Nebuchadnezzar）——现在已很少生产了。

不同型号的酒瓶及其容量

1／4 标准瓶　187 毫升

1／2 标准瓶　375 毫升

1 标准瓶　750 毫升

麦格郎么瓶（2 标准瓶）　1.5 升

杰罗鲍么瓶（Jeroboam,4 标准瓶）

3 升瓶

瑞褐鲍么瓶（Rehoboam，6 标准瓶）

4.5 升瓶

美素瑟那瓶（Methuselah,8 标准瓶）

6 升瓶

寒么那扎瓶（12 标准瓶） 9 升

拜尔撒扎瓶（16 标准瓶） 12 升

尼布甲尼撒瓶（20 标准瓶） 15 升

香槟的品尝

饮一大口，同时吸进香槟上层的酒气，让酒在口中回荡几次，以便酒能接触嘴中的不同部位，虽然这个动作很滑稽，但它能够使舌头充分感受到四种基本味道：在舌尖上能感受到甜味，酸味在舌的两侧，咸味和苦味则在舌根。品尝的第一步是判断酒是否具有地道清纯的葡萄风味。“清纯”是重要的特征性的指标，对于水果，它就意味着新鲜和具有自己特色性的味道，这样，我们就能判断出这种香槟是比诺风格的还是夏尔冬勒风格的。

品尝香槟时，口腔和喉部会发生稍稍麻刺的感觉，这是因为气泡刺激了口腔黏膜。这时，味蕾则会留下对酒感受的如下记忆：“沉静的而又不失活力的香槟气息”（让－克劳德·鲁德语，Jean-Claude Rouzaude’s）、属于葡萄酒的那种果香味，甚至那种浓淡相宜而又微妙得可以清晰分辨出白垩土壤所特有的葡萄味。然后，咽下酒，考虑是否要再来一口。名贵的香槟会在你的喉咙后壁留下特有的感受，其香味也会在你的口腔里绵绵不散。

世界上有多少酒能唤醒沉睡的本我？又有多少酒经历了300年的风雨洗礼？也许只有被人誉为“生命之水”的酒中至圣——马爹利干邑能够做到。它坚守着“不为奢而华，因艺术而贵”的精神，代表着永恒、满足、优雅，引发人们追求纯美、和谐的欲念。

夏朗德河上空的金丝雀

马爹利

在太阳王路易十四被奉若神明的时代，人类艺术和文化得到不可磨灭的长足发展，马爹利便是那个时代的缩影。长久以来，马爹利干邑代表着法国高贵的宫廷生活，凝聚了能工巧匠的智慧与汗水，一直坚守着“不为奢而华，因艺术而贵”的精神，它作为法国历史文化的载体不断地影响着每一位享用它的人。

法国西南部有一个名为干邑的小镇，位于法国著名的葡萄酒产区波尔多之北的夏朗德河流域，由于该地区盛产白兰地酒，这座只有2万人的小城逐渐名满全球，更成为酒名的代称。

时至今日，干邑镇依然如它的名字一样，与酒有着千丝万缕的联系。走进小城，空气中氤氲着诱人的酒香，如镜的夏朗德河倒映着如洗的碧空，好似传说中的“天使之乡”的画境。相比美景，干邑地区的地理环境更是葡萄酒的最好生产地，其土壤、气候、雨水等自然条件都十分适合葡萄的生长，因此这个地区所盛产的葡萄品质也是酿酒葡萄中的极品。早在公元276年，人们就在此地区种植葡萄。直至12世纪，干邑已经成为最为著名的葡萄酒产区。

1909年，法国政府将干邑镇依据土壤及气候的不同，分成六个产区。从空中鸟瞰，这六个产区仿佛一个圆形的靶子，它们分别是：普林区（Bois Ordinaires）、良林区（Bon Bois）、优林区（Fins Bois）、边缘区（Borderies）、小香槟区（Petite Champagne）和大香槟区（Grand Champagne）。同时法令亦对干邑白兰地的中和蒸馏法作出严格的规定，只有在干邑镇出产的白兰地才能被称之为干邑（Cognac）。

干邑镇是无数人梦想的乐土，同时也是诞生无数传奇的所在，这其中马爹利的传奇无疑是最为神奇的。1715年，让·马爹利在这里创建了世界上历史最悠久的干邑世家，并用他的理念给这个家族奠定了稳固的基础。自那时起，马爹利品牌始终尽心地维护着干邑白兰地的卓越品质和优良声誉。

让·马爹利1694年生于法国泽西岛一个普通的家庭，他在八个孩子中排行老二，当时的让·马爹利与其他的孩子没什么区别。年轻的让·马爹利不甘心做一辈子的杂役，在他21岁那年，马爹利放弃了自己的工作，只身一人来到了法国干邑镇。他刚来到这里的时候，正值泽西岛向大不列颠走私白兰地最猖獗的时期。凭借创业的激情和敏锐的商业头脑，让·马爹利意识到这是一次千载难逢的好机会，于是他决定放手一搏，开创了以自己名字命名的干邑品牌——马爹利。也许令他自己也没有想到，这个决定不仅改变了他自己的人生，而且还改变了整个世界。那一年是 1715 年，让·马爹利只有 21 岁。

在干邑区，人们把贮存最古老的珍酿的酒窖称为“天堂”。由于酒窖的自然温度、湿度、采光度等对干邑的蒸发和醇化过程有重要影响，因此酒窖通常都是干邑酒商最重视的场所。于是，他们将存放自己最珍贵产品的酒窖称之为“天堂”。300 多年前的马爹利先生在进入这个“天堂”之前，每次都要站在酒窖门口，虔诚地向静静躺在橡木桶和酒瓶里面、慢慢醇化着的干邑陈酿脱帽致敬。

马爹利的“天堂”就是 Chai Jean Martell，即“让·马爹利酒窖”。马爹利创立酒庄之时，正是路易十四执政期间，在法国，那是奢侈品制造业初现繁荣的年代，涌现出了许多力求完美的能工巧匠。宏伟壮观的凡尔赛宫就是当年无与伦比的艺术品，它的影响力辐射到整个欧洲。而让·马爹利更是那个年代中技艺超群的著名工匠之一，他深谙法国文化的精髓，也是传播法国风尚的大师。在整个时代和文化的推动下，他不仅建立了马爹利酒庄，而且将干邑的调配变成了一种艺术。正是让·马爹利对干邑完美卓绝品质的不懈追求，严格监督、掌控酿造过程的每一个细节，马爹利干邑迅速地得到众多品鉴家们的交口赞誉，这其中包括拿破仑的总管家、路易十四、奥地利王室、俄国沙皇以及英国国王。马爹利也随即闻名遐迩，受到越来越多人的钟爱，世界各地的订单蜂拥而至。正如让·马爹利在 1721 年所说的那样：“我们的生命之水是法国举世无双的佳酿。”300 年的风雨历程，马爹利一如既往、锲而不舍地锤炼其酿造技艺。

让·马爹利不仅是一位艺术家，同时也是一位出色的商业家。他 21 岁来到干邑镇，凭借热情和商业头脑，使公司迅速发展壮大。这期间，他频繁地往来海峡群岛以及英国，与之建立商贸合作，当然这也是传统的贸易通道。没过多久，让·马爹利便开通了到鹿特

丹、汉堡的汉西亚特港和白贝瓦的贸易，将自己的业务拓展到荷兰、德国和北欧的其他国家。让·马爹利一方面拓展贸易，一方面还有计划地参与地方市场、联络葡萄园主，人们常常能看到他在唐奈夏朗德亲自指挥装酒入桶。他还经常到干邑镇外的奥尔良、索墨去约见客户和代理商。

让·马爹利于1753年逝世，将其声誉卓著、如日中天的事业留给了妻子和两个儿子，他们追随着让·马爹利的足迹，一如既往地秉持对品质的执着和专注，一丝不苟地传承富有特色的酿酒技艺，坚守着马爹利在干邑世界的至尊地位。

随着生意发展，1784年，马爹利干邑首次运往北美；1797年，首次出口瓶装；1803年，首次远销到俄罗斯；1820年，马爹利干邑成为英国王室的御用干邑，成为英王乔治四世的最爱；1842年，马爹利干邑第一次出现在中国广东，在当时备受推崇……从那以后，马爹利干邑出口到日本、澳大利亚等世界各地。

近300年来，马爹利干邑一直被人们看作法兰西生活方式的象征。从1892年开始，马爹利干邑就运往沙皇亚历山大三世的圣彼得堡冬宫酒窖中，随后又现身英王乔治五世的加冕仪式上……如今，路易十四的年代已经过去，然而，那一时期推崇艺术、追求尊贵生活的思潮却一直流传下来。马爹利干邑一直坚守着“不为奢而华，因艺术

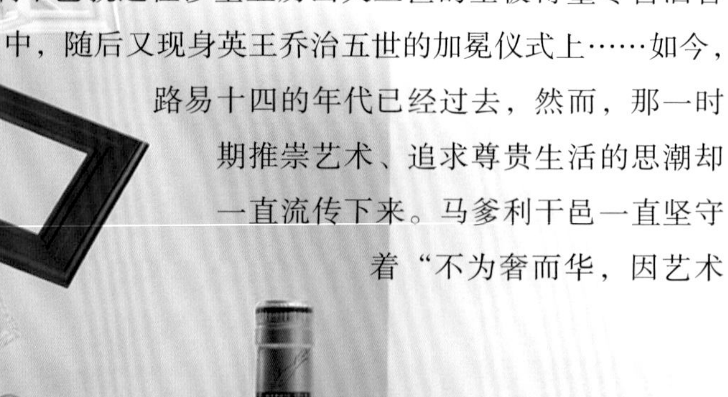

而贵”的精神，作为法国历史文化的载体不断地影响着每一位享用它的人。今天，我们不难感受到马爹利干邑对美与艺术始终不渝的追求。

调酒师、葡萄种植者、蒸馏师、制桶工人把他们深谙的精湛技艺世代相传，流芳百世。对马爹利酒庄而言，精酿技艺展现出其举世无双的文化传承，并随着时间的推移彰显荣耀。前辈们高瞻远瞩的视野和不可匹敌的技艺让马爹利干邑成为法国名酒卓绝高贵的表征，并影响了世界的每一个角落。

如果说崇敬、使命感塑造了时代精神的一个侧面，那么辉煌、华丽、享乐无疑是路易十四那个时代精神的另外一个注解，而马爹利干邑的出现正是当时那个时代精神的体现。在那个注重感官享受的年代，贵族阶级和文化阶层均不约而同地表现出对世界和生活的美好愿望，同时他们把这种官能上的感受毫无保留地表现出来，而这恰好体现了奢侈品的本质。

在路易十四的信念中，艺术可以用来提高君王的威信。路易十四十分注意自己的王者风度，一方面他为了激发自己神圣的使命感，给自己取名为“太阳王”；另一方面，他对各种艺术表现出专注与热爱，让他显得更加卓绝不凡。从这一点上，我们就不难理解让·马爹利为什么对干邑的调配会如此苛刻，以至将其变成了一种艺术。可以说，那个时代造就了马爹利干邑的尊贵与奢华，同时马爹利凭借着近 300 年对完美的孜孜追求将那个时代的精神传承下来。

路易十四时代的纸醉金迷早已消失，在艺术中绚烂绽放的伦勃朗和莫里哀也消逝已久，但那个时代的“不为奢而华，因艺术而贵”的精神与气质却被马爹利干邑传承下来。

优质的葡萄是马爹利干邑的生命。每年 10 月份，法国干邑镇的葡萄园就迎来一年之中最繁忙的时刻，葡萄采摘工等到这些葡萄完全成熟后进行收割。这些葡萄被放在平板压榨器中处理，榨好的汁液将会立即储存到橡木桶中等待发酵。马爹利干邑之所以呈现出不同凡响的风味，完全在于它独特的酿制方式。

近 300 年来，马爹利的酿酒师们一直采取双重蒸馏所得的珍贵酒心用于制作干邑。在漫长的醇化过程中，这些被称为“生命之水”的原酒被装进橡木桶中慢慢地醇化，其醇化的时间大多在 10 年或 20 年，甚至数十年。据称，马爹利酒窖每年约 300 万瓶干邑挥发掉，人们戏称这些挥发掉的干邑是被天使所享用的。

如果说葡萄是马爹利干邑的生命，那么调酒师的调兑艺术则是马爹利干邑的灵魂。成品的马爹利干邑都是由许多不同年份的原酒调兑而成，至于如何调兑，已经不仅仅是一种工艺，而被人们尊称为一种艺术。近 300 年来，每一位马爹利干邑的调酒师都认为，干邑的调和艺术是一种创造之举，而他们自己的工作也正以创造为主。他们相信在干邑杰作与艺术作品之间存在着某种巧合与默契。在他们眼中，优质的葡萄保证了马爹利干邑的优秀品质，而他们通过自己的创造赋予了马爹利干邑灵魂。因此，他们所调配的马爹利干邑也会呈现出不同的风味，或神秘，或阳光，或热情……你可以在一杯马爹利干邑中品尝出 120 多种味道，一瓶上等的金牌马爹利干邑即使瓶子空了，瓶底或者杯底所留的香气也能持续数小时，甚至数天。

除了调兑的艺术，盛放干邑的橡木桶也是决定干邑品质的重要因素。大多数的干邑生产商都使用林茂山区的橡木制成的酒桶来进行醇化，而马爹利酒庄始终选用纯手工制作的托台区橡木制成的酒桶。相比前者，它能赋予干邑更为精致优雅的芳香。李洛伊（LEROI）橡木桶厂是马爹利酒庄长期的合作伙伴，用于做酒桶的木材仅限于产在法国的 3 种橡木，橡木破成板材之后，需要在露天堆放三年，风吹过，日晒过，雨淋过，雪落过，直到变得黢黑才能被用于制作木桶。

据说一名橡木桶制作工人至少要学徒 5 年才能独立制作木桶。光那些令人眼花缭乱的古老工具的使用方法就足以让人望而生畏。橡木桶的黏合要求不用胶和金属钉子，完全靠木制楔钉和烘烤变形的橡木板，加上外边的铁箍固定成型。就像当地人所说：“制作橡木桶，那实在是一门艺术。”比如，为保证纹理的一致性，橡木只能劈开而不能锯开；为了消除木材中的水汽和干涩，要在自然条件下风干三年。在给木桶加箍的过程中，要在用橡木木块和刨花燃起的火焰上烘烤，同时还要不时地往正被烘烤变形的木板上浇水，以使其具有香味和一定的柔韧性。其烘烤的深浅程度、时间长短，对酒的个性也会有很大的影响。一个好的橡木桶可以用上 150 年到 200 年。当然，如果需要，也可将一个使用几年后的橡木桶的部分橡木板拆下来，换上新的。马爹利干邑所使用的橡木桶都是由手工制作的，有些桶的历史已经超过了 100 年。

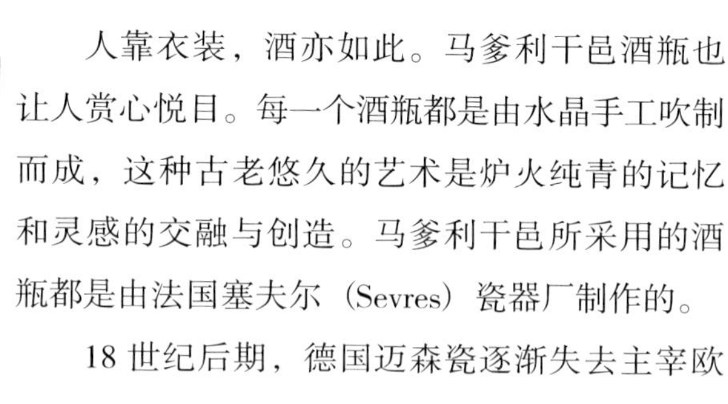

人靠衣装，酒亦如此。马爹利干邑酒瓶也让人赏心悦目。每一个酒瓶都是由水晶手工吹制而成，这种古老悠久的艺术是炉火纯青的记忆和灵感的交融与创造。马爹利干邑所采用的酒瓶都是由法国塞夫尔（Sevres）瓷器厂制作的。

18 世纪后期，德国迈森瓷逐渐失去主宰欧

每一个对马爹利干邑了解的人，都会注意到在其酒瓶上的那只黄金雀。其实，这只黄金雀的图案很早就出现在古代马爹利家族的纹章上了，实际上，这只黄金雀就是在墙壁上筑巢的燕子。

传说将近 300 年前，在法国干邑镇的马爹利酿酒工厂上方时常弥漫着一股极不寻常的空气，当那橡木桶和满盛的陈年干邑耐心地等待成熟的时候，桶中的干邑所散发出的香气溢出蒸发在空气中。恰巧一只燕子发现了这个地方，从此在这里安家落户，直到它慢慢地蜕化成一只黄金雀。此后，每年春天，当千百只欢悦的鸟儿盘旋高天之际，这只黄金雀便会重现于世——在每一个马爹利干邑的酒瓶之上。

洲瓷器时尚的霸主地位，融会了法国宫廷艺术精华的塞夫尔瓷渐渐地脱颖而出，成为瓷器华丽风格的典范。在法国瓷器中，最能让人领略到宫廷艺术风范的莫过于塞夫尔制品了。塞夫尔为马爹利干邑特别制作的每一个酒瓶都揉入了不可胜数的独特技艺，它恰到好处地展现了马爹利干邑的尊贵之态，同时也将马爹利干邑孜孜不倦追求完美的超凡品质表现得淋漓尽致。

另外，你要知道瓶子上的标签是酒的身份证。法国政府规定，酒瓶的标签上必须注明酒的产地、品名、品质证明、酒精度和瓶装容量等。“V.S”、“三星”、“V.S.O.P”或“XO”等是我们在标签上经常看到的符号，就像“伯爵”、“公爵”等头衔一样，称颂着主人的地位。V.S 是 Very Special 之意，表明酒的藏酿时间在两年半以上，品质甚佳；V.S.O.P 是 Very Superior Old Pale 的缩写，酒的藏酿在 4 年半以上，是超纯陈酿；XO 是在干邑中表示“特陈”的意思，也就是说蕴藏期至少要在 8 年以上；而一些极品干邑，如马爹利干邑的“金王”（L'OR）、“新猷”（CREATION）等，藏酿时间都在 50 年以上。

马爹利干邑的确是尤物。美国作家威廉·杨格曾说：“一串葡萄是美丽的、静止的、纯洁的，而一旦经过压榨，它就变成了一种动物。因为它在

MARTELL
FONDÉE EN 1715
CORDON BLEU
OLD CLASSIC COGNAC
J. Martell
1715
70cl
40% vol.
COGNAC
PRODUCED AND BOTTLED IN FRANCE
APPELLATION COGNAC CONTROLEE

成为酒以后，就有了动物的生命。”马爹利干邑凝聚了法国最上等葡萄的精华，必定是精灵中的精灵。

马爹利始终倡导领先、自主、创新而不拘一格。作为一个著名品牌，马爹利始终坚信一点——源于历史，开创潮流。蓝带马爹利的诞生就是最好的证明，这款由干邑大师爱德华·马爹利亲手研制的干邑，已经成为马爹利家族锐意创新精神的象征。

马爹利、轩尼诗、人头马和拿破仑干邑是国际上公认的四大干邑，它们都有不俗的知名度，每一个干邑品牌的背后都有百说不厌的家族传奇。在这四大干邑中，马爹利家族可以说是最古老的干邑世家。这个赫赫有名的马爹利家族诞生于“太阳王”路易十四的统治时期结束之际，拥有近三百年的历史。然而，真正让马爹利成为世界焦点是从1912年开始的，那一年马爹利家族的掌门人爱德华·马爹利创造出了蓝带马爹利（Martell Cordon Blue），成为马爹利家族的象征。

和让·马爹利一样，爱德华·马爹利也是一位非常有品位的艺术家，他调配干邑的技艺已经达到了炉火纯青的程度。一般来讲，一瓶干邑的质量取决于调配师的能力和经验。我们经常说干邑调配师是一瓶干邑制作过程中唯一体现出价值性的一环。干邑调配师不使用任何仪器，他的工具就是他的品位。爱德华·马爹利正是这样的人。他的绝技来自于祖辈们的悉心指导，更多来自于他对调配干邑的实践和探索。爱德华·马爹利一方面坚持传统，只使用产自干邑区四大葡萄产区的最优质的葡萄酒进

行调配，尤其是主要选用来自面积最小的干邑区产区——边缘区的珍贵的“生命之水”，通过独到的双重蒸馏过程，使得马爹利干邑更为柔滑、精致而淡雅。

另一方面，爱德华·马爹利无疑是马爹利酒庄真正的艺术家之一。他依靠惊人的嗅觉记忆力、万无一失的味觉及对精确配量的敏锐感知，将多达150种来自干邑区最出色的四大葡萄产区和来自马爹利橡木桶内的生命之水，调配出醇厚、丰富、口感平衡、品质卓越、始终如一的、独一无二的蓝带马爹利干邑。蓝带马爹利融合了法兰西的艺术气质，成为世界上最经典的干邑，令独具慧眼的干邑鉴赏家们体会到了非凡的品鉴乐趣。1912年，蓝带马爹利干邑刚刚推出便一炮而红，立即成为马爹利酒庄锐意创新的标志。

多年以来，深远代表着马爹利干邑独特的品质，作为一个引人入胜、不断进取的品牌，马爹利干邑留给人们更多的是探索与发现。通过近三个世纪的不断钻研与探索，马爹利酒庄形成了独一无二的酿酒专长，它对酿酒艺术的不懈追求，造就了其芳香飘逸、回味深远的卓越口味。

马爹利干邑源于男人对生活和事业的勇敢面对和不懈开创，对于他们来说，自信而独立地挑战生活和事业上的一个个目标，已经成为了一种毋庸置疑的行为风格。所以，马爹利干邑始终倡导领先、自主、创新而不拘一格。作为一个著名品牌，马爹利始终坚信一点——源于历史，开创潮流。蓝带马爹利干邑就是最好的证明。

金王马爹利不只是人们所能买到的最好的干邑，更是代代相传、黄金般珍贵的遗产。

今天，马爹利干邑所拥有的这份辉煌与荣耀，显然早已不是当初那个来自泽西岛的年轻小伙子所能想象到的了；历史的发展与变幻，显然也不是后来的马爹利人所能预想得到的。

当马爹利酒庄在1988年被北美著名酒商施格兰收购的时候，作为第八代马爹利掌门人的伯利·马爹利先生其实早已经不再是这家酒庄的主人了。2001年12月，施格兰公司又将马爹利酒庄转卖给法国保乐利加集团。这时就连伯利·马爹利本人也已经在退休后举家迁至拿破仑的老家科西嘉岛，算是与马爹利酒庄彻底断绝了关系。对于这样一番天翻地覆般的巨大变化，无论是局外人也好，还是当事者也罢，又能说些什么呢？

然而，无论经历了怎样的风云变幻，马爹利酒庄并未因为几易其主的巨大变化而影响到自身近300年来一直拥有的尊贵地位和完美品质，而且始终坚持着求新求变的原则，不断催生出许许多多享誉世界的驰名品牌，不拘一格地开创着全新的时尚潮流。

充分彰显着尊贵内涵的“金王马爹利”就是其中最具代表性的经典品牌。在西方的相关传说中，古时的一位天神曾化身为黄金来到人间追求其向往的爱情，于是黄金不仅由此成为最为贵重的金属，也象征着亘古不变的一份坚贞情感。正因为如此，马爹利家族才把素来就以完美的品质而著称于世界的干邑和代表着永恒的黄金结合在一起，创造出了举世珍藏的“金王马爹利”。

在马爹利干邑中，被称为“XO中极品”的“马爹利XO”，是在积累了前后8代酿酒经验的基础上精心调酿而成的一款酒中极品，它不仅是马爹利家族近300年酿酒艺术的集大成者，同时更是奢华与尊贵的集中体现。而最为世人所熟知的“金王马爹利”，也同样是集合了法国四大干邑产区各种佳酿后调配而成的智慧结晶，其圆润丰满的酒体以及成熟芳香的韵味不仅使其无可争议地成为“醇厚优质干邑”系列中的翘楚之作，还以贮藏年份久远而享誉全球。

其实，“金王马爹利”只作限量发售，售价不菲，它只出现在全球的免税市场。世界上也只有少数饮家才能品尝得到此等珍品。

马爹利故事的动人之处，在于陈年干邑如何在我们称为天堂的酒窖中静静地等待的传奇。这是一幕酒窖主人如何为寻求伟大而牺牲奉献，却只被时光遗忘的讽刺剧。想想，将这注定成为最佳马爹利干邑的优质纯酿置入酒窖中的酒窖主人，永远不会有机会品尝自己辛苦工作的成果。他的儿子小心地看守他父亲辛勤的杰作，也永不会有机会品尝这佳酿。甚至连他儿子的儿子，也无缘品尝。这是不能

法国政府对干邑的级别有着极为严格的规定，酒商是不能随意自称的，从酒瓶上的字母上可以看出其品质，例如：V代表Very（很好），O代表Old（老的），S代表Superior（上好的），P代表Pale（淡色而苍老），X代表Extra（格外的）。

等闲视之的遗产。如果你运气够好，有机会品尝“金王马爹利”，不要忘记这不只是人们所能买到的最好的干邑，更是代代相传、黄金般珍贵的遗产。

法国人享用这种珍稀之物的方法绝不是干杯，而是在甜品后浅啜上一小口（不到30克），或同与雪茄享用。品尝马爹利干邑所用的玻璃杯也不是随手抄一个就行的，盛装干邑的杯子必须是薄边的矮脚大肚杯才可以，因为这样的杯子杯口狭窄，能够留住酒香。

在品尝马爹利干邑的时候，要先观其色，颜色的深度反映出酒的年龄。如果马爹利干邑的色泽金黄，则是酒中佳品。再闻其香，用食指和中指持杯，用手掌托住杯身底部，慢慢地旋转，以手掌的温度温热酒液，逐渐移向鼻子，悦人的果香气味缓缓地散发出来，扑鼻而至，令人陶醉。

品酒重在一个“品”字，要缩起嘴唇，由口侧轻吸，啜一小口，然后抿住唇，干邑在口中升华，让舌头后部敏感的味蕾感受其芳香与醇厚，你体会到马爹利干邑所藏酿的热焰以及它所赋予你的一切无法言说的感受。

喝纯马爹利干邑的感觉让人心醉神迷，就像是一次对感情的追求：蓦然回首看到意中情人，超凡脱俗，玉树临风；趋前亲近，呼吸若兰，沁人心脾；两情相悦，你融化在那直露的激情之中。

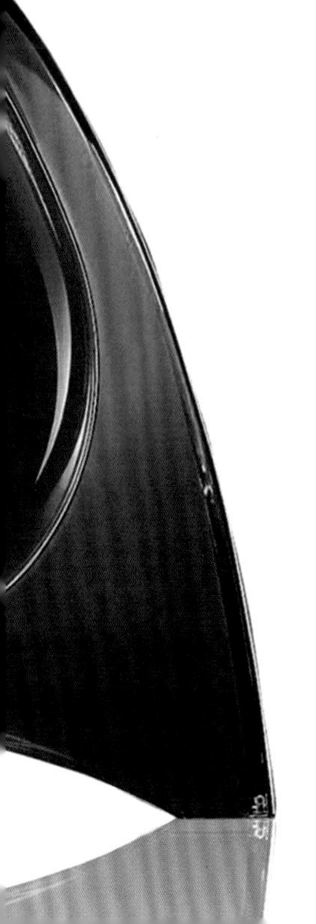

名仕马爹利（MARTELL NOBLLIGE）

名仕马爹利干邑乃家族早年的珍藏佳酿，年代久远，色泽琥珀金黄，酒香馥郁，由经验丰富的马爹利酒庄首席酿酒师精心调配。它那出自名师设计的全新典雅酒瓶风格独树一帜，线条优美流丽，彰显现代艺术美感，与无比醇厚的酒液浑然天成，被誉为完美传统与当代艺术完美结合的酒中经典。它口感成熟，配矿泉水或冰红茶混合后饮用为佳。

金牌马爹利（MARTELL V.S.O.P）

金牌马爹利是一种经过精心调酿并以较长时间蕴藏的干邑白兰地，酒质醇厚，香浓馥郁。在干邑六个种植区中，又以边缘区所产的干邑味道最为醇和芳香。马爹利干邑即出产于此，甄选非一般的原料，成就其超凡的酒质。其后又经过双重蒸馏、潜心酝酿及精湛调配这几重独到的程序，如此精心酿制，终于成就了马爹利干邑的卓越品质，并使其赢得“经典无价”的至高赞誉。

马爹利 XO

此款佳酿口感柔滑圆润，具有淡雅的花香，适合用依云矿泉水稀释饮用，直接加冰块饮用口感更浓郁。积累八代珍贵酿酒经验，精选上佳葡萄，经悉心调酿而成的马爹利 XO，成为马爹利家族近 300 年酿酒艺术的结晶，是 XO 中之极品。

银尊马爹利干邑（MARTELL Extra）

此款佳酿适合净饮，口感复杂、纯正而顺滑，是成功人士的享受佳品。在 1819 年由西奥多·马爹利给其兄弟弗雷德理克·马爹利的信中首次提及此佳酿，它是由极品干邑精心调制而成，完美地诠释了高贵、优雅的含义。

MARTELL
XO
MARTELL
COGNAC

人头马干邑代表着精华的累积，也代表着时光的沉淀，更代表着对品质的无限追求。没有别的干邑能与它争夺帝王酒的美名。它便是以被冠为“干邑保护神”的、以法国皇帝的名字来命名的路易十三。路易十三在晚宴上总被安排在最后单独品尝，因为路易十三是王，王是不比较、不分享、不妥协的。

干邑帝王

人头马

有人说，在每一个伟大品牌的背后，都有一个了不起的人物，但是在人头马干邑的背后，却是一个家族上百年始终如一的坚持，才成功地孕育出今天巧妙融合技艺、艺术、耐心与专业的路易十三。人头马是四大干邑品牌中唯一由干邑镇本地人创建的品牌，也是四大干邑品牌中唯一的家族企业。雷米·马丁家族造就了无与伦比的生命之水，让其历经百年沉睡后仍能爆发出澎湃的力量。

1724 年，一名男子走在干邑镇起伏的石板路上，新婚不久的他表情坚毅端庄。这个名叫雷米·马丁的男子一定没有想到，多年之后，那个印有人头马星座印记的干邑标志将名扬全球。1821 年，他

LOUIS XIII
Rémy Martin
CHAMPAGNE
LOUIS XIII
de
Rémy Martin
GRANDE CHAMPAGNE COGNAC

的曾孙雷米·马丁三世首次调配出的陈年干邑，为将来的成功奠立了基础。其子保罗·雷米·马丁传承家族技艺与热忱，用毕生的技艺，终于在 1874 年调配出可以满足最苛刻饮客的贵族诉求的路易十三。

关于人头马的历史，我们还得从干邑镇说起。和法国的许多小镇一样，仅有 2 万人口的干邑镇是一个古老与现代建筑交融的地方。值得一提的是，干邑镇是 16 世纪法国国王——弗朗索瓦一世的出生地。弗朗索瓦一世被视为开明的君主、多情的男子和文艺的庇护者，是法国历史上最著名、最受爱戴的国王之一（1515—1547 年在位）。在他的统治时期，法国的文化达到了一个高潮，弗朗索瓦一世因此被认为是法国历史上史无前例的具有人文思想的一位国王。

提到干邑，就回避不了夏朗德河。夏朗德河被弗朗索瓦一世称为“我的领土上最可爱的河”，是干邑的“母亲河”，在新石器时代就因运输的便利性而知名。在当时，夏朗德河是干邑镇人们运输食物的主干道。16 世纪时，一批北欧的商人就经此来到干邑镇购买葡萄酒。18 世纪前，法国出口的葡萄酒因当时的运输条件限制，往往经受不住长途运输而变质。为了解决这一难题，人们采用了“二次蒸馏”来提高酒精含量，以便运输。到达目的地后再稀释复原，二次蒸馏的白葡萄酒便是早期的白兰地。

最初的白兰地无色透明犹如清水，与现在的琥珀金黄色非常不同，因

人头马 V.S.O.P 礼盒

为当时的人们还未使用橡木桶来陈酿白兰地。1701 年，法国卷入了西班牙的一场战争，白兰地出口大跌，堆积了大量存货，人们不得不将存货装入橡木桶内储藏。战争结束后，解甲归田的人们惊奇地发现，储存在橡木桶内的白兰地竟然变得更香更醇，不仅减少了许多辣味（刺激性），还呈现晶莹剔透的琥珀金黄色，白兰地的酿制者们为这一偶然发现而雀跃。于是，用橡木桶酿藏白兰地便成为传统，一直传承至今。

从 17 世纪开始，酒商们开始使用橡木桶来陈酿“生命之水”。经过橡木桶陈酿的酒除了具备诱人的琥珀色之外，还带着各种各样爽口的香味。从此，这种陈年的、色泽诱人的、香气扑鼻的酒开始变得非常有名，并被命名为 Brandewijn（也就是 burned wine，烧酒），即后来的 Brandy（白兰地）。这期间，干邑镇涌现了许多家酿酒厂，后来的人头马酿酒厂就是其中的一家。

这家酿酒厂的主人就是我们开头提到的雷米·马丁，创建该厂时他年仅 19 岁。雷米·马丁是一个葡萄园主的儿子，由于对如何储存白兰地有着独到的见解，由他酿制的白兰地受到人们极大的欢迎。雷米·马丁的生意因此日渐兴隆，并且不断地稳步发展，很快便在众多酿酒厂中脱颖而出。这完全得益于雷米·马丁对干邑酿制的专注，这个将酿出世界上最好的干邑作为自己全部信念的天才，终于实现了自己的理想。

“人头马”驰名世界是在 19 世纪后半叶。雷米·马丁的儿子埃米尔·雷米·马丁掌管酿酒厂后，在重视产品质量的同时，开始有意识地运用包装和标志来给自己的产品增添影响力，他亲自设计了公司的商标，并正式注册。今天人们所看到的那个带有贵族气质的人马座图案就是由他设计的，距今已有上百年的历史，该图案的下半部是腾空而起的骏马，上半部马头则是一名威武的骑士。这个图案被人看成是人头马企业精神的图腾，象征着人头马近 300 年来的至高品质——最优良的土壤、传统可信的方法和精湛的酿造工艺，以满足世界各地白兰地豪客的尊贵诉求。时至今日，雷米·马丁家族致力于保持其世代相传的酿制特优干邑的传统，使得人头马干邑一直声名远扬，在国际优质干邑市场上稳占重要的一席。

19 世纪初期，路易十三的诞生让人头马公司再一次成为世界的焦点。路

每一支 RARE CASK 酒瓶都是 20 位技艺精湛的工艺师经过两周时间、50 多道繁复的步骤才最终完成的，上面有专属的“CASK 43.8”字样。

易十三干邑之所以珍贵，完全出于自然资源的珍稀和制造工艺的复杂：全部原料取自于大香槟区的最佳土壤，蒸馏后的干邑经过严格的挑选，然后再以1200种生命之水兑成，其中最短的陈酿也要50年，最长的则超过100年。

为了衬托出路易十三的珍贵，雷米·马丁家族决定对其进行重新包装。1850年，一名农夫在亚纳克战役（1569年，安茹公爵麾下的天主教徒与孔代亲王所率领的新教徒之间的战争）的遗址中发现了一个金属酒壶，这个酒壶的周围镶着一圈百合花，整个形状受路易十三时代法国流行的意大利文艺复兴风格的影响。雷米·马丁家族意识到这个瓶子的商业价值很高，便立即买下，并很快申请了复制这个瓶子的专利。后来，路易十三在市面上出售，取得了巨大的成功。路易十三干邑的诞生，也让这个古董酒瓶的魅力得以重生。从金属瓶子到巴卡拉水晶，作为干邑之王的经典符号，其工艺一直随着时代脉搏而变化，始终都保持着王者风范。如今的黑珍珠水晶瓶带着现代简约的颠覆意味亦不失霸气，同样是以极致来诠释王者之美。

曾有人问：为什么每个路易十三酒瓶的细节都有所不同？当然应该不同，如果完全一样才难以理解，因为每个酒瓶都是手工做的，独一无二。如果你有机会去看巴卡拉水晶瓶的生产过程，就可以看到这些水晶瓶子是如何吹出来，然后慢慢地精细打磨出其代表皇室血统的百合花标志以及瓶身的手工曲线。正如人头马公司推出的路易十三黑珍珠水晶限量至尊装，全球只有358瓶，每一瓶都镌刻001到358的序号，这是法式奢华艺术的体现，也是古典与现代两种极致之美的碰撞，正像是路易十三的时代变奏曲。

在最初，由于制作这种水晶瓶的成本极高，人头马公司曾经一度想降低成本，试图采用玻璃瓶。于是一家玻璃厂自动请缨，用玻璃制造了6个路易十三的酒瓶给人头马公司，希望能够被采用。人头马公司随后将其中的三瓶运往英国参加展览。许多人认为人头马公司的这一做法简直就是自贬身价，采用玻璃瓶无疑降低了路易十三的至尊地位。于是，人头马公司立刻将手中的三个玻璃瓶毁掉，表示不再采用玻璃瓶，余下的三个则作为拍卖。如今，世界上最昂贵的干邑无疑就是剩下的那三个玻璃瓶装的路易十三。据说，这三瓶路易十三多次转手，如今已不知下落。

人头马代代相传的不朽真谛在于它所弘扬的非凡优雅的生活艺术。如今，人头马更将香槟干邑的口感、风味和感受完美地融合在一起。无论是举杯庆祝的时候，还是日常的欢宴，人头马佳酿都能与美味佳肴相得益彰。只需一杯人头马干邑，就会有丰富的想象力和创意，再加上精致的佳肴，一定会为人们的餐桌增添无穷的乐趣。

每一滴人头马都惊世骇俗，你若禁不住诱惑沾惹一滴就会一生成瘾。这便是路易十三的定律。

生命皆以年计，路易十三已跨越将近 3 个世纪。从 1724 年人头马品牌创立到路易十三的诞生，期间经历 150 年的悠悠岁月。有人说，是土地、气候和上等的葡萄造就了路易十三。然而这些都只是初始条件。在拥有这些天生的禀赋之后，过去两三百年里发生的一连串看似偶然又必然的事件才最终造就路易十三的尊贵。

历代传承造就了路易十三必定遵循某种严厉苛刻的秩序，其中最为重要的就是“生命之水”漫长的沉睡期。一瓶路易十三在上市之前，必须在橡木桶中“沉睡”很长一段时间。具体需要多长时间呢？它们之中的某一部分会在 10 年、20 年或者 30 年之后被唤醒，以作为人头马的其他产品，比如人头马 XO、人头马 VSOP……但是，仍有一小部分被保存下来，它们被酒窖大师小心翼翼地换到百年御用的蒂尔肯橡木桶（Tiercon）中继续沉睡。

经典干邑是时间的艺术、历史的积淀。路易十三深刻的品牌内涵和回味绵长的甘醇口感，在经由时间历练后，越发丰富和耐人寻味，在震撼人心的同时，还将留下久久不散的回味。琥珀色的晶莹酒液、变幻莫测的香味、绵延不绝的细致口感、历经数代酿造所见证的悠远历史，以及路易十三对成功、挚爱、激情和巅峰的象征，为饮者展现了路易十三丰富的、无限精彩的内心世界。

每年每逢一月到三月，所有蒸馏师都要将酿制的生命之水送至酒窖总管皮尔特·特里谢那里，他会在800~1000种“生命之水”中淘汰那些不符合标准的“生命之水”，只有10余种才能被最后选中。这些被选中的“生命之水”接下来要历经长久的窖藏，年复一年，周而复始。直到经过了50年、80年，甚至是一个世纪的沉睡之后，这些琼浆玉液才会被小心翼翼地取出，装入水晶瓶中——它们经过了近一个世纪的修行，最终成为干邑之王——路易十三。

在那之后，一瓶又一瓶的路易十三穿越了干邑镇的石板路，一路跋涉，它们可能抵达巴黎、纽约、东京、上海，也可能是太平洋中间的一座私人岛屿上——抵达欣赏它的人手中。

在人头马众多酒窖中，酿制路易十三的酒窖无疑是最令人激动的。这里常年散发着浓郁的酒香，一个个蒂尔肯橡木桶整齐地排放着。在经过上

千次勾兑后的路易十三静静地沉睡在里面，等待被酿酒师唤醒。如果你有幸来到这里，那些酿酒师们会拿起一根细长的试管，轻轻地把它放入蒂尔肯橡木桶中，然后吸取一点儿即将苏醒的路易十三，将那金黄色的液体缓缓注入有如半开的郁金香的水晶杯中……然后托着杯子，继而小心翼翼地将杯子举起，以一种近乎庄严的姿态将酒杯传递给每一位来访者。

在这个时刻，在微弱的黄光下，在周围一片寂静中，品尝这样的白兰地，那是一种难以用语言描述的感觉，它的香气珍稀无比，虽然不属于花香的范畴，但却有着百花盛开的姿态，它的温软足以把人卷入连绵不断的香波之中。它的香气层次分明，鸢尾花、腊菊、无花果，然后是林茂山上百年橡木的幽香，混合雪茄豆蔻、檀香木树脂的气味……这是一种沁人心脾、无法言喻、难以驾驭的气息，优雅或许是最能描述这个时刻的词语。

虽说时间是决定路易十三高贵品质的一大因素，但绝不是唯一的因素，就整个酿制过程来看，酿就一瓶高贵的路易十三其实就是一个不断去粗存精的过程。据说，12 千克葡萄能榨出 9 升的葡萄汁，这 9 升的葡萄汁经过发酵、蒸馏只能产生 1 升的生命之水，所有人头马生产出来的“生命之水”

中只有10%的优质产品会被选出来用于调配路易十三，而在贮藏过程中，又有60%的“生命之水”会在漫长的存放过程中慢慢地蒸发掉。粗粗算来，相当于12千克产于干邑地区的优质葡萄经过诸多工艺和超过50年的存放后最终只能产出40克的路易十三。

当然，人头马历任酿酒师是最为关键的，他们确保了路易十三始终如一的品质与价值。可以说，这些酿酒师是路易十三的灵魂使者，负责干邑的调配与构思，他们不仅是工匠和艺术家，更是理想家，他们让专业技艺得以薪火相传，重现极品干邑的经典神韵。正是这些酿酒师成就了路易十三在品酒一小时后仍然唇齿留香，成就了它那永不可复制的独特风韵。

一直以来，作为极品干邑的路易十三被人们视为成功人士和各界名流的必然选择：1938年7月21日，法国国王在凡尔赛宫用路易十三盛情款待乔治四世和伊丽莎白女王；1944年12月，戴高乐将军用路易十三来庆祝法兰西的解放；1957年，英国女王伊丽莎白二世再次来到法国，凡尔赛宫选用的迎宾礼酒依然是人头马路易十三；1951年，丘吉尔以路易十三干邑庆贺大选获胜；32年后，拉里·霍尔姆斯用它来庆祝自己荣登世界拳击冠军的宝座……

还有，柬埔寨国王热爱路易十三，日本公主用它款待皇室贵宾，多明戈用它祝酒，罗伯特·杜瓦诺将相机对准了它，约瑟芬·贝克在巴黎与它不期而遇，拳王奥斯卡·德·拉·霍亚用它宴请宾客，指挥家卡洛·马里亚·朱利尼为它谱曲，时尚设计师克里斯汀·迪奥、流行歌手艾尔顿·约翰等社交界、时尚界名流也都是路易十三的忠实拥趸……所有的社会名流，都在用自己的时代灵性和沉醉书写着路易十三的历史。

人头马的历史是一部追求卓越的经历，是历练了近3个世纪而形成的酒中极品，它以至尊醇美的贵族气质的果味和品质征服了每一个体验过的人。

法国曾有这样一句谚语：“男孩子喝红酒，男人喝波特，要想当英雄，就喝白兰地。”近300年来，人头马一直是干邑白兰地的佼佼者，是现在四大白兰地公司中唯一的由干邑本地人创办的公司，更是干邑白兰地数百年辉煌历史的见证者。“人头马远年特级”堪称人头马追寻极致品位的完美体现。它的诞生挑战所有酿酒师的想象力，它犹如一件不可思议的艺术精品。它配以独家秘方，呈现出与众不同的口感，香味独特丰富，藏红花、熟果甜蜜以及茉莉花、干茶等香味相互融合且又层层递进，值得每一位爱酒之人悉心地品味。“人头马远年特级”的神奇之处在于，当殷红酒液沁入心脾20分钟有余，饮者依然能为其最初的味觉感受深深地包围，“人头马远年特级”的殷红酒色更如魔法般令人为之狂热和着迷。这一特别的人间杰作特优干邑由90%产自法国大香槟区和10%小香槟区的生命之水混制而成，酒品年数更长达20~50年之久。

许多见识过“人头马远年特级”的贵宾都喜欢把它比作是一款时尚香水，因为它的外表犹如它的酒品一样，总是让人们为之倾倒和眷恋。事实上，正如许多鉴赏家所认可的那样，即便品尝一滴酒液，“人头马远年特级”依然能激发饮者的全部激情。

唯有真正的白兰地才会有如此的魅力，让你完全沉浸于意犹未尽的极品酒感之中。“人头马远年特级”正是这样一件饱含激情的杰作，与那无可替代的味觉和谐地融为一体，这点点滴滴不仅仅是一种奢华的聚焦，一份完美的礼物，伴随“人头马远年特级”的每分每秒，更是放任潇洒自我的极度时刻。

多年来，人头马家族的第五代传人保罗·雷米·马丁便开始向传统的酿造工艺挑战，他只挑选干邑中心地区葡萄园中的稀有葡萄，选用最优质的橡木酒桶，用超出常规的陈酿时间对之进行熟成。终于在1898年，这些不同于普通的酿造工艺取得了惊人的收获。他将这一调配秘方写入了自家的酒谱，由于是源自最佳的葡萄种植园，并且第一次使用更为久远的生命之水进行陈酿，他将这款干邑命名为“雷米·马丁 1898 高级香槟”。

“人头马1898”是人头马家族探寻干邑酿制艺术的重要里程碑。经历一个多世纪，人头马首席酿酒师在翻阅家族史料时发现了这一配方，它是记载过去与历史的创新和重生。每一滴“人头马1898”都蕴含着经过数十

年酿造的“生命之水”，其中85%由大香槟区出产的葡萄酿制而成，另外15%则来自小香槟区。正是悠长的酒龄及最高品质的原料，决定了“人头马1898”那圆润甘醇得犹如天鹅绒般超柔滑的口感和富裕持久的后味。醇美的酒液在光线下呈现出晶莹剔透的烈焰般的金色，“人头马1898”完美的品质，表达了肩负神圣使命的后继者对先辈激情与突破自我精神的敬仰。它也是连接过去的桥梁，体现了过去与现在的交汇——享受现在，预见未来。

当然，人头马干邑不止一种享受方法，享受干邑其实没有既定框框的限制。作为拥有将近300年历史的干邑专家，经过不断钻研，人头马公司推出了破格的新饮法——“Remy Frozen”，将人头马冷藏至-18℃，使干邑的馥郁迷人进一步提升，分别以香橙、香茅姜茶、云呢拿油和香草，搭配冰冻人头马，将口感提升至冻点。

作为人头马中的极品干邑，路易十三不仅是酿酒大师们心血与智慧的结晶，更是王者干邑对艺术的敬礼。品尝人头马路易十三，犹如在一个感官天地中体验快感：醇美的点滴在舌上滑动，向每一个敏感的味蕾传播诱惑，多层次的芳香在口鼻间变化无穷，时而散发茉莉的幽香，时而飘荡新鲜的果香，时而是玉桂的异香，留香回味更悠长。超越平凡之作的人头马路易十三给予人们无限美妙的享受，并将人们带入一个比醇美更醇美的境界。

人头马路易十三代表着精华的累积，也代表着时光的沉积，更代表着对品质的无限追求。如果你拥有敏锐的感触和睿智的眼光，那么这世界上最好的干邑不但将给予人无上的口感，甚至它的观感、它的历史和每一处微妙的细节都会让人感受到它汪洋恣肆的王者气息。人头马路易十三在漫长的历史中成就其干邑极品的不朽传奇，被公认为“酒中之王、干邑之最”。

人头马干邑经过将近 300 年的洗礼早已形成了一种文化，尤其是人头马的路易十三，早在 18 世纪的法国上流社会宴会上就远远地超越了功能上的意义，成为一种贵族身份的象征，更蕴藏着源自法国皇室的高贵气质。

从经济学角度来分析，“稀缺”成为价值的源泉之一。部分干邑已经成了不可再生的资源，品牌、酒质和酒款等各种因素成就了这些干邑，使之成为具有历史价值、艺术价值和极具稀缺性的收藏品，其保值价值甚至优于黄金美玉。

事实确实如此，由于受到买家热烈的追捧等众多原因，全球干邑价格持续走高。就法国干邑区有限的优质葡萄产量和年份久远的“生命之水”日显稀缺来说，这似乎注定了干邑身价的“只升不跌”。一些世界古董酒和珍稀酒藏品已经成为无价之宝。如 2008 年 12 月，著名的兰斯伯瑞酒店（Lanesborough）斥巨资购入一瓶全球最古老的干邑，这瓶酿造于1770年的干邑，其历史可追溯到绝代艳后玛丽·安托瓦内特的年代，其价格更高达每一小口4000英镑！

以法国人头马“路易十三”为例，人们都不会忘记它昂贵的价格，只有大香槟区出产的葡萄才能被选来酿制“路易十三”，更别提其他年份等数据了。法国人享用这种珍稀之物的方法绝不是干杯，而是在甜品后浅啜上一小口（不足30克），或与雪茄一同享用。

法国人头马“路易十三”最初于1952年至1976年三批面世。第一批及第二批（当时并非叫路易十三，瓶上只印上“不知年”字样）各发行500瓶，但现时每瓶市值已升至3万元以上，升幅达200倍。第三批则为非卖品，由人头马公司赠予一些国家政要或贵宾，每瓶皆在水晶盖上刻有编号，并由人头马公司记录所有获赠者的名字，所以算得上是无价之宝。全世界能拥有这款路易十三的人甚少，它一直是收藏家梦寐以求的极品。因其发行量少，存世量估计只有1000瓶左右，大部分藏家惜售，所以这款酒的成交量少之又少，价格自然也不菲。

此外，人头马路易十三的限量版黑珍珠更是开创了每瓶38万人民币的天价。这款700毫升装的人头马干邑全球限量786瓶，每瓶都有其专属的序号，无论艺术性与稀有性均属难得。这款白兰地酒取自人头马家族私人窖藏中最古老的蒂尔肯木桶的陈酿，酒液历经四代调酒师混合1200种大香槟区原酒及上百年的精心调配而成。其酒瓶也是极为珍贵的艺术品，由水晶名家手工打造。由于其为限量生产，目前数量已经越来越少，因此价格在不断地上升。

酿酒是百年事业，如何让现代人喝到贮存几十或百年以上的陈酿，又如何将公司再经营一百年，让百年之后的人们能品尝到今天才入窖的美酒，这是我们努力的目标；轩尼诗是经营生命，而且是以世纪为单位——这便是轩尼诗的精神，一种令无数人敬仰的精神。

Maison Fondée en 1765

Hennessy

COGNAC

百年精神

轩尼诗

历史篇

LISHIPIAN

1765 年，爱尔兰人理查德·轩尼诗结束了军旅生涯，在法国的干邑地区建立了轩尼诗公司。法皇因此而失去了一名能征善战的将领，但诞生了一枝世界干邑文化的奇葩——轩尼诗。200 多年来，轩尼诗家族孜孜不倦地追求完美的理想，在永无休止的创造中保留了珍贵的遗产，用一贯的激情和不断的创造力使它丰富起来，让我们从中略见轩尼诗精神的精髓。

理查德·轩尼诗，这位荣获路易十三“英勇证书”的爱尔兰军人，不但能征善战，而且醉心于研制美酒。关于轩尼诗的历史，还要从理查德·轩尼诗这位英勇的爱尔兰军人说起。

当年，年轻的理查德·轩尼诗离开家乡爱尔兰，不远千里来到法国，成为路易十三御林军的一员。由于出色的领导才能，他很快就被提升为一名军官。那期间，理查德·轩尼诗的部队就驻扎在法国著名的干邑地区。这对理查德·轩尼诗和他的士兵们来说是非常幸运的事。由于这里有着全法国最纯正的白兰地，因此理查德·轩尼诗时常能够品尝到当地的白兰地，他还经常购买许多酒送给家乡的亲友们。

1765 年，理查德·轩尼诗退伍。也许是太爱这里的白兰地了，理查德·轩尼诗作出一个决定，那就是留在法国干邑区，和这些白兰地永远在一起。退伍后的理查德·轩尼诗准备在干邑地区做白兰地生意，为此他成立了一家酒厂，取名为“轩尼诗”。令理查德·轩尼诗没有想到的是，酒厂成立初期，他的白兰地销量就十分看好，当时主要销往英国及各大城市。

尊贵、荣耀，自有人类文明史以来就成为人类社会中不可或缺的关键词。因为只要人类热衷于地位、成败一天，这样的称号就会存在一天。新兴权贵阶层的诞生，为轩尼诗不断扩展市场提供了可能。后来，一个名叫让·费尔沃的人进入轩尼诗酒厂从事白兰地的调配工作，并于 1800 年成为轩尼诗首位总调配师。在他的努力下，轩尼诗的品质得到了极大的提升，

深受当时法国皇室和贵族们的青睐。1815 年，法国皇帝路易十三特意颁发书函，将轩尼诗选为法国国会主要供应酒商，轩尼诗的品牌地位得以确立。

由于轩尼诗的名声越来越响，1817 年 10 月 14 日，乔治四世以王子的身份让轩尼诗提供一款出色的干邑。轩尼诗家族经过无数次试验，终于调制出一款具备馥郁的芳香，口感柔顺深刻而持久的干邑，并将它献给乔治四世。这款特殊调制的干邑深受乔治四世的青睐，使其在贵族中建立起了稳固的声誉。这款特殊调制的干邑就是后来著名的轩尼诗 VSOP 干邑。

从那时起，由理查德·轩尼诗创立的干邑事业稳步发展，轩尼诗家族悉心地照顾自己的生意。在 1830 年以前，所有的白兰地都是用木桶装载发售，当时的木桶表面并没有任何关于出产地、出产商及品质说明的标签。1865 年，轩尼诗家族萌发了一个新想法，决定改变以往的做法，改用瓶装在市面上销售，并在酒瓶上附上出产地、出产商以及品质的说明标签。要知道，在当时瓶装白兰地是非常罕见的。可以说，轩尼诗家族的这一做法是革命性的。他们按干邑品质的不同为这些瓶装白兰地划分了三个不同的等级——一星、二星和三星，轩尼诗家族这一创举不仅让顾客更容易分辨出干邑的品质，还使自己成为三星干邑的创立者。

说到轩尼诗为白兰地定级，我们经常看到的 VSOP、XO 等只是代表年份，而星级则代表品质。轩尼诗为干邑的品质划分级别的做法首开白兰地分级的先河，致使众多酒家纷纷效仿，成为酒界一致执行的公认准则。

随着时间的推移，轩尼诗家族还形成了另一个传统，每一代家族传人都要酿造一款全新的干邑。到了家族第三代传人莫里斯·轩尼诗的时候，这位轩尼诗传人于 1870 年酿制了一款私密珍酿，主要用于居家自奉、款待亲朋好友。后来莫里斯·轩尼诗发现，凡是品尝过这款酒的客人在离开之后都纷纷给他写信，希望可以在市面上购买到这款干邑。于是，莫里斯·轩尼诗将这款干邑命名为“轩尼诗 XO”，并在两年后推向市场公开发售。

正是这个偶然的机会，“轩尼诗 XO”就此问世，并广为流传，备受推崇。同年，“轩尼诗 XO”被运往爱尔兰销售，大获成功，此后被运往世界各地。1888 年，“轩尼诗 XO”正式在法国销售，立即俘获了爱酒的法国人。“轩尼诗 XO”是一款极为古老的干邑，丰富、圆润，混合了橡木桶的辣、皮革的味道、花的芳香以及水果的甜味，具备平衡的、馥郁醇美的口感。

1900年，轩尼诗酒厂向法国政府正式登记“XO”这个级别，使日后所有具有同样特性的白兰地都可以被称为“XO”。凭着轩尼诗醇美馥郁的特级品质，“轩尼诗XO”被誉为极品干邑，并深受同业尊崇。时至今日，纵使有不少自称“XO”的干邑产品充斥市场，若论真正的“XO”等级干邑的始祖级珍品，那么也只有“轩尼诗XO”可以配得上这份殊荣。

200多年前，理查德·轩尼诗开始在自己所建的小仓库里储存稀有的生命之水。从那时起，轩尼诗家族的八代人已经建立了世界上最好的仓库来收藏最好的、最古老的生命之水，用以酿制轩尼诗干邑。轩尼诗干邑受到全世界的干邑爱好者们的尊崇，它的醇美深邃的口感能愉悦所有人的感官。轩尼诗干邑是人们向往感受的干邑酒品种，它酒味深邃丰饶，醉人而妩媚，极富现代感的水晶玻璃酒瓶显示着华贵的气质。

轩尼诗中的每一滴酒与舌尖的接触都是一种舞蹈，悠长而深邃。它的味道足以撼动人的每一根神经，渗透每一个毛孔。这种体验和感受，在端起一杯轩尼诗之前绝对不曾拥有。在两个多世纪后的今天，轩尼诗带着时光沉淀的沧桑感和历久弥新的活力，向世人展示着其无与伦比的丰富口味与微妙灵性。

轩尼诗家族孜孜不倦地追求理想，在永无休止的创造中保留了珍贵的遗产，用一贯的激情和不断的创造力使它丰富起来，让人们从中领略轩尼诗精神的精髓。

坐拥宝地是轩尼诗成功的主要原因，但绝不是全部。17世纪以后，干邑区一直忠实地保持着造酒传统，尤其对原酒的储存不敢有丝毫的怠慢。因为酿酒桶所选用的橡木种类和酒桶构造对干邑的孕育发展都有着决定性的作用。

轩尼诗白兰地全球营销总裁曾这样说道：“酿

轩尼诗 X.O 全新奉献的“彩虹”(Iridescence）无疑是一件值得欣赏和收藏的杰作。在这经典的瓶身上缀以 82 颗施华洛世奇银色人造水晶，晶莹剔透，光彩照人。“彩虹”（Iridescence）酒樽上独一无二的编号和轩尼诗家族签名，更彰显了这一全球典藏版的尊贵气度。
THE ORIGINAL X.O
X.O
Hennessy

酒是百年事业，如何让现代人喝到储存几十或百年以上的陈酿，而又如何将公司再经营 100 年，让 100 年之后的人们能品尝到今天才入窖的美酒，是我们努力的目标。轩尼诗是经营生命，而且是以世纪为单位。”用橡木桶酿藏蒸馏酒是轩尼诗生产过程中的一个重要传统，他们十分注重橡木桶的选材与制作。

令人不可思议的是，轩尼诗用来贮存白兰地的橡木桶必须用生长了 100 年以上的橡树来制作。如果达不到这一标准，则会去别的地方采购。轩尼诗优异于其他白兰地的地方，就是他们有一片可供使用 100 年的私家橡木林。

200 多年来，干邑区所有的橡木桶都是由人工制作而成的。酒桶围板的尺寸要经过精确的计算，各个围板之间的接口以水芦苇加以密封，完全不用铁钉或胶水，以确保干邑的品质。当然，轩尼诗的工匠们都会严格依照传统方法来制造橡木桶，并严密监督整个制造过程。这些橡木桶不仅为原本毫无色彩的“生命之水”增添独特的金黄色泽，还会大大地增添它的芬芳香气。

另外，轩尼诗酒厂为保证品质，从未因日益激烈的竞争而盲目地扩张葡萄园。轩尼诗酒厂很清楚，他们要的是好葡萄生产好的酒，而不是以扩充拉大与竞争者的距离。他们对葡萄品种有着严格的规定，所选取的葡萄都要具备良好的抗寒、耐雨性能。由于干邑区出产的葡萄的糖分并不很高，所以在发酵过程中产生的酒精也不会很高。为了在蒸馏过程中获得更多的酒精，就要以加倍的原汁来加工蒸馏。

有了这些先天条件之后，还要有后天因素的配合。比如，原酒发酵储存、蒸馏的分级与回馏、装入橡木桶期间的新旧桶的更换、桶的定时转动、酒的品尝、不同产地与不同葡萄酿成蒸馏后的白兰地的调配等，都有着严格的规定。初入橡木桶的酒量只能七成满，每一只桶都是横置并且不停地转动，这对储存期的后熟发展有直接作用。

200 多年前的经典原创并没有被悠悠岁月所改变和淹没。相反，在轩尼诗酒厂对酿制过程近乎苛刻的严谨中，在来自同一家族、世代相传至今的酒窖总艺师巧夺天工的调配中，轩尼诗历经采摘、榨汁、发酵、双重蒸馏、陈化和调配等一系列无懈可击的工艺，其原创风貌得以完美保留和升华。

正是因为沿袭了 200 多年的严谨工序与高超技艺，轩尼诗干邑的醇香口味才会经久不变，这也正是轩尼诗干邑多年来一直为世人所推崇的恒久魅力之所在。时间与轩尼诗的技术紧密地连接在一起，它象征着过去的丰盈与美好的未来永恒地联系，是对前人的崇高致敬，也是后人的灵感泉源。

如果说理解德国人的最好办法是学会听德国作曲家的古典音乐的话，那么理解法国人的最好方式是学会品味法国美酒和法国大菜。现在告诉你一个接近法兰西奢华的途径，那就是品尝法国顶级干邑的代表作——轩尼诗干邑。

一瓶好酒如同人生，没有经历岁月的锻造，怎能丰厚踏实？好酒的妙处在于用心细细地品味、发现。在有些白兰地鉴赏家们看来，品味轩尼诗干邑是接近法兰西奢华精神的最佳途径。

轩尼诗干邑是将精选的葡萄榨汁，自然发酵，两次蒸馏成原液，再注入橡木桶中陈化至少三年。轩尼诗干邑系列中的百乐廷则是用 30 年 ~100 年的 100 多种“生命之水”调配而成的，而售价高达 2 万多元的轩尼诗李察更是用陈化 40 年 ~200 年的 100 多种“生命之水”混合的，堪称奢侈的干邑。

如何品味轩尼诗干邑的美味呢？“工欲善其事，必先利其器”，一般人在喝干邑白兰地时，通常会使用“球形杯”（俗称大肚杯），不过如果要细细地品味出各种干邑白兰地不同的香气、风味及感觉，应选用杯身较为细长的“郁金香杯”，因为唯有这种酒杯才能使干邑的香气充分地散出。你才能体验到轩尼诗·百乐廷温柔优雅的气息扑鼻而来，如美丽女士牵着你的手，浪漫心醉。而那口味深邃

的理查德·轩尼诗干邑就如饱经风雨的绅士，以坚定而坚毅的姿态将人生的百味娓娓地道来。

任何一瓶上等干邑白兰地的香味、浓度或色泽都非单一年份的原酒所决定，而是汇聚不同酒桶内的“生命之水”特性，集合整个葡萄园的特色，经酒窖大师采用多年的大、小香槟区纯种“生命之水”调配后，会生产出各式各样的干邑佳酿。因此，每一瓶轩尼诗干邑都有可能呈现出不同的香气与味道，唯一不变的就是纯正的品质。

品尝时，首先将干邑白兰地倒入

郁金香杯内约1/3，然后用手指捏住杯脚底部，以避免手心温度影响酒质。然后拿起酒杯对着光源，观察干邑白兰地的色泽及清澈程度。质量优良的干邑白兰地应呈金黄色或琥珀色，而非红色。

再将杯身倾斜约45度，慢慢地转动一周，再将杯身直立，让酒汁沿着杯壁滑落，此时，杯壁上呈现出宛如美女玉腿舞动的纹路，即为所谓的“酒脚”。越好的干邑白兰地，滑动的速度越慢，酒脚越圆润。

有人说，轩尼诗干邑的香气会激发人们无穷的想象。你可以将酒杯由远处移近鼻子，以恰能嗅到干邑白兰地酒香的距离来衡量香气的强度和基本香气，再轻轻地摇动酒杯，逐渐靠近鼻子，最后将鼻子靠近杯口深闻酒气，以便辨别各种香气的特征并确定酒香的持久力。这样你会从杯中闻到淡雅的葡萄香味、橡木桶的木质气味、青草与花香的自然芬芳等。要享受这些不同的香气，必须深深地吸气，用鼻根接近双眉交叉处的嗅觉来感觉。

从舌尖开始品尝干邑白兰地，先含一些醇酒在舌间滑动，再顺着舌缘让酒流到舌根，然后在口中滑动一下，入喉之后趁势吸气伴随酒液咽下，让醇美厚实的酒味散发出来，再用鼻子深闻一次，将所有的精华消化于口鼻舌喉之间。

当然，并不是谁都能有机会品尝到轩尼诗李察和轩尼诗百乐廷这两款顶级干邑的，但你可以体验一下入门级的轩尼诗VSOP。轩尼诗VSOP饮法多样，可配以汤力水、苏打水、矿泉水或加冰调和饮用，亦可加入各种时尚软饮（如橙汁、苹果汁、水晶葡萄汁等）调和，以追求变化多端的时尚享受。“敢梦想、敢追寻，这就是我”一直是轩尼诗公司为轩尼诗VSOP的品牌定位。轩尼诗VSOP干邑源自19世纪英国王室特供，以60余种出自法国干邑地区四大顶级葡萄产区的“生命之水”调和而成，陈酿年期一般都在4~8年，即使是这样，其酒质也非常细腻、芳香馥郁、口感柔顺。同样专为年轻一代量身酿制的全新干邑——轩尼诗新点（Hennessy Classivm）也是用历经近3个世纪的精湛酿酒工艺，精选法国干邑区的“生命之水”调和而成，无论是净饮还是加冰，抑或是搭配软

饮，都能畅快地体验其大胆的个性和出众的口味。

自轩尼诗品牌创立至此已逾 200 多年的历史，其孜孜不倦、精益求精的传统却薪火相传未曾稍懈。轩尼诗干邑以酒香丰富、入口随和、余香持久而著称。尤其被世人奉为其经典的轩尼诗 XO，精选超过百种珍贵的生命之水调配，酒香醇正饱满，无论净饮还是加冰品尝皆能体会到其入口沉稳、刚柔并济的魅力，余香驻口经久不散，成为轩尼诗干邑乃至整个干邑世界的经典之作，也被越来越多的饮家所推崇。

无论品味那一款轩尼诗干邑，它都将终结你的一切奢华幻想，只需要一杯轩尼诗干邑，梦幻般的法兰西奢侈浪漫之旅即刻唾手可得，近在咫尺。在这个法兰西的透明诱惑里，你只需要深深地沉醉和单纯地享受，并且体会轩尼诗的理念——用奢华重新定义新贵生活。

限量版的轩尼诗干邑开创了法国干邑的传奇，轩尼诗以多种极富收藏价值的限量版干邑，汇聚了轩尼诗调配大师、当代艺术家以及手工艺大师以炉火纯青的才艺打造的大器之作，成为干邑收藏爱好者们竞相追逐的藏品。

干邑的故乡是法国，而全世界几乎所有的干邑却又都不在法国。根据英国权威媒体路透社的数据分析，法国每年有96%的干邑用于出口，这些上等的干邑大都被全球的爱酒之人收入囊中。其中，轩尼诗干邑是法国四大干邑中销售量最高的。早在20世纪80年代，轩尼诗干邑就已经毫无争议地确立了它在白兰地领域内的王者地位。仅以1980年一年的统计结果来看，轩尼诗干邑在全世界的销量就已经达到了令其他同类难以企及的1.3亿瓶。这些成就让轩尼诗公司在拥有着世界规模最大的陈年干邑白兰地酒窖的同时，又轻松成为世界上销量最高的干邑品牌。

与此同时，轩尼诗干邑的地位也是最尊贵的。尤其是轩尼诗公司推出的多款限量版干邑，早已成为那些有实力的收藏家的梦想。如轩尼诗限量版6升伯鲁提玛士撒拉（Mathusalem by Berluti）全球只发行150件，掀开金色的鳄鱼皮质典藏箱，精致酒瓶折射出酒液晶莹剔透的琥珀色光芒，酒棱除了运用威尼斯传统的贡多拉船专用木料外，还拥有世界顶级皮具定制品牌伯鲁提第四代家族掌门人奥尔加·伯鲁提女士专为其设计的典藏箱、汲酒器和瓶塞。250多道工序、耗费70多个小时的手工定制，赋予了每一件典藏箱绝无仅有的纹理和光泽，赢得众多干邑鉴赏家的青睐。据说，这款限量版轩尼诗干邑有7件被中国的藏家抢先预定，每套售价高达20万人民币。

轩尼诗百乐廷皓禧干邑，香甜厚重，入口层层有致。1979年，第七代轩尼诗酿酒大师颜·费尔沃在名为“天堂”的酒窖里甄选数百种25~130年价值连城的“生命之水”，取名“百乐廷”。此次限量版的瓶身由意大利著名设计师拉维安尼设计，其材质是以纯金打造而成。“皓禧”之名，来自古埃及神话中象征太阳的荷鲁斯。这款美酒在中国限量发售1000瓶，售价为14800元人民币。

此外，轩尼诗干邑百年禧丽系列，更是令无数干邑收藏家趋之若鹜。这款干邑是为了庆祝曾经主宰公司风云的灵魂人物 Kilian Hennessy 的百年寿诞而专门推出的。全球限量仅 100 瓶，每瓶的售价高达 15 万欧元。为了完美地呈现这位非同寻常的灵魂人物的庄重与高尚，轩尼诗公司特意聘请闻名世界的法国当代艺术家尚·米榭尔·欧托尼耶（Jean Michel Othoniel），塑造了一款蕴含百年欧洲艺术和文化精髓的神秘衣盒来盛装这款干邑。其外观由熔炼铝制，金环围布周身，两颗琥珀色珍珠琉璃置坐顶端，华贵尽显。亮丽的瓶身由曾经完美地修复巴黎凡尔赛宫宫殿玻璃的圣茹斯特第戎玻璃工厂吹制而成。衣盒上点缀着巴洛克式珍珠琉璃，它来自于拥有百年历史的萨尔维亚蒂玻璃工坊。

衣盒由一把星状轩尼诗钥匙开启，轩尼诗百年禧丽干邑端坐在镀金铜底座上。巴卡拉（法国著名的皇室御用水晶品牌）水晶瓶身晶莹透亮，四个限量手工艺玻璃酒杯围绕四周，它们来自著名威尼斯玻璃岛穆拉诺，其底部握手成球形，金叶镶嵌，美不胜收。为了配合干邑的怀旧气息，衣盒底部特别设计了一个暗门，将《泰伯影集》藏于其中，影集展示了 20 世纪初上流社会的社交名媛、女演员、舞蹈家、艺术家身着沃尔斯、波烈、朗万、香奈儿等著名设计师设计的服装，生动地刻画出那个风云迭起的时代对美和创造力的不懈追求。给藏家在品味干邑的同时带来无限遐想。

轩尼诗百年禧丽干邑

当然，这款干邑还没有面市就已经被秘藏了。被秘藏的原因有很多，这不光是酒痴的爱好，还有是用于投资，其中最重要的一个原因，也是往往总被我们自己忽略的，即我们最原始的感官需求。说实话，顶级佳酿入口后所带给我们的感受，远不是一场旅行、一次艳遇所能及的。除此之外，对于那些真正的好酒，虽然它们不是限量的，但是不管自然条件还是技术条件，它们只够生产那么多，就算是要定制也不是一个电话或一封电子邮件就能够解决的，说不定要等上几年甚至几十年！

轩尼诗李察干邑

理查德·轩尼诗干邑是轩尼诗干邑系列中的极品，以过百种酝藏百年的上等佳酿酿制而成，其中更包括自18世纪悉心珍藏至今的极品生命之水，其酒质独一无二，标志着轩尼诗家族酿制醇厚极品，是超越时空限制、世代相传的永恒信念。

轩尼诗李察干邑是轩尼诗家族的灵魂。轩尼诗李察干邑全部由源自法国四大顶级干邑产区的极品“生命之水”调配而成。在传统的酿酒技术和严格的品质控制之下，一直由费尔沃家族世代相传的酒窖大师调配，以确保轩尼诗的风格及高品质保持不变。轩尼诗和费尔沃两大家族历经几代孜孜不倦的追求，在永无休止的创造中保留了珍贵的遗产，用一贯的激情和不断的创造力使干邑丰富起来，让人们从中领略了轩尼诗精神的精髓。

理查德·轩尼诗干邑一般陈酿的年期在70~200年之久，公司总部展示厅所挂牌的1281.50欧元（700毫升）的昂贵价格并非普通顾客所能接受，这款干邑全球限量生产，年产仅8000~10000瓶。该酒在市面上也极为罕见，甚至其酒瓶也因以水晶材质、纯手工制作而成为人们竞相收藏的对象。

轩尼诗李察干邑揭示了陈年“生命之水”的深邃、协调和细腻，法国干邑区葡萄园独有的珍贵葡萄，在轩尼诗酒窖的百年老橡木酒桶里修炼百年，在几代欧洲干邑大师的厮守下，化为一种熠金色的酒液。轩尼诗李察干邑体现了轩尼诗家族的现代性、真实性、豪华和感性的特质，对经验丰富的鉴赏家而言，这款干邑充分演绎了轩尼诗的灵魂。

轩尼诗百乐廷干邑

轩尼诗百乐廷干邑诞生于轩尼诗家族引以为傲的“创始人酒窖”之中，它萃取了天堂酒窖中众多珍稀、卓越、古老的“生命之水”调配而成，因而享有这琥珀般的色泽和丰饶的滋味。19世纪时，它为俄国而生；如今，它则为每一位生活鉴赏家而存在。

公元1818年，轩尼诗家族受俄国亚历山大一世的母亲玛丽亚·费多罗芙娜所托，在亚历山大一世42岁寿辰之际，为这位曾三次挫败拿破仑的英明君主调配一款稀世干邑。这段往事与当时的调配秘方被尚·费尔沃先生（Jean Fillioux）撰入手札，并珍重收藏。多年以后，当时的记录被现任调配总艺师颜·费尔沃先生（Yann Fillioux）发现，他据此调配了这款当年让东欧贵族魂牵梦绕的皇室佳酿，令轩尼诗百乐廷皇禧干邑得以重现于世。

轩尼诗百乐廷是轩尼诗干邑中的极品，是用自1774年起储存的最好、最古老的“生命之水”酿制而成。轩尼诗家族建立有一个已近200年历史的珍贵酒窖，其中多达百种的陈年“生命之水”酿储于陈年法国利穆赞橡木桶中，被选制百乐廷的“生命之水”年份由50~130年不等，又再储藏在橡木桶内，

这过程遂使百乐廷具有一种独特的清冽芳香。

百乐廷的配方一直是轩尼诗的一个秘密，它的酒味深邃丰饶，口味上更为香甜厚重，首先表现出微妙的胡椒等香料气息，而后散发玉桂、糖渍水果及干蔷薇的幽香，入口芳香复杂，是轩尼诗公司特别为追求卓越酒质的人士而酿造的酒品，其酒味非凡，实为一般干邑望尘莫及。

轩尼诗 XO

提起 XO，有着传奇般原创色彩的轩尼诗 XO 便是其中的佼佼者。轩尼诗 XO 不仅醇香浓郁，更由于它始创了 XO 的干邑等级称号与评定标准而在世界所有干邑的 XO 之中享有特殊的历史尊荣。

干邑白兰地近年来已普遍出现了 XO 的级别，但事实上，这种级别最初是专为轩尼诗家族所享用，XO 所代表的含义就是“特陈”，其造型独特的酒瓶是在 1947 年特别为这种芳香佳酿而设。

轩尼诗 XO 是世界上第一款古老的干邑，由轩尼诗家族第三代传人莫里斯·轩尼诗于 1870 年调制而成，原是轩尼诗家族款待挚友的私人珍藏，于 1872 年传入中国。轩尼诗 XO 酒质醇厚芳香，选配 10 年至 70 年期的“生命之水”调配而成，色泽呈深金黄、火红或红褐色，清澈无瑕。

100 多年前的经典原创并没有被悠悠岁月所改变和淹没，相反在轩尼诗对酿制过程近乎苛刻的严谨中绽放绚烂的光彩。如今，一个多世纪以后，轩尼诗 XO 带着时光沉淀的沧桑感和历久弥新的活力，向世人展示着其无与伦比的丰富口味与微妙灵性。正是因为沿袭了 200 多年的严谨工序与高超技艺，轩尼诗 XO 的醇香口味才会经久不变，这正是轩尼诗 XO 多年来一直为世人所推崇的恒久魅力之所在。

作为所有干邑类别中唯一荣膺法国“国家荣耀”嘉奖的干邑品牌，库瓦西耶干邑一直用顶级的品质向人们诠释着什么叫完美。这款拿破仑曾经最爱的干邑历经200年的洗礼，如今成为整个法兰西的荣耀。

COURVOISIER

Le Cognac de Napoleon

法兰西的荣耀

库瓦西耶

库瓦西耶的历史如一段辉煌悲壮的史诗，因法国皇帝拿破仑·波拿巴的垂青而成就了一段永恒的传奇。因此，人们习惯将库瓦西耶干邑称作拿破仑干邑。近两个世纪以来，库瓦西耶干邑深受法国宫廷、贵族及鉴赏家的嗜爱与赞誉，它秉承了帝王风范，非世上其他干邑能所及。

多少年来，拿破仑·波拿巴这个名字一直紧扣着亿万人的心弦，激荡起无数个英雄主义的浪漫梦想，催动过无数人对自身理想思维极限的冲锋。在法国人的心中，这个名字更是无法取代。因此，许多法国人自傲的东西均以拿破仑之名来命名。比如，三色蛋糕或雪糕便称为拿破仑，而与酒的关系就更为密切，尤其是白兰地酒最为甚，其中最著名的白兰地就是库瓦西耶干邑。

COURVOISIER
XO
IMPERIAL
COURVOISIER
Le Cognac de Napoléon
APPELLATION COGNAC
CONTRÔLÉE

库瓦西耶干邑精选 200 年间法国大小香槟区蕴藏年份最好的干邑混合调制而成，极为珍贵，非常稀有。

瓶身由世界最知名的水晶雕刻大师雷诺·莱俪为其量身定制。无论从瓶身精美的手工雕刻，还是瓶中干邑那无与伦比的品质，无不放射出它的古老、稀罕和奢华。可谓库瓦西耶干邑中的集大成者。

库瓦西耶干邑诞生于 19 世纪初期。当时有一个名叫爱曼奴尔·库瓦西耶（Emmanuel Courvoisier）的年轻人，在巴黎认识了一名成功的酒商路易·加卢瓦（Louis Gallois），两人初次相识便签订了一个协议，合伙做起了白兰地生意，并且成功地争取到给法国宫廷供酒的特许权。两人将自己生产的白兰地定名为库瓦西耶。就这样，库瓦西耶干邑在法国宫廷迅速走红，随后震撼了整个欧洲。

1811 年，法国皇帝拿破仑亲自访问了他们在伯斯（Bercy）的酒庄，在品尝了这些美酒之后，拿破仑下令指定库瓦西耶酒庄为法国宫廷指定的供酒商。后来，当拿破仑被流放到圣海伦岛时，库瓦西耶干邑放到英舰“诺森伯兰郡”号随行，从此人们称这种白兰地为“拿破仑”干邑。

1843 年，爱曼奴尔·库瓦西耶之子费利克斯·库瓦西耶（Felix Courvoisier）先生与路易·加卢瓦在干邑区的夏朗德河边的雅尔纳克（Jarnac）共同开办了库瓦西耶酒庄。费利克斯先生于 1866 年离开人世后，他的侄子与他的合伙人柯利尔兄弟接管了库瓦西耶酒庄并继续经营。

1909 年，来自英国的西蒙家族接管了库瓦西耶酒庄，并且对酒庄的营销策略进行全面改革，开始启用拿破仑标志与剪影作为库瓦西耶干邑的酒标，并于 1950 年始创了著名的约瑟芬瓶，并一直沿用至今。1964 年，库瓦西耶酒庄为海勒姆·沃克收购，1987 年又卖给了联合—里昂公司，1994 年又改名为联合—多梅克公司。

今天，库瓦西耶干邑为世界第四大烈酒公司之一——烈酒全球公司（Beam Global）所拥有，至今依然坚持着近200年前由其奠基人所创立的、严格苛刻而富有艺术性的酿造工艺与调和标准。近两个世纪以来，库瓦西耶干邑一直都保持着正宗的法国干邑血统，并长期享有法国宫廷供酒商的尊贵地位。当年无论拿破仑征战到哪里，都会带上几大桶库瓦西耶干邑。库瓦西耶酒庄为了纪念拿破仑与其不解的情结，在夏朗德河畔特意修建了一座宏伟的拿破仑博物馆，以表达对这位伟人的最高敬意。

库瓦西耶干邑不仅是法国历史上最具传奇色彩的英雄人物拿破仑的最爱，还是他的妻子玛丽·约瑟芬·罗斯（即约瑟芬皇后）最喜爱的干邑。约瑟芬皇后不仅是一位服饰收藏家、富于创新精神的园艺师和植物学家，还是一位葡萄酒品鉴家。在拿破仑时代，只有勃艮第葡萄酒受到法国贵族的青睐。然而随着约瑟芬皇后酒窖的开放并展示出她对于波尔多葡萄酒的喜爱，人们发现其实正是由于这位皇后使得一些有史以来最优质的葡萄酒被突显出来，其中便有库瓦西耶干邑。

今天，库瓦西耶干邑的地位与人头马、轩尼诗、马爹利相当，并称为法国四大顶级干邑。它代表着优越，优越之中又蕴含着一点儿前卫、一点儿傲慢，这便是非常法国式的作风，更是时尚的表现。

每一款库瓦西耶干邑所使用的原酒，都是精选从拿破仑时期到20世纪近200年间法国大小香槟区蕴藏年份最好的干邑混合调制而成，极为珍贵，非常稀有。它无与伦比的品质表现出它的古老、珍稀和奢华。

在1889年巴黎世博会上，库瓦西耶干邑在众多干邑之中脱颖而出勇夺金奖，在1983年还荣膺法国“国家荣耀”嘉奖，成为唯一获得该殊荣的干邑品牌。这个由法国总统亲自授予的至高嘉奖，是法国高贵品质和浓厚文化的极致象征。作为世界四大干邑品牌之一，库瓦西耶干邑在世界各大烈酒比赛中屡获殊荣，更在 2008 年度美国奢侈品协会奢侈品牌榜单干邑类位于榜首。

库瓦西耶干邑之所以能够获得如此之多的荣誉，完全有赖于它完美的品质。要知道，库瓦西耶公司是世界上唯一没有自己葡萄园的顶级干邑造酒公司，但它和 1200 多个葡萄园主签订了合同，专门为其供应上乘的葡萄原酒。库瓦西耶公司会将这些原酒储存在自己的酒窖中，待酒液成熟后再调配成成品，这种做法在世界上得到了很高的评价，而这些原酒才是库瓦西耶真正的无价之宝。据说，在库瓦西耶酒窖中至今还保留着拿破仑时代的原酒，可见其珍贵程度。

尽管没有自己的葡萄园，但库瓦西耶公司对葡萄的品种、品质深有研究，它的合约下有 247 平方千米葡萄园，全部分布于干邑区的四大产区，他们对葡萄都是择优进行筛选。另外，对藏酒用的橡木桶，库瓦西耶公司也有着严格的规定，橡树都是由干邑调校师本人去挑选的，然后自然风干 3 年才会被使用。那些新酒放在新的橡木桶中 6~24 个月后，按酒质的品级换到旧桶去作余下的藏酿。经过长时间的秘藏之后，最终调制而成的库瓦西耶干邑以其无与伦比的品质风行于全球 172 个国家，成为世界上最受人们欢迎的干邑。在过去的几年里，库瓦西耶干邑成功地进入了全球多个重要的新兴市场，它以一种符合时代精神、能够为更多人接受的方式，赢得更为广泛的爱好者群体和市场。

库瓦西耶干邑的市场售价绝不亚于人头马、轩尼诗，甚至超出了人们的想象。比如，库瓦西耶的“拿破仑一世”（Lessence）这款干邑，其售价达人民币五位数之高。据说，这款干邑整整花费了四年的时间才调兑而成，是将地窖中 19 世纪早期的珍稀生命之水与 20 世纪七八十年代的生命之水混合而成的，其原料葡萄均采集自法定干邑区内的大香槟区及边缘区，产量极为有限。此外，库瓦西耶公司对于酒桶的制作花费了大量时间，确保选择品质最上乘的法国橡木。由百余种稀世珍藏的“生命之水”调兑的“拿破仑一世”的口感极为丰富，带有法国白檀木香、难以获取的雪茄叶香，以及丝滑太妃糖、香甜杏仁和新鲜花蜜的芳香，余味悠长，入口后芬

芳馥郁，余味萦绕，不失为一种美妙的体验。

另外，越来越多的干邑都热衷于用法国皇室御用水晶品牌巴卡拉的水晶来做酒瓶，“拿破仑一世”干邑也是如此。对法国干邑品牌来说，这不仅可以增高产品的定价，而且已经成了一种必须追赶的时尚。“拿破仑一世”干邑所用的巴卡拉水晶纯手工酒瓶，是由两方设计师一起参与设计而成的。金色圆弧环绕着泪滴状的酒瓶，每个酒瓶瓶塞上都附有编号，其中瓶塞的设计灵感来源于拿破仑的一则故事。相传拿破仑曾将他御用珠宝师设计的图章戒指授予十位重要的将领，他们身兼要职且功勋卓越。“拿破仑一世”的水晶瓶塞正是仿造这枚戒指的外形，以此纪念勇于开拓创新、满怀激情的拿破仑。

这些年来，库瓦西耶公司一直都在为酿制出更好的干邑而努力着。由于全球气候变暖，现在每年葡萄收获的情况都不一样，为了维持库瓦西耶公司的高标准，作为这一代的库瓦西耶的酿酒师必须要为接班人提供品质最好、数量足够的储备，只有这样才能确保库瓦西耶干邑的尊贵地位，而这也是历代库瓦西耶人的目标。

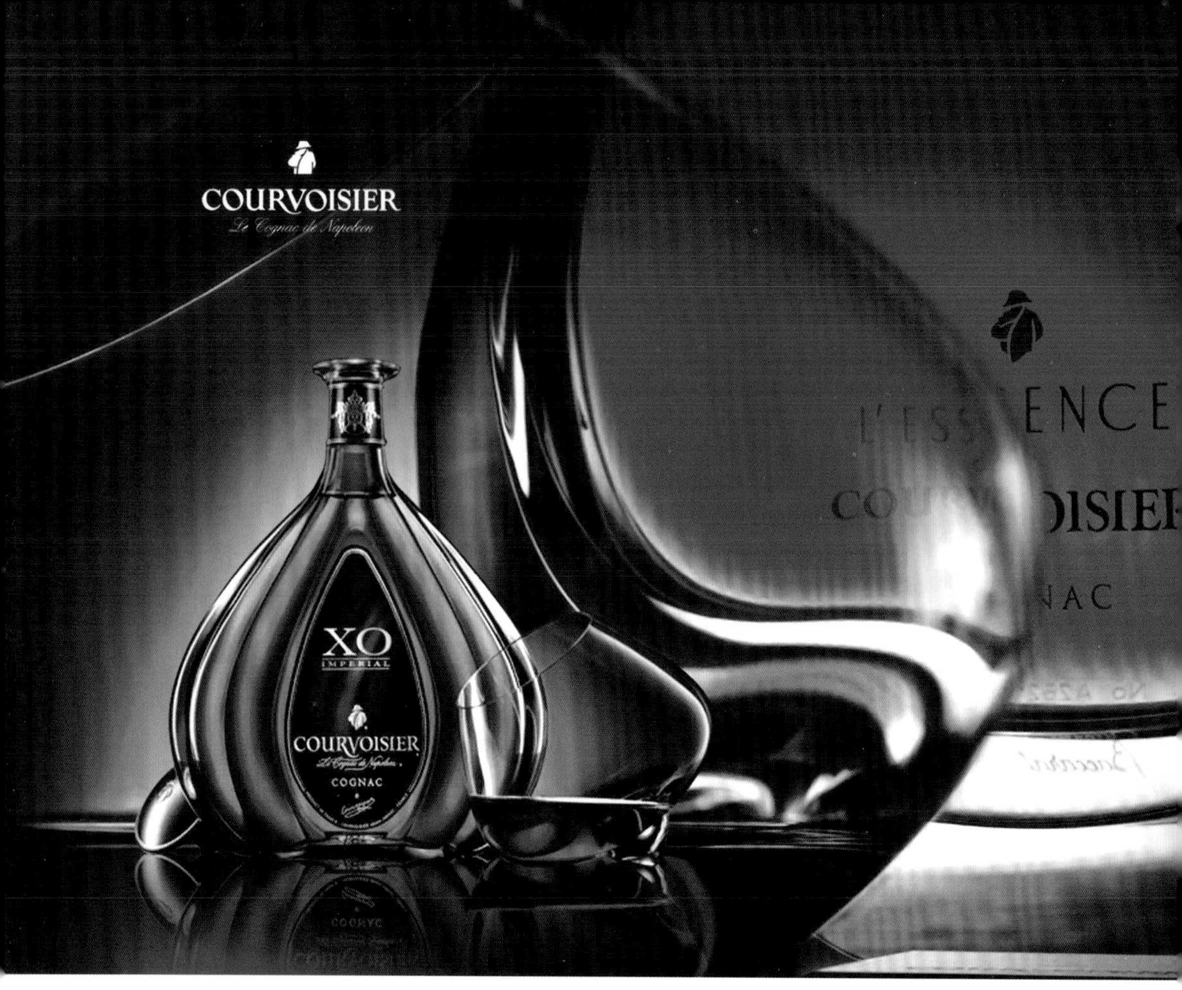

库瓦西耶干邑完美地融合陈年波特酒香、杏仁奶香和新鲜松露香，堪称酒中贵族干邑的典范。只需几滴，就足以点燃味蕾，令齿颊留香。

库瓦西耶干邑首席调酒师让·马克·奥利维（Jean Marc Olivier）说："库瓦西耶干邑完美地融合陈年波特酒香、杏仁奶香和新鲜松露香，堪称'酒中贵族'干邑的典范。只需几滴，就足以点燃味蕾，令齿颊留香。"

让·马克·奥利维绝不是在自吹自擂，库瓦西耶干邑依靠完美的品质在 2007 年的国际葡萄酒和烈酒大赛中征服了众多评委而荣获金奖；在 2008 年的洛杉矶全球烈酒评比大赛，库瓦西耶干邑再次拔得头筹。那60余种穿越世纪的珍藏生命之水只为库瓦西耶至尊干邑而汇聚，堪称调和与陈酿的完美融合。

无论哪一款的库瓦西耶干邑都会展现全新的口感和香味。所有品尝过库瓦西耶干邑的人都能品到新鲜的松露、杏仁奶露和陈年波特酒的香味，醇香四溢，余味悠长，被国际公认为同级别中的佼佼者。尤其是库瓦西耶的“拿破仑一世”，这款干邑绝对是鉴赏家级别的极品干邑，品尝它时，应细细地品味，慢慢地享受，欣赏它的色泽、酒体，闻一闻它丰富的香味。应一点一点地啜饮，美好的味觉感受将会让你回味无穷，倍感愉悦。

让·马克·奥利维说：“作为调酒师，我的任务是传承酒庄的经典风格。酿酒是精雕细琢的过程，需要对每一个细微环节把关。拿破仑每一款酒都需要几十甚至上百种生命之水，按照不同比例、方法调制，而且没有回头路。因而，首席酿酒师最需要灵感和想象力，把握每一种生命之水的口感和香味，并想象其融合的味道。作为CEO，我的目的是打动市场，吸引更多人享用拿破仑产品，需要对生产、销售、服务等各个环节控制，并想尽办法增强品牌的影响力与忠诚度。这两个角色是相通的，都贯穿着灵感、激情和对品牌的狂热。”

干邑区得天独厚的土壤条件，加上夏朗德河畔的潮湿气候，让60余种珍藏的生命之水不断地升华，新鲜的松露香由此滋生，更让库瓦西耶干邑的香味瞬息万变。为捕捉到专属于边缘区葡萄的异域特质，调酒师团队更是倾注了所有的精力，只为求得瞬间即逝的完美芬芳。

库瓦西耶干邑象征着成功与荣誉，同时也展现了它独特的优雅气质。作为法国“国家荣耀”嘉奖的库瓦西耶干邑，它的限量版无疑是当今世界上最高端的干邑，为全世界的消费者带来顶级的奢华体验。当然，能有此体验的人少之又少。

干邑是一件艺术品。库瓦西耶公司将干邑与艺术做到了完美的结合，同时彰显出库瓦西耶干邑尊贵的价值。

20世纪80年代，库瓦西耶公司就开始聘请世界各地的艺术大师来设计包装。1988年，法国著名装饰艺术大师埃尔泰所设计的酒瓶不仅体现了法国独有的艺术气息，而且还为库瓦西耶干邑增添了奢华之气。

埃尔泰于1892年生于俄罗斯，1913年移民法国巴黎，开始了他的时尚设计师生涯。其笔名埃尔泰的灵感来源于他原名首个字母缩写RT的法语发音。他是美国波普艺术家安迪·沃霍尔所景仰的大师。埃尔泰从小就对设计有着异于常人的天赋，5岁就设计了平生第一套戏服。在法国，他曾经担任国家剧院的舞台设计总监。他一生酷爱库瓦西耶干邑，他应邀参与设计了以他名字命名的高级定制珍藏系列干邑。

埃尔泰为库瓦西耶一共设计了8个主题，每个主题都蕴含着不同的意义，它们分别是"葡萄"、"收成"、"蒸馏"、"珍藏"、"品鉴"、"干邑精神"、"安班儿"和"裸女像"。第一项主题"Vigne"（葡萄），全球限量发售，只有12000瓶。埃尔泰在设计瓶子和装饰上都有它的艺术含义，在这一主题的陈酿瓶上，金色的葡萄叶象征酿成这些罕有的调校酒的高贵的葡萄质量。

埃尔泰珍藏系列是库瓦西耶干邑中极其稀有的一套，全球限量发售，其每款酒瓶由埃尔泰从拿破仑干邑卓越非凡的酿造工艺中寻找灵感。埃尔泰全身心投入设计中，所有标签都用稀有的颜料上色，甚至包括24K金，这使得每个瓶子都需耗费工匠们一周的时间用手工精心打造。埃尔泰十分满意自己的这套作品，并为之一一署名。

作为特别珍藏限量版，这个系列曾于1988年至1994年全球发布。其中的"生命之水"全部源于埃尔泰至爱的大香槟区，最早的酒液甚至可追溯到1892年（也正是埃尔泰出生的那年），该系列开创了精品干邑高级定制的先河。

为纪念中法两国建交45周年，也作为对新中国成立60周年的特别献礼，库瓦西耶公司精心挑选其埃尔泰珍藏系列中最具特色的六款，由中国当代艺术家隋建国重新演绎，作为限量系列于中国独家限量发售30套，每套31.8万元起售。

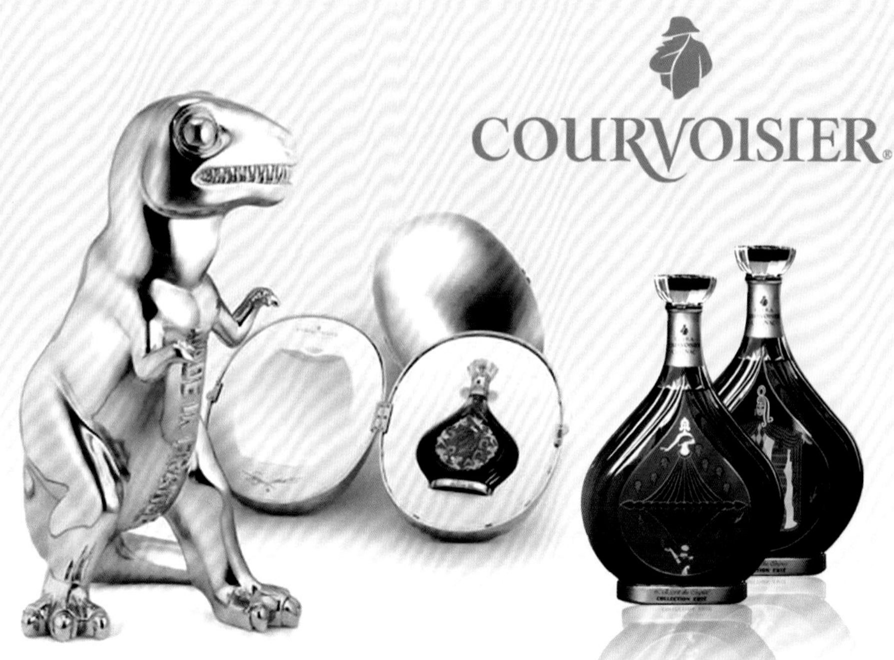

拿破仑干邑 2009 限量系列，中国独家限量发售 30 套。

该系列“运动的张力”在隋建国个人作品展中首次向全球亮相，并委托权威拍卖行将其作为艺术收藏品，仅拍卖其中一套，这也是拿破仑干邑品牌在中国首次公开拍卖其高端系列产品。中国当代艺术家隋建国以“法国制造”诠释“时间的孕育”这一概念，结合传统中国文化视角和独特艺术表现手法，为整套拿破仑干邑 2009 限量系列增添了浓重的中国特色。有关此次创作灵感，隋建国说道：“这次特别设计的 1 个恐龙和 6 个恐龙蛋组合，是我个人对埃尔泰系列的重新演绎，让生命之水在真金镀膜的恐龙卵中孕育。恐龙卵不仅代表稀有，也象征时间之卵，寓意每一滴精品干邑都历经多年的酿藏，弥足珍贵”。

此外，整套艺术品沿用了以 24K 足金为酒瓶上色的独特工艺，为全套恐龙和恐龙蛋组合镀金，体现极致的尊贵，寓意库瓦西耶与法国皇帝拿破仑之间的微妙关系。

库瓦西耶干邑象征着成功与荣誉，同时也展现了它独特的优雅气质。作为法国“国家荣耀”嘉奖的库瓦西耶干邑，它的限量版无疑是当今世界上最高端的干邑，为全世界的消费者带来顶级的奢华体验。当然，能有此体验的人少之又少。

卡慕干邑是一种精致优雅、高贵从容的酒液，更代表了宁缺毋滥、追求品质的生活态度。是它的酿制过程诠释了锤炼、舍弃与升华的人生哲学。所有品尝过卡慕干邑的人，都会被它不同凡响的品质、神奇梦幻般的芳香、复杂精细的工序以及瓶型的幽雅上乘所震撼，让人不禁感叹时光的流转和法国干邑历久弥珍的完美体现。

卡慕家族自1863年建立以来，五代人致力于家族文化的传承和极品干邑的酿造。让世人领略酒之内涵，水之灵性，每瓶卡慕干邑酒都具有显著的家族风格，带有布特妮产区特有的紫罗兰花香。卡慕对世代相传的家族传统价值观念尊崇备至：品质、传统、独立、创新。

在许多人的心中，卡慕干邑（又被人称为甘武士、金花干邑）是一种精美、高尚的白兰地，是极品干邑的代表。它用几近苛刻的酿制过程诠释了锤炼、舍弃与升华的人生哲学。卡慕家族以出产最高质量的顶级干邑为荣，这种坚持让他们在国际烈酒及葡萄酒角逐中四度夺得金奖，更四度获得“全球最佳干邑”奖杯。除了世界公认的质量赞誉外，卡慕干邑承载的历史沉淀则更显示其非凡的内在和底蕴。所以说，卡慕干邑是名副其实的“生命之水”，也是法国干邑文化中不可或缺的一部分。

卡慕的历史要从1863年让·巴蒂斯特·卡慕在干邑地区创建了一家白兰地酿酒厂说起，从那以后，一株干邑白兰地中的奇葩日益盛开了。卡慕酒庄是现在法国干邑地区硕果仅存的几家家族酒庄之一，它的规模并不算大，但其产品却享誉世界。卡慕干邑的特点是品质轻淡，而且使用旧橡木桶进行储存酒，其目的是尽量使橡木的颜色和味道少渗入酒液中，由此形成的风格与其他著名的干邑品牌相比更加独特别致、口感纯正、清凉微辣。干邑在木桶中充分储藏所形成的成熟感令人玩味无穷。

卡慕酒庄在干邑镇的大香槟区和边林区都拥有葡萄园，但规模和产量都不大，只能满足酒庄生产所需葡萄的8%，其余的则来自干邑地区其他的葡萄园。

卡慕经典XO的口感十分丰富、细腻，加上淡淡的香草、果香、甘草和温和的橡木味，把此款干邑推至顶峰，最后以淡雅的皮革味收场。其花香馥郁，品质卓越，完美地展现了卡慕干邑的独特风格。

当年，身为酿酒师的年轻人让·巴蒂斯特·卡慕为了挑战当时干邑市场都是由大型酒庄垄断的现象，决定自创品牌。他与数家农场主在 1863 年合资设立了一个有特许经营权的酿酒公司。这一品牌的干邑一经推出就深获好评。1890 年，让·巴蒂斯特·卡慕购入所有合伙人的股权，并以自己姓氏“卡慕”为公司命名，所生产的干邑从此正式改名为“卡慕干邑”。

为了确保卡慕干邑的品质，让·巴蒂斯特·卡慕凡事亲力亲为，不仅亲自监督整个蒸馏和陈化酿藏过程，还亲自进行干邑调配。让·巴蒂斯特·卡慕一直保留对整个生产过程的监管权，由选葡萄到装瓶，全部流程自己都要参与，从不让别人插手。就这样，他立下了一个传统，那就是只有卡慕家族成员才能够担任首席调酒师的职位，这种父传子、子传孙的传统由 1863 年传承至今已历经五代，从来没有改变过。这种对传统的坚持，为卡慕家族赢得“干邑世家”的封号。

到了卡慕家族第二代传人埃德蒙德·卡慕掌管酒庄时，卡慕干邑开始在巴黎市场崭露头角，法国所有著名的餐厅和酒馆都供应卡慕酒庄的产品。埃德蒙德·卡慕为了提升卡慕干邑的形象，不仅采用巴卡拉水晶瓶进行包装，还最先以玻璃瓶取代橡木桶来装运干邑。另外，在埃德蒙德·卡慕在任期间，卡慕干邑还成为第一个被俄国沙皇指定的御用干邑。

第三代传人米歇尔·卡慕上任后，卡慕干邑成为俄罗斯的法国葡萄酒及烈酒独家供货商，而且米歇尔·卡慕还率先开创了法国干邑的免税市场，至今卡慕干邑仍是各地免税店的领先品牌。第四代传人让·保罗·卡慕则开拓了亚洲市场，使卡慕真正成为全球化的干邑品牌，并首创了专为女性设计的干邑。

西方有句谚语，“含着金汤匙出世”，用来描绘一个人身世的高贵。虽然身出名门望族，但西里尔·卡慕却不以为自己是这种人。身为干邑世界几大执牛耳者之一的卡慕家族的第五代掌门人，西里尔·卡慕说自己“是含着干邑出世的，就像我的父亲、我的祖父出世时那样”。西里尔·卡慕继承了卡慕家族的传统，不断地推出新产品，赢得令人瞩目的成功。如今，卡慕干邑已经成为法国酒文化的象征，历时百年而经久不衰。不仅如此，卡慕干邑还为法国酒文化增添了一份贵族气质，更令世人膜拜。

卡慕家族有这样一种说法：酿制上佳干邑十分容易，你只要有一位能够全心全意为酿制美酒而奉献一生的曾祖父、祖父和父亲就可以……西里尔·卡慕认为，这就是卡慕的品牌文化。对于卡慕家族的每一个成员来说，干邑确实是葡萄酒中的尤物，具有独立的人格和灵魂。喝干邑可以平静你的心灵，让你的灵魂安详。卡慕家族相信葡萄是有灵性的，“事实上它就是我们的初恋，而酒和品牌就是我们的孩子”。

卡慕的品牌文化源于100多年来自强不息的家族历史，卡慕家族要做的就是让卡慕干邑赋予葡萄酒动物般的生命，并得到葡萄酒鉴赏家的理解和认同。100多年来，卡慕家族只做了这一件事情。

如果说葡萄酒是卡慕家族的信仰，那么酿造顶级葡萄酒就是卡慕家族世世代代的终极目标。从土壤到葡萄，从勾兑到成品，每一个酿造环节都由卡慕家族自己的成员严格监控，以确保每一瓶卡慕干邑的完美。

早在卡慕品牌创立之初，卡慕家族就订立规则，规定只有家族继承人对种植葡萄以至装瓶的每一个步骤拥有绝对的控制权，也只有嫡系家族成员才能担当调配卡慕干邑的职责，以此来控制卡慕干邑的品质，经过五代之后，卡慕家族一直恪守这条金科玉律。

当然，卡慕干邑声名鹊起不仅是因为传奇的家族特性，更重要的原因在于卡慕干邑的卓越品质——卡慕干邑是唯一的曾经4次被评选为“全球最佳干邑”（分别为1984年、1987年、1989年和1999年）的品牌。

卡慕家族一直以生产和销售最高品质的顶级干邑为荣，其生产的干邑向来都是属于VSOP以上的

卡慕经典 VSOP 是一款鲜明、柔顺和纤细的极品干邑，蕴含大量的布特尼生命之水，是卡慕家族的代表之作。一串串丰富的葡萄、香草果香中飘溢着点点清淡的橡木味，这款干邑曾获得“俄国沙皇的最爱”雅号，是卡慕最畅销的干邑之一，深受全球各地饮家喜爱。盛载此干邑的玻璃瓶，其设计曾获 1998 年法国杰奈斯（JANUS）大奖殊荣。

等级，目前卡慕的产品有 80%以上属于上等类别。

每一瓶卡慕干邑都述说着自己的故事和历史，彰显着自己的个性，这一切归功于法国干邑区那片神奇的土地的慷慨赠予和卡慕家族的无穷创造。对于既追求非凡又注重本色的人士来说，卡慕家族独创的干邑是传统与现代、奢侈与本色的完美结合。对于卡慕家族来说，保证卡慕品牌生生不息是他们永远的使命和职责。正如西里尔·卡慕说的那样：“我们存在的目的就是希望卡慕品牌一直传承下去，一代一代延续下去。我们只出售自己酿造的干邑，在热爱并了解葡萄酒的人看来，卡慕干邑流淌着我们的血”。

100多年来，卡慕干邑在全世界拥有众多忠实的顾客群，每一位卡慕的顾客都是葡萄酒的鉴赏家，他们购买卡慕干邑不是为了向别人炫耀而是鉴赏。在这些人的眼中，每一瓶卡慕干邑酒中都蕴含着从世界上所有的书本中都学不到的生活理念和哲学，而这正是卡慕干邑的尊贵之处。

以创新和品质享誉全球的卡慕酒庄为干邑爱好者推出更多不同种类、不同口感的干邑。为此，卡慕需要挑选非比寻常的生命之水，并找到有创意的勾兑方法，使它们完美地结合，形成新一代优质的干邑。

品尝过卡慕干邑的人都能感受到一股特殊的香味，那就是它特有的卡慕花香。卡慕干邑酒味清浅，花香浓郁，继承了卡慕独有的优雅与精细。以创新和品质享誉全球的卡慕酒庄还为干邑爱好者推出了许多不同种类、不同口感的干邑。为此，卡慕需要挑选非比寻常的生命之水，并找到有创意的勾兑方法，使它们完美地结合，形成新一代优质的干邑酒。

无论是卡慕经典XO、卡慕布特妮XO，还是卡慕经典特醇，都曾经获得国际葡萄酒协会的好评。卡慕经典XO有一股清淡雅致的橡木味，这款

Cuvée 4.176 限量版

干邑层次感极其分明；而使用 100%“布特妮生命之水”开发的纯布特妮 XO，拥有紫罗兰花香，令所有品尝过这款干邑的人都能领略到极品干邑世界的多样性和丰富的内涵；而卡慕经典特醇融合陈酿多年的布特妮区、大小香槟区“生命之水”，浓郁的紫罗兰花香，入口如丝绒般顺滑，更是令所有干邑爱好者爱不释手。

除了上述三款入门级的干邑之外，卡慕干邑最尊贵的 Cuvée 4.176 是许多人的梦想。这款卡慕干邑的极品之作蕴含了多种生命之水，经过漫长的陈酿，让 1962 年的辛香，1964 年的木香、果香和奶油质感充分地融合，达到让人无法难忘的味觉体验。

它那梨木色泽中透着清亮的琥珀金色，如同摇曳的火焰；强烈、缠绵的芳香蕴含了蜂蜜、香蕉干果、新鲜无花果、西梅、蜜制香橙和酥皮松饼的香气；随着时间的延续，姜和胡椒的辛香伴随橡木香、烟草和夏朗德河的气息缓缓地上升。最终，Cuvée 4.176 会给你带来一次奇妙的干邑之旅。

干邑和善变的葡萄酒相比，它的魅力在于耐心、永恒，经得住时间的历练，就像一位优雅的女人，在岁月中磨砺出内敛的美，需要闻其香，观其色，用舌尖细细地品鉴，才能阅读到从一颗葡萄变成杯中美酒的曲折传奇。卡慕干邑的价值正在于此。

从卢浮宫到香榭丽舍大街，从卡地亚珠宝到卡慕世家的极品干邑，法国人将限量定制的贵族文化做到了极致。出自对干邑真挚的激情，卡慕家族用现代的理念遵循传统，将追求创新和优雅发挥到极致，从而孕育了卡慕世家精品系列。卡慕酒庄现任掌门人西里尔·卡慕遍寻干邑地区最为珍稀的“生命之水”，亲自勾兑了不可复制的绝世佳酿——卡慕 Cuvée 4.176，将其盛载于精美的巴卡拉水晶瓶中供行家品鉴……

1863
CAMUS
COGNAC
Cuvée 3.128
世界上最尊贵的干邑之一。用以调配此款干邑的生命之水全部是来自于同一个珍稀的小葡萄庄园，并且每一种生命之水都已经陈酿了40年以上，达到了自身最完美的成熟状态。
这款干邑被许多品鉴家称为纯天然、没有任何添加的极品干邑，具有高雅细致的芳香，卓越成熟的口感，以及杰出的品质，这些特点都很好地满足了干邑鉴赏家的挑剔需求。用于勾兑 Cuvée 3.128 的每一款生命之水都非常珍稀，全球限量发售的只有3068瓶。
3.128是由卡慕同一产区3种不同年份的生命之水混合调配而成的，它们的年龄分别为：41岁、43岁与44岁。在这个特殊的名字“3.128”中，3代表3种不同的“生命之水”；128代表的是3个年龄相加的总和（41+43+44=128）。

卡慕世家精品系列是卡慕世家的最新传世佳作。该系列凝聚了大自然的丰美、法国传统工艺的精髓和家族经验的传承。卡慕酒庄对产地的严格筛选，大大限制了该系列的产量；而选择使用指定年份的干邑，注定了其不可复制的特性。

卡慕 Cuvée 3.128 是卡慕世家精品系列的第一款巨作，限量发售 3068 瓶。这款干邑要在橡木桶中全天然陈酿到 43 度，芳香细致，口感成熟，就算挑剔的干邑鉴赏家也称满意。用于勾兑 Cuvée 3.128 的三款生命之水，均来自同一个珍稀的小葡萄庄园，并且每一种都陈酿达 40 年以上，已臻自身最完美的成熟状态。

Cuvée 4.176 作为卡慕世家精品系列的第二款杰作，严格甄选 4 款生命之水，并由西里尔·卡慕先生亲自勾兑，限量发售 980 瓶。卡慕酒庄出品的这款绝版佳酿 Cuvée 4.176，融合了来自小香槟产区的同一个私家葡萄园的四款生命之水。这个葡萄园的主人一直坚持传统栽培方式，从而造就了凝聚大自然丰美精粹与法国传统精髓的生命之水。经专业测定，这四款生命之水最低酒龄至少 43 年，并且包含了两款法律认证的年份生命之水，分别是 1962 年和 1964 年，他们的酒龄总和为 176 年。这四款绝无仅有的珍品如今已经所剩无几，因此其价格十分昂贵。

盛装 Cuvée 4.176 的水晶瓶，是由雕塑家塞尔日·孟索（Serge Mansau）量身定制的。每一个水晶瓶都宛如一块粗犷的天然水晶石，在大师的刻刀下呈现出晶莹透亮的水晶刻面。水晶瓶身随着光线掠过、回转、反射，从不同角度完美地展现了瓶中酒体的色泽。瓶颈还缀有珍贵红色水晶珠，完美地映衬着 Cuvée 4.176 这一干邑瑰宝。每瓶都印刻着独一无二的序号，是真正鉴赏家梦寐以求的绝世佳酿。

卡慕的准则是选择各品类里最顶尖的品牌来进行推广。卡慕是做高端市场的。法国卡慕干邑总裁西里尔·卡慕就这样说：“对于卡慕来说，重要的是有高瞻远瞩的眼光，提前去发现那些对手没有发现、没有能力去做以及他们还没有做对的事情。因为实力和资金有限，卡慕不可能做所有的事情。我们必须集中精力做最擅长的事情——只在奢侈品云集的免税店出售最高品质、最有特色的干邑酒”。

干邑篇

法兰西，是塞纳河畔汩汩的流水，还是左岸咖啡悠长余香；是协和广场群群白鸽，还是蒙田大道洒满余晖的林荫；是香榭丽舍的富丽堂皇，还是巴黎圣母院悠扬的钟声……能让华丽的辞藻相形失色的国度，在优雅的外表之后你是否看到"生命之水"在干邑的城堡中静静地酝酿，夏朗德河水让波尔多飘溢酒香，万顷葡萄园温情脉脉地环绕百年老城……翻开华丽的扉页，溢满酒香的法兰西在我们眼前奔涌而至。

LOUIS XIII
Rémy Martin
CHAMPAGNE

白兰地（Brandy）

白兰地是英文 Brandy 的译音，最初来自荷兰文 Brandewijn，意为可燃烧的酒。狭义上讲，白兰地是指葡萄发酵后经蒸馏而得到的高度酒精，再经橡木桶贮存而成的酒。广义上讲，它就是以水果为原料，经发酵、蒸馏制成的酒。即以其他水果为原料，通过同样的方法制成的酒，常在白兰地酒前面加上水果原料的名称以区别其种类。比如，以樱桃为原料制成的白兰地称为樱桃白兰地（Cherry Brandy），以苹果为原料制成的白兰地称为苹果白兰地（Apple Brandy），但它们的知名度远不如前者大。

白兰地通常被人称为“葡萄酒的灵魂”。世界上生产白兰地的国家很多，但以法国出品的白兰地最为著名。在法国产的白兰地中，尤以干邑地区（“干邑”是法国西南部的一个小镇）生产的白兰地最优，其次为雅文邑（亚曼涅克）地区所产的白兰地。

白兰地的分级

所有白兰地酒厂都用字母来分别品质，如:

E 代表 ESPECIAL（特别的）

F 代表 FINE（好）

V 代表 VERY（很好）

O 代表 OLD（老的）

S 代表 SUPERIOR（上好的）

P 代表 PALE（淡色而苍老）

X 代表 EXTRA（格外的）

干邑（COGNAC）

"干邑"一词源自法国干邑（COGNAC）地区，该地区位于法国西部濒临大西洋的夏朗德省，距离法国红葡萄酒的3大著名产地之一的波尔多地区不远。此地盛产适合酿制葡萄酒的优质葡萄。17世纪下半叶至18世纪，干邑地区不断涌现酿酒业主，而后此地酒香长飘，一发不可收拾。

在干邑镇周围约1000平方米的范围内，无论是天气还是土壤，都最适合良种葡萄的生长。因此，干邑区是法国最著名的葡萄产区，这里所产的葡萄可以酿制成最佳品质的白兰地。根据法国政府鉴定的标准，"干邑"必须是在法国干邑区蒸馏的葡萄白兰地酒，也就是说只有采用干邑区的葡萄酿制的白兰地才能称为"干邑"。

干邑区的六个种植区

在干邑区里，按葡萄的质量、土地的质量，根据法国政府的分级制，分割为六大产区：

一级产区—大香槟区（Grande Champagne）、二级产区—小香槟区（Petite Champagne）、三级产区边—林区（Borderies）、四级产区—优质林区（Fin Bois）、五级产区—良质林区（Bons Bois）、六级产区—普通林区（Bois Ordinaires）。

在6个产区中，质量最好的是大、小香槟区，原因是大、小香槟区的土壤中含白垩土成分最高，而土壤含白垩土越多，生产的葡萄也最好。

干邑陈年

干邑的葡萄在每年10月时收割，再压榨、酿制，经过2年半的陈年后才可以在市场上贩卖。顶级的干邑都会经过长时间在木桶里陈年，因为越陈年的干邑越醇、越香、越顺口。

一般来说，50年上下的干邑藏酒是最完美的。酒藏时间指的是原酒在酒桶中的时间，一旦酒装进玻璃瓶中，干邑就停止陈年而进入一种稳定的状态。

干邑的分级

干邑的品质之所以超过其他的白兰地，不仅是因为该地区的特殊蒸馏技巧，也是因为该地区的土壤好、天气好等条件，因此产的葡萄特别好。

法国政府对干邑的级别有着极为严格的规则，酒商是不能随意自称的。

总括而言，干邑分为下列级别：

3-STAR 三星干邑或 VS（Very Special）：储藏期不少于两年；

VSOP 干邑（Very Special Old Pale）：储藏期不少于四年；

NAPOLEON 干邑：储藏期不少于六年；

XO 干邑（Extra Old）：储藏期多在八年以上，普遍来说 XO 都有 20 年以上的年龄。

目前，可以公开卖的年期最短的干邑酒是 2.5 年，由 10 月 1 日起的葡萄收获日期计算。当然这不是平均的最短年期，而是调校的藏酿中包含的最短年期。

1988 年，法国干邑国家专业局制定了一个新方法，可以在标签上登记实际的葡萄年份。现在单年份的干邑可以和其他藏酒分开储藏，条件是要有一个“双重锁定系统”，在进入酒窖时必须有一位持有另一把锁的钥匙的警官同在。这样管理的干邑，将可以签发确定葡萄年份的证明。

二次蒸馏

18 世纪前，因当时的运输条件，法国出口的葡萄酒往往经受不住长途运输而变质。为了解决这一难题，人们采用了“二次蒸馏”来提高酒精含量，以便运输，到达目的地后再稀释复原。二次蒸馏的白葡萄酒便是早期的白兰地。9 升白酒经过两次蒸馏程序后，只能酿制成 1 升干邑白兰地。蒸馏器皆为红铜所制，其基本设计 500 年来未变。每次蒸馏需长达 12 个小时，经过第二次蒸馏后的酒，法国人称之为“生命之水”，但还要经过悠长岁月的熏陶久藏，这些辛辣的新酒才能配以干邑白兰地的美名。

特优香槟干邑白兰地（FINE CHAMPAGNE COGNAC）

葡萄酒标签有着高深的学问，而“干邑”的标签也有学问在其中。依据法国政府法令规定，标签上注有“Fine Champagne Cognac”，意义就是其葡萄是由第一级产区大香槟区与第二级产区小香槟区收割而来，其中50%一定是由第一级的产区大香槟区收割而来，其香味与口感更高一等。

法国政府于1938年规定，由这几个产区所生产出来的白兰地，不管是质量、香味还是口感都是极品。这个称号是法律上的规定，任何酒商不能任意采用。

到目前为止，人头马的全部产品都冠以此称号。不管是VSOP还是其更高质量的XO，Extra，都是Fine Champagne Cognac。

从白兰地的酒标上，我们可以看到一些白兰地的牌子，比如法国白兰地必定印上“法国造（PRODUCEO FFRANCE）”；干邑白兰地必定印上“干邑（COGNAC）”；干邑中最佳品质的必定印上“特优香槟干邑”。

酒脚

摇动手中的酒杯，让葡萄酒在杯中旋动起来，你会发现酒液像瀑布一样从杯壁上滑动下来，静止后就可观察到在杯沿壁上会留下酒的残存慢慢地下滑，形成所谓的“酒脚”或称为“TEARS”。这是酒体完满或酒精度高的标志。

原产地（Le terroir）

此概念集结了地理概念（土地，温度，阳光和雨量）和人为因素（选择葡萄，耕作和技艺），拥有属于本地特性的品质。

影响葡萄酒质量的因素有很多：土壤的质量，阳光照射，气候和种植技巧。人们俗称的“波尔多”红酒和“普罗旺斯海岸”红酒就以它们的生产地来命名。

注：在勃艮第，人们用climat（气候）来代替产地这个词，但它们的含义是一样的。

雅文邑（ARMAGNAC）

雅文邑号称是世界上最古老的生命之水。有文献记载，1348年就已经出现了雅文邑白兰地。雅文邑白兰地是仅次于干邑的白兰地，是法国波尔多东南部GERS地方出产的。所用的葡萄与干邑一样，是产在圣达美利安（ST.EMILION）和布兰奇（BLANCHE）的。

干邑与雅文邑不同之处是在蒸馏程序上，前者初次蒸馏和第二次蒸馏是连续进行的，而后者则是分开进行的。此外，前者的储酒桶是用利穆赞地区（LIMOUSIN OAK橡木桶的产地名）制成的，后者用的是黑栎（BLACK OAK橡木桶产地名）制成的。

波特酒（PORTO）

波特最早的名字叫PORT，由于此名字被其他产酒国使用，近年来，他们已经使用波特酒的出口口岸的城市PORTO或者说OPORTO来命名这类酒，而且只有葡萄牙多罗河地区出产的这种加强酒精酒可以使用PORTO的名字。跟香槟酒一样，这个名字是有专有权的，其他国家和地区不得使用。

波特酒是和雪莉酒一般都属于酒精加强葡萄酒，主要不同的是波特酒加葡萄蒸馏酒精是在发酵没有结束前，就是在葡萄汁发酵的时候加入，因为酵母在高酒精（超过15度）条件下就会被杀死，而波特酒的酒精度在17%~22%左右。由于葡萄汁没发酵完就终止了发酵，所以波特酒都是甜的。

雪莉酒

曾被莎士比亚比喻作“装在瓶子里的西班牙阳光”，“雪莉酒”是由西班牙语Jerez的英译化而来，在西班牙，它的名字应该是“赫雷斯”酒。和很多的欧洲名酒的得名规律一样，它也以产地得名。“赫雷斯”是位于西班牙南部海岸的一个小镇，小镇附近富含石灰质的土壤，适于生长品种葡萄巴洛米诺（Palomine），这种白葡萄即为雪莉酒的原料。

饮用干邑使用的酒杯

酒杯的形状会影响干邑的嗅觉和味觉效果，所以建议使用适当的杯子。我们介绍两种杯子，它们会让干邑酒液绽放魅力。具体来说，就是这种杯子会使干邑的香气和口味更加突出。它们能延缓香气的蒸发：如果酒杯开口像水杯那么宽，那么干邑一倒进去香气就会泄掉。

选择杯子记住下列几条原则：

必须是透明的，为了更好地欣赏干邑的颜色。

杯口必须是窄的，杯身中部要有足够的宽度。

酒杯材质越细越好（最理想的是水晶杯）。

杯脚一定要能使杯身保持稳定。

1. 郁金香酒杯。顾名思义，形如郁金香。喝威士忌和香槟也用这种杯子。这种酒杯几乎是必备的餐具用品。

2. 干邑酒杯。这是美国人为了喝法国酒发明的杯子，喝威士忌和干邑都同样适用。

3. 不推荐的酒杯。杯口太宽；不透明；太厚。

伏特加也有性格。绝对伏特加给人的感觉是时尚，灰雁伏特加则是优雅，而斯米诺伏特加却是刚烈。它火辣、劲爆的口感引爆了男人隐藏已久的激情，更以优雅的饮用方式获得高品位之士的青睐。斯米诺伏特加既隐忍又激情，向人们展现着伏特加巨人的魅力。

伏特加的巨人

斯米诺伏特加

俄罗斯这片广袤的土地不仅赋予了斯米诺伏特加特有的强劲与激情，还有诸多磨难，而正是这些磨难造就了今天斯米诺伏特加无穷的力量和永远向上的精神。化蛹成蝶后的斯米诺伏特加凭借刚烈、顽强的性格征服了全世界的人，开创了饮用伏特加的革命。

有一段关于伏特加的名言：俄罗斯人是相信上帝的，但并不认为在上帝创世之前天地是一片混沌，至少混沌中还有伏特加。在广袤的俄罗斯大地上，一切全源于伏特加，一切全归于伏特加。

伏特加是烈性酒中的精品，选择伏特加的男人也一定是男人中的精英。在俄罗斯充满奋斗与抗争的历史中，伏特加的味道无时不充斥其中。人们仿

斯米诺伏特加（红牌）是一款中性、完美的混饮伏特加。在 2005 年 1 月《纽约时报》组织的一支专家评酒团中，它从 21 种世界顶级伏特加的盲测中脱颖而出，当选“最受欢迎的伏特加”。在制作过程中，该酒通过 3 次蒸馏，最大限度地去除烈酒中含有的杂质，使每一滴伏特加均使用欧洲硬木制成的木炭历经 10 道工序、长达 8 小时的过滤，经过 57 道品质检测工序。

斯米诺三款风味伏特加分别是：柑橘味、青苹果味、橙味。它们风格迥异，口感独特，一定会给你带来不同的体验，用其可以调制出风味口感大不相同的鸡尾酒。

佛看到那些以豪情闻名于世的俄罗斯战士，为了一个个胜利的承诺，把生命、誓言、愿望完全融入到浓烈的伏特加中，就着浓烈的硝烟和刻骨的寒冷，手挥目送，一口饮干。

斯米诺伏特加其历史可追溯到19世纪60年代，当时一个名叫彼得·伊里塞耶维奇·斯米诺的人于1864年在莫斯科创建了一家酒厂，并以自己的名字命名，这便是著名的斯米诺酒厂。在这位商业奇才的领导下，斯米诺伏特加迅速成为享誉全球的知名品牌。到19世纪末期，每年有近350万箱斯米诺的产品在全世界范围内销售。在取得巨大成功之后，斯米诺伏特加也成为俄国皇室御用供酒商。

经过30多年的发展，到1900年，斯米诺酒厂已经发展成一个拥有1500多名员工的公司，在莫斯科颇有盛名。然而，1917年俄罗斯爆发十月革命，当时所有私营企业都被视为非法组织，被迫停止生产，斯米诺酒厂也未能幸免。在此期间，彼得·伊里塞耶维奇·斯米诺的儿子莱得米尔·彼得·伊里塞耶维奇曾被四次宣判死刑，但最终幸运的莱得米尔还是逃脱劫难，携带斯米诺配方逃亡到国外，继续发展家族事业。

1920 年，莱得米尔途经土耳其和波兰最终抵达巴黎。五年后，斯米诺伏特加在巴黎重新进入市场。1933 年，斯米诺伏特加开始在美国销售。当时，美国人很少喝伏特加，但斯米诺伏特加的口感独特，很快就受到了美国人的欢迎，他们把这种“无色”的烈酒称为“白色威士忌”。

20 世纪 50 年代，由斯米诺伏特加调制的“斯米诺劲骡”以其独特的口感开创了鸡尾酒的先河，斯米诺伏特加也因此引发了全球鸡尾酒革命。正是从那时候开始，陆续出现的“血腥玛丽”、“螺丝刀”、“伏特加马天尼”都成为伏特加鸡尾酒的经典。半个世纪以来，斯米诺伏特加成为好莱坞影片中经典人物的至爱。詹姆斯·邦德凭借那句“伏特加马天尼，要摇的，不要兑的”，几乎成为斯米诺伏特加的形象代言人。

经典总与简洁画等号。即使特工詹姆斯·邦德拥有再多的高科技装备，打动人心的仍然是他英勇睿智的那一面。最纯粹的酒也应当深谙此道。比如斯米诺伏特加，它那晶莹的酒液纯净似雪又甘洌如泉，把那些冗繁的杂味统统拒之门外。轻抿一口，只有纯劲的感觉掠过喉间，清新顺滑，回味悠长。

王者的桂冠从来不是那么轻易摘取的，可是一旦得到皇冠上最耀眼的那块红宝石，便预示着开启了前往勇敢的新世界的一场华丽冒险。同样起死回生的传奇经历和同样一抹跳跃的红色成就了斯米诺和曼联足球俱乐部之间的缘分。两者的携手叙述着王者之间的一种默契，因共同拥有令人折服的冠军精神走到了一起。

早在 1886 年，斯米诺伏特加便以其独有的滑润纯净口感获得俄国皇室首肯而成为沙皇指定的酒类供应商。20 世纪 60 年代，斯米诺公司是利用名人进行形象代言最多的公司，可见其当时的知名度。今天，斯米诺伏特加更是不容置疑，独占全球烈性酒品牌之巅，在全球 170 多个国家销售，占烈酒消费的第二位，每天有 46 万瓶皇冠伏特加售出。它被看作最纯的烈酒之一，深受各地酒吧调酒师的欢迎。

美国《纽约时报》的专家评酒团曾对 21 种世界顶级伏特加进行了一次盲测，斯米诺凭借其纯劲口感及高贵品质脱颖而出，成为“最受欢迎的伏特加”。2010 年，权威英国品牌评估咨询机构——无形资产业务公司再一次对全球高档烈酒进行了评估，帝亚吉欧洋酒集团旗下众多品牌凭借良好的市场表现以及在消费者心目中卓越的品牌形象在“Power100”百强榜单上表现抢眼。其中斯米诺伏特加凭借其纯劲的口感、精确的品牌定位，以总分 93.6 的压倒性优势又一次打败百强前十名的其他品牌而荣登榜首。

如果要给斯米诺伏特加安一个颜色，则非红莫属。红，是血管里涌动不息的澎湃，是可以席卷燎原的星星火焰。当红色烈焰遇见伏特加，便成就了斯米诺红牌伏特加。这个在 1864 年被俄国沙皇盛赞的烈酒品牌，诞生 100 多年来经历了数次几乎灭顶之灾，可每次都顽强地挺过来，其四起四落的传奇经历，足以拍一部好莱坞最卖座的硬汉电影。同样永不言败的还有曼联。席卷整个英格兰球场的这支冠军球队曾在 1958 年遭遇致命的打击，10 名球员在慕尼黑的一场空难中丧生。之后的曼联经过了一段漫长的恢复期，在主教练巴斯比的带领下，7 年后，这支红魔球队重振雄风，把当年英超联赛的冠军再度揽入囊中。王者的桂冠从来不是那么轻易摘取，可是一旦得到皇冠上最耀眼的那块红宝石，便预示了开启前往勇敢的新世界的一场华丽冒险。同样起死回生的传奇经历和同样一抹跳跃的红色成就了斯米诺和曼联足球俱乐部之间的缘分。两者的携手叙述着王者之间的一种默契，因共同拥有令人折服的冠军精神而走到了一起。

除了斯米诺红牌伏特加之外，斯米诺黑牌伏特加也深受消费者的喜爱。斯米诺黑牌伏特加的酿造过程是无人能比的：挑选最好的中性谷物为原料，用高品质的矿物水，经悠远传统的铜质蒸馏器酿造工艺三次蒸馏，由产自波兰的顶级白桦木加工而成的专用木炭一次性过滤，在确保酒液纯净的同时更彻底吸附酒中杂质，并且以小批量手工酿制而成。虽然是一次性过滤，但过滤时间就长达数十个小时，其酒质却没有受到丝毫影响，喝起来口感仍然很强烈。当酒液被冰镇后，那悠长持久的木炭香味将被完美地展现出来；其入口滑润之感荡气回肠，余香回味无穷，尽显狂放而不失酷感，张扬亦显华丽……由于斯米诺黑牌伏特加是专门为纪念亚历山大二世1855年登基而特别推出的，在当时极受俄国皇室的推崇，其配方因此也被命名为NO.55。

作为世界酒业市场上最强大的品牌，斯米诺伏特加的评选得分大大超出其他酒类。作为全球高档伏特加之一，斯米诺伏特加的售价却并不是高不可攀。人们喜欢斯米诺伏特加的真正原因，是它带来的精神——向顶峰不断前进，挑战极限。正如它特有的品牌精神一样：释放、胆识、全能。

男人和酒，没人能够将这两者分开，两者本就是合二为一的，而有着贵族气质的成熟绅士们最喜爱的莫过于伏特加。无论你是什么性格的男人，都会被斯米诺伏特加的极致体验所征服。用斯米诺伏特加调制的鸡尾酒曾多次在007系列电影中出现，斯米诺伏特加以其特有的品质将詹姆斯·邦德这位传奇英国特工睿智、勇敢以及优雅的一面表现得淋漓尽致，同时也诠释了男人与酒的微妙关系。

斯米诺伏特加作为全球销量第一的伏特加品牌，由其原创的经典混饮“斯米诺劲骡”成为鸡尾酒史上的一道里程碑，香醇的甘甜茴香味随着酒的流动慢慢地沁入你身体的每一个细胞，仿佛在这一瞬间你就可以经历最完美的体验，它带给你的只有欲罢不能。当然，由于所含杂质极少，口感纯净，斯米诺伏特加可以与任何浓度的饮料进行混搭，所以也深受调酒师的偏爱。

如果想要体验斯米诺伏特加的独特风味，最好的方式就是品尝一下用它调配的各种鸡尾酒。斯米诺特有的纯净、劲爽的特质，一直被誉为“最完美的基酒”。如果你希望在节日醉人的夜色中体验血液奔腾、体温灼热的畅快感觉，相信顶级斯米诺伏特加绝不会让你失望。由斯米诺伏特加与干姜水、新鲜青柠汁搭配的经典混饮“斯米诺劲骡”，创造出别具灵感的魔力混饮，能给你带来前所未有的纯劲口感。顶级斯米诺伏特加通过舌尖触及全身的每一丝神经末梢，仿佛在一刹那间便经历了一次神奇的历险。

来自于瑞典奥胡斯小镇的伏特加，诞生于炼金术士之手，从无色无味的良药，到成为品位与尊贵的象征，绝对伏特加不仅拥有烈酒的骄傲和尊严，同时还为人们的味蕾、眼球带来激情与渴望的强力冲击，使钟爱伏特加的人在静静地享受之中迷醉。

伏特加之王

绝对伏特加

每瓶绝对伏特加都是顶级酿制工艺的结晶，它的背后有着400多年的历史。作为享誉世界的顶级烈酒品牌，它已超越酒的疆界，成为文化、个性、品位的象征，引导着时尚流行与时代消费。

说起伏特加，人们的脑海中马上就会产生第一联想——俄罗斯。的确，伏特加一词就源于俄文的“生命之水”一词当中“水”的发音“вода”（一说源于港口“вятка”），大约在14世纪开始成为俄罗斯传统饮用的蒸馏酒。传说克里姆林宫楚多夫（意为“奇迹”）修道院的修士用黑麦、小麦、山泉水酿造出一种“消毒液”，一个修士偷喝了“消毒液”，使之在俄国广为流行，成为伏特加。在17世纪，教会宣布伏特加为恶魔的发明，毁掉了与之有

关的文件。几百年来，伏特加为俄罗斯人抵御严寒，消除恐惧，同时传遍了北欧那些寒冷的国度。一位俄罗斯诗人就曾深情吟道：伏特加酒与伏尔加河一样源远流长。伏特加已经成为俄罗斯的代名词，这在人们心目中犹如定律般根深蒂固。

然而，来自瑞典的世界著名伏特加品牌绝对伏特加，凭借几百年瑞典的文化积累，反客为主，彻底置换了伏特加原有的俄罗斯文化背景。在进军美国伏特加市场之后不到 10 年，便成为美国最热销的伏特加酒之一，并在 2002 年福布斯奢侈品品牌

排行榜上独占鳌头。时至今日，绝对伏特加以其无与伦比的质量、完美无穷的创造力与飞扬的激情缔造了一个绝对的经典。作为享誉世界的顶级烈酒品牌，它已超越酒的疆界，成为文化、个性、品位的象征，引导着时尚流行与时代消费。在人生最幸福、最惬意的时刻，绝对伏特加展现着其恒久的魅力，为人们的味蕾、眼球带来激情与渴望的强力冲击，使钟爱伏特加的人在静静地享受之中迷醉。

全球数以万计的绝对伏特加，其原料都产自瑞典一个名叫奥胡斯的小镇里。这个传奇小镇人口仅一万人，在世界地图上都不足以标示出来。然而，这里的伏特加酒却是全球显赫，举世瞩目。

绝对伏特加之所以有如此成绩，离不开一个人，他就是绝对伏特加的创始人拉尔斯·奥尔松·史密斯（Lars Olsson Smith）。这个瑞典人在青年时

期就已经控制了瑞典伏特加酒 1/3 的市场份额。在 19 世纪 50 多年的时间里，他一直被冠以“伏特加酒之王”的称号。

瑞典酿酒的历史可追溯至 15 世纪，那时几乎每一户瑞典家庭都有自己的酿酒作坊。经过 400 年的积累，时至 19 世纪，酿酒工业已相当发达。然而当时伏特加的酿制极为粗糙，杂质很多，口感也不好。拉尔斯·奥尔松·史密斯的革命创举就是开创了一种新型的酿酒工艺——连续蒸馏法，一改过去瑞典酿酒工艺粗糙的历史。通过多组蒸馏柱将整个酿酒工艺过程中出现的杂质，包括小麦渣滓、水中杂质等都去除掉，酿出的酒液变得越发圆润而纯净。正因为如此，拉尔斯·奥尔松·史密斯将其命名为“Absolut Rent Branvin”，意为“绝对纯净的伏特加酒”。1904 年，拉尔斯·奥尔松·史密斯在奥胡斯建立了自己的酒厂，当时这座漂亮的红砖建筑成为了这个中世纪小镇的重要地标。

拉尔斯·奥尔松·史密斯因此变得非常富有，他拥有现代盥洗室的时间甚至比瑞典国王还早。然而，晚年的拉尔斯·奥尔松·史密斯却一贫如洗，但他对品质的苛求，造就了绝对伏特加卓然的标准，这也是为什么每一瓶绝对伏特加都会有他的头像的原因，他那双犀利的眼睛永远关注着每一瓶绝对伏特加的质量。

奥尔松去世后，拉尔斯·林德马克（Lars Lindmark）从祖先手里继承了家族的产业。20 世纪 70 年代，他成为瑞典酒业公司总裁，开始对这家公司进行革新。1979 年，在“绝对纯净的伏特加酒”诞生 100 周年之际，林德马克决定出口一种新的伏特加酒“绝对纯的伏特加”（Absolut Pure Vodka），这就是后来的绝对伏特加，它被认为是现代蒸馏工艺所能制造出的最好的伏特加酒。

可是眼看100周年的日子即将来临，同时整个美国市场的行销活动亦将启动，而酒瓶的设计方案却迟迟未定。一天，广告人甘纳·布罗曼（Gunnar Broman）在斯德哥尔摩的古董店闲逛，看到一个瑞典老式药瓶，它的线条简单纯粹，十分耐看。甘纳眼前一亮，这个老式药瓶确实与伏特加有特殊的渊源，这种蒸馏烈性酒最初就是装在这种透明的罐子里用于医疗的，它可以舒缓瘟疫造成的急性腹绞痛等症状。这只老药瓶的造型不仅透明、简洁，而且结合了伏特加历史，这无疑是绝对伏特加新形象的最佳选择。经过设计改良，一个线条简洁、不使用任何标签的新酒瓶诞生了，设计师加长了瓶颈，同时加入了有拉尔斯·奥尔松·史密斯头像的徽章，象征着瑞典伏特加精神的延续。

一开始，绝对伏特加的海外市场开展得并不顺利。有人觉得品牌的名称太过哗众取宠，有人则不满意酒瓶的造型，瓶颈太短、难以倒取，瓶贴单一，整个瓶子显得过于透明。这些还是其次，最重要的是人们对这个来自瑞典的伏特加品牌缺少信任，因为在人们的潜意识中，伏特加已与俄罗斯画上了等号。其实，早在1978年，绝对伏特加的美国代理商就已进行了一项专门的市场调查，当时的市场分析专家建议这家代理商公司放弃这一产品，因为它在美国市场面临的将是“绝对失败”。然而，该公司总裁迈克尔·鲁格斯（Michel Roux）相信自己的直觉，绝对伏特加将颠覆传统伏特加在人们心目中的形象，他果断地决定用强劲的广告来打造品牌形象。

“一个瓶子，一道光环，然后添上一行字‘这是绝对的完美’。”无需解释，只要说“绝对的完美”。这就是TBWA广告公司给出的创意，这个创意打破了酒类广告的传统模式，没有把渲染重点放在产品质量的本身，而是把绝对品牌塑造成时尚的、人人都想拥有的形象，创造了它的附加价值。

绝对伏特加别出心裁的创意方式很快就引起市场的迅速反应，销量大幅度增加。在后来的15年里，绝对伏特加制作了500多张平面广告，都是采用了这种标准格式——一个瓶子加两个词的标题，不断衍生出更多的“绝对”话题，主题多达12类之多——绝对的产品、物品、城市、艺术、

IN AN ABSOLUT WORLD
ABSOLUT VODKA
EVERY NIGHT IS A MASQUERADE
Masquerade
invitation

节日、服装设计、主题艺术、欧洲城市、影视与文学、时事新闻……

1983 年，美国著名的波普艺术领袖人物安迪·沃霍尔（Andy Warhol）为绝对伏特加绘制了一张油画，一幅只有黑色绝对伏特加酒瓶和“Absolut Vodka”字样的油画成为绝对伏特加第一次发表在媒体上的创意广告。令人惊喜的是，广告一经发布，绝对伏特加的销售骤然上升，仅用两年时间就成为美国市场第一伏特加酒品牌。

绝对伏特加用单一概念、单一酒厂、单一来源，确保了产品完美的品质。清澈（Clarity）、简单（Simplicity）和完美（Perfection）构成了绝对伏特加的美学。更因艺术价值与酒文化价值的互动，它成为艺术家、影星、富豪和社会名流的最爱。

绝对伏特加赋予消费者一种自信、自如、高雅的感觉，引起消费者强烈的购买欲。短短几年，绝对伏特加销量大增，一跃成为全美最热销的伏特加酒和享誉世界的奢侈品品牌。此时的绝对伏特加不仅仅是极品佳酿，而且成为品位与尊贵的象征，以绝对完美传播绝对个性。

如今，在世界各地的时尚杂志里，经常能看到绝对伏特加的广告，这些广告和其他印着艺术家作品的彩页混杂在一起，有时让人很难区分哪些是艺术品，哪些是广告。实际上，绝对伏特加大多数的广告作品已经模糊了传统意义上的广告和艺术的界限。至今全世界已有五六百位画家为绝对伏特加的广告创作了自己的作品，而且还有上百位画家在等候为绝对伏特加创作的机会。

绝对伏特加早已成为世界各国艺术家、各类设计师踏足商业的跳板。作为一个商业化的品牌，绝对伏特加过渡成了一种和现代艺术相结合的产物，

瑞典葡萄酒及烈酒有限公司表示，正是因为绝对伏特加与生俱来的创造性本能吸引了这些优秀的艺术家，使他们愿意用自己艺术的才华来重新阐释绝对伏特加的品牌价值。

现在，很多人对绝对伏特加的广告和瓶子的喜爱几乎达到狂热的程度。绝对伏特加广告创造了这样一种奇迹：除了绝对伏特加之外，似乎没有哪一种产品的广告能够成为商品、艺术品、收藏品和流行时尚的综合体。绝对伏特加不仅自身获得了销量的增长，而且带动整个伏特加市场空间的增长，绝对伏特加用全人类的极致的想象力来成功地销售自身的品牌。绝对伏特加无疑成为诺贝尔奖、沃尔沃汽车、SAAB 汽车、ABBA 合唱团、大导演伯格曼之外的另一个瑞典荣耀。

绝对伏特加已经在世界范围内不同的广告盛会上获得了至少 300 多个奖项。其中安迪·沃霍尔创作的广告获奖最多，1986 年共获得 7 个奖项。绝对伏特加城市主题系列广告获得了更多的广告殊荣，第一个获奖作品是 1988 年绝对洛杉矶（ABSOLUT L.A.）。在 1989—1990 年间，美国城市系列广告在不同的广告评选中频频获奖。而亚洲城市系列包含 ABSOLUT

BEIJING（绝对北京），巧妙地在东方文化背景中凸现出伏特加酒瓶的美感。

然而，绝对伏特加的成功也遭到一些人的质疑，他们声称绝对伏特加除了酒瓶什么也没有。实则不然，每一瓶绝对伏特加都出自瑞典的奥胡斯小镇，每一滴酒液都凝聚着奥胡斯特有的地域灵性，古老的传统与先进的技术完美地结合，赋予了绝对伏特加鲜活的生命力。瑞典南方的特选冬小麦，奥胡斯纯净甘甜的井水，加之先进工艺酿造而出的绝对伏特加，质量上乘，口感独特。

几个世纪以来，拉尔斯家族的酿造经验已经证实，冬小麦能够酿造出绝对优质的伏特加酒。也正是因为这样，每瓶绝对伏特加中含有超过一千克的小麦原料。可以说，这令几乎无懈可击的绝对伏特加更加完美，每一滴绝对伏特加都能达到绝对顶级的质量标准。虽然绝对伏特加的广告不厌其烦地向人们展示它的酒瓶，但其品质绝对不会令人失望，正如他们在广告里告诉人们的那样：清澈、简单和完美。

找对味，才够味！绝对伏特加用不同的口味将市场上消费者的心态与生活方式进行细分，让消费者去寻找适合自己的口味，亲自体验选择的乐趣。

在众多酒精饮料中，伏特加是最清澈纯净的，但这种完全彻底的清澈并非与生俱来，而是它自身独特演化的结果。其他酒精饮料的发展方向是口感复杂，寻找最佳的储藏条件和理想酒龄，与之不同的是，伏特加追求的却是清澈和精致。不管是何种风格，精细、雅致是所有著名伏特加共同的特点。但绝对伏特加却改变了这一状况，它推出了多种口味的伏特加，彻底改变了伏特加口味单一的历史。

迄今为止，没人知道绝对伏特加到底推出了多少种口味。可以说，在众多伏特加品牌中，绝对伏特加是口味最多、最丰富的。有辣椒味、柠檬味、黑加仑子味、香草味、黑醋栗味、覆盆莓味、柑橘味、蜜桃味，等等。作为一名绝对伏特加的爱好者绝对是幸福的，因为它有无数种口味供你任意选择。如果你喜欢酒劲强烈，可以选择辣椒味的绝对伏特加，这款在1986年推出的伏特加富有谷物顺滑的特征，在谷香中混合着芬芳和些许辛辣，它综合了辣椒中辣的成分以及墨西哥辣椒的特别味道；如果你酷爱柠檬，1988年推出的柠檬味绝对伏特加一定会令你大饱口福，这款伏特加以柠檬味为主，并加入柑橘口味，使得这款绝对伏特加拥有了更加丰富的味道——独特的柠檬口味中夹杂着酸橙的丝丝甜味；如果你喜欢奶油味，可以试试香草味的绝对伏特加，这款伏特加有天然香草的独特味道。该款伏特加为了获得丰富的香滑口味，取材时选用完整的香草。香草味绝对伏特加的独特口味中还混合着奶油香果和黑巧克力的味道；黑莓味的绝对伏特加原料为黑醋栗，那是一种气味芬芳的深色浆果，在灌木丛中能长到2米高，带有浓烈黑醋栗口味的绝对伏特加的口感有些酸甜，喝起来清新爽口……

绝对伏特加不仅在口味上独特，更将市场上消费者的心态与生活方式进行细分，这样做的原因就是为了让消费者去寻找适合自己的口味。绝对伏特加将选择权交给消费者自己，让消费者自己体验选择的乐趣。你可以根据自己的性格找到最适合自己的口味，同时亲身体验到不同时尚族群的生活方式。毕竟找对味才够味！

综观绝对伏特加历年来的限量版，无论是2005年的“绝对冰雪肌肤”、2006年的“黄金盔甲”、2007年“迪斯科”，还是2010年的“72变”，每一次都能给人带来惊喜与激动。那些喜爱绝对伏特加的人每一年都在期待着下一个惊喜的到来，看看绝对伏特加还会为人们带来什么样的礼物。

在当今世界上，喜欢绝对伏特加只有两种人，第一种人是喝酒的，他们喜欢绝对伏特加独特的口感；第二种人是不喝酒的，他们却钟情于绝对伏特

ABSOLUT®
Limited Edition
72变
FOR ABSOLUT VODKA
40% ALC./VOL. (80 PROOF) 700 ML.
IMPORTED VODKA
PRODUCED AND BOTTLED IN ÅHUS, SWEDEN
V&S VIN&SPRIT AB

加形态各异的酒瓶。据调查，大约有 1/3 的消费者购买绝对伏特加并不是为了喝，而是把它们摆在家里作为装饰，突出自己的时尚品位。每当绝对伏特加推出新口味时，这些人总会买上一瓶作为收藏。为了满足那些热爱绝对伏特加的消费者，绝对伏特加每年都会推出限量版，这一招引起世界各地绝对伏特加收藏者的兴趣。

绝对伏特加 100 是绝对伏特加酒厂 2010 年推出的奢华限量版礼物瓶，这次绝对伏特加与公认的新兴的艺术家进行完美的合作，与佩得罗·白兰度（Pedro Brando）、斯通·邦克尔（Stone Bonker）及奥普提卡·文图拉（Optica Ventura）联手，发展一个全新限量黑色瓶装产品线，独家在巴西首都圣保罗上市出售。

这一系列的银饰伏特加是由知名珠宝设计师佩得罗·白兰度设计，这个设计赢得了许多名人的青睐，其中包括妮可·基德曼、布拉德·皮特、安吉利亚·朱丽及基恩·理查德。为此，绝对伏特加酒厂专门设计了两款瓶子，一个是在瓶颈上的头骨吊饰，另一个是扣在瓶子上的戒指，两件都是使用银制作的珠宝单品，每瓶的售价是 650 美元。领带伏特加的设计师约翰·亨利·库泊尔（John Henry Cooper）也创作了两个设计，它的版本代表了另一种配件。他使用经典男性装扮的主要元素，一个领带（以意大利丝绸制作）以两种不一样的方式环绕黑色瓶子的颈部。这两件作品定价 350 美元。最后一款太阳镜设计来自奥普提卡·文图拉。这两个瓶子以大大的太阳眼镜为特色，各有一只黑色盒子，上面写着“Absolute 100”的白色字体，每瓶售价 490 美元。

绝对伏特加 2010 年在中国推出的“72 变”是专为中国定制的一款限量版绝对伏特加。中国限量装“72 变”的设计灵感来源于神话人物孙悟空，80 后前卫艺术家高□将此经典人物加以超现实化与卡通化，展现传统与当代艺术的完美融合。其点睛之笔在于中国红的“ABSOLUT”和“72 变”字样，这使该款限量装充满了浓郁的当代中国味。

纵观绝对伏特加历年来的限量版，无论是 2005 年的“绝对冰雪肌肤”、2006 年的“黄金盔甲”、2007 年“迪斯科”，还是 2010 年的“72 变”，每一次都能给人带来惊喜与激动。而那些喜爱绝对伏特加的人每一年都在期待着下一个惊喜的到来，看看绝对伏特加还会为人们带来什么样的礼物。

奢华是叠加在极致工艺与顶级材质之上的完美享受，法国灰雁伏特加就是这一奢华方式的奉行者。作为全球著名酒类公司百加得旗下引以为傲的荣耀品牌，灰雁在赋予伏特加浓烈酣畅的“重度精神”的同时，更注入奢华的内涵，成为人生品位与态度的标志。

GREY GOOSE

World's Best Tasting Vodka

奢华方式的奉行者

灰雁伏特加

西德尼·弗兰克的突发奇想创造了一个奇迹，法国灰雁的诞生不仅改变了伏特加陈旧的面貌，还带来了一股高贵之气，这是一种专属法国的奢华精神。

一提到伏特加，没有人会想到法国，而是想到是俄罗斯、波兰等东欧国家。伏特加已有数百年历史，它起源于斯拉夫民族制造的蒸馏酒，在北欧寒冷的国家十分流行。但灰雁伏特加却诞生于法国干邑地区，法国悠久的美食文化赋予了它登峰造极的独特口味和高贵气质，这也成为这个新贵品牌最大的特色。

法国干邑产区不只拥有悠久的一流蒸馏技术和作坊，还有那令无数酒商垂涎的著名法国特级小麦产区柏斯地区（Le Beauce）就在附近。这些当地种

GREY GOOSE
Chopard
GREY GOOSE
VODKA
DISTILLED AND BOTTLED
IN
FRANCE
IMPORTED

植的小麦配以干邑区纯净的泉水，经过香槟区石灰石的自然过滤和 5 次蒸馏，酿制出优雅无比且满口留香的美酒。

灰雁伏特加仅有 15 年的历史。1996 年，一群年轻富有的鸡尾酒爱好者心怀梦想，想要酿造出一个酒类时尚的终极向往之品，由于特别钟情于伏特加的纯度、透明质感和绝佳的混合性，他们选择伏特加作为实现造酒梦想的方向，诠释他们对生活品位的追求。于是，在法国干邑地区的西德尼·弗兰克进口商品公司（SFIC）里诞生了一种全新的伏特加，而灰雁伏特加的品牌来自于公司所有者西德尼·弗兰克（Sidney Frank）的灵光乍现。

1996 年，西德尼·弗兰克还没有自己的酒厂，当时他几乎一无所有。可以说，他唯一有的就是一个“灰雁伏特加”的名字，至于如何包装都毫无概念。在当时伏特加最成功的案例是绝对伏特加，当初引进市场是以成功的广告策划，并以 17 美元的高价上市。西德尼·弗兰克大胆地设想试图从绝对伏特加的市场争取客户。按照一般逻辑的想法，想从绝对伏特加抢市场，最好的方法是低价竞争，能砍成半价最好；可是西德尼·弗兰克却不这么认为，他的竞争策略是高价竞争。当时绝大部分的品牌每瓶都在 15~17 美元，而西德尼·弗兰克将自己的产品定位在每瓶 30 美元的超高价。若想要消费者购买超高价位的商品并不容易，它需要一个充分的理由。因为这个缘故，西德尼·弗兰克找到了法国干邑区原来酿造白兰地、习于慢步调的酿酒厂来酿造伏特加。

1998 年，美国品酒协会（Beverage Testing Institute）公布了一个资料，表示经过他们所作的盲测，发现灰雁伏特加的口感特别出众，最后被评为世界上味道最好的伏特加。这一殊荣被灰雁伏特加全球年销量两万箱的业绩以及拥有的无数拥趸所证明。为了搭配高价位形象，SFIC 公司还特别设计了彩色漂亮的瓶身图案，同时摒弃一般的酒箱，改用木箱，目的是让人觉得它身价不菲。

西德尼·弗兰克这三步棋确立了灰雁伏特加的地位，刚一上市立即成为世界烈酒白金奖唯一优胜者。好莱坞巨星乔治·克鲁尼、布拉德·皮特、布鲁斯·威利斯，以及“空中飞人”迈克尔·乔丹，都是这个顶级伏特加的拥趸。这个频频出现在好莱坞明星晚会的法国顶级伏特加，其代表作“灰雁马蒂尼”和“灰雁蔓越莓”是世界时尚之都纽约所有酒吧最热门的鸡尾酒。同时，灰雁伏特加还频繁现身于各大顶级时尚盛会，成为超级明星们庆功狂欢和慈善派对上的至爱饮品。比如，2008年，在为埃尔顿·约翰艾滋病基金会（EJAF）筹募资金的慈善派对上，灰雁伏特加成为数位顶级名流共同参与设计梦幻吧台及调制鸡尾酒的必备元素；在2009年第81届奥斯卡颁奖盛典预热欢庆舞会上，灰雁伏特加又再次成为主角，引爆了来自影视两界、音乐界、演艺界、时装界等国际重量级明星们以及众多奥斯卡提名者们的激情。

2004年，百加得公司以高达20亿美元的价格，收购了SFIC公司旗下的灰雁伏特加。今天的灰雁伏特加被誉为世界上口感最好的伏特加，已经成为世界各地时尚派对中的重要角色，用来款待电影界声名显赫大腕们的第一选择。法国灰雁伏特加代表的是法国奢华精神，它所蕴含的是百分之百的法国贵族血统。

从星光璀璨的好莱坞到风情万种的戛纳，一路走来的法国灰雁伏特加总是与时尚潮流相伴，不断地展现拥有“世上最好的伏特加”美誉的世界顶级伏特加的华贵身影。

法国灰雁是最受全世界欢迎的奢华伏特加之一，被称为世界上最美味的伏特加。它来自拥有丰富美食传统和优良酿酒工艺的法国干邑地区，代表着法兰西的奢华精神。

法国灰雁的首席酿酒大师弗朗索瓦在烈酒酿酒界中受人尊敬，他不仅是法国灰雁伏特加的创造者，还是每一瓶灰雁品质的保障。他认为酿制世上最佳口感的伏特加是其作为酿酒大师的天职，为了实现在法国干邑地区酿造伏特加的梦想，他采用了干邑地区传统的烈酒制造方式，巧妙地运用了当今

最先进的技术，从而造就了全世界最佳口感的顶级伏特加——法国灰雁伏特加。弗朗索瓦无愧于法国干邑区“酿酒大师”这一极高的荣誉称号，他赋予了法国灰雁伏特加完美的口感与品质，确保法国灰雁伏特加以优越品质而闻名于世界。

是什么使法国灰雁伏特加比其他伏特加在口感上更为顺滑？秘密在于其使用最好的原料和先进的酿造技术。弗朗索瓦选用最好的、同时用于制造美味的法国顶极糕点的法国精选小麦以及来自香槟区无与伦比的纯净泉水，经过石灰石的天然过滤和独一无二的一次五步蒸馏，使得法国灰雁伏特加带有微甜的香气，柔和细致、丰富滑顺的口感，令人心旷神怡的持久余味。

有着儒雅气质的弗朗索瓦代表着法国贵族奢华完美主义，由他倾情酿制的法国灰雁伏特加，以其顺滑回味的口感，卓越非凡的品质，滴滴精粹的享受，成为伏特加中的极品！

法国灰雁伏特加的魅力还在于它对艺术生活的渲染。当人们周旋于社交舞台之上，优雅酒杯中弥漫着灰雁伏特加那微甜的香气，如同欣赏事业的成就般品鉴这个柔顺细致、丰富顺滑口感的精致佳酿，奢华人生的无尽绮丽便就此打开，让人心旷神怡，持久回味。

与此同时，灰雁伏特加本身就是一件体现鉴赏品位的艺术珍品。它有奢华的包装，特别设计的瓶身犹如一件把玩不厌的珍品，无论是如雕塑般高雅的雾气瓶身、玻璃蚀刻和野雁的侧影图案，还是三色旗光荣标记的法国身份，其高贵而独特的艺术设计，都为人们演绎了一个象征身份与值得收藏的奢华符号。

法国灰雁伏特加的出现永远代表着高雅的气质和品位。无论是纯饮还是配搭各种新鲜果汁，或是制作鸡尾酒，它都能缔造优雅圆润宜人的极致口感享受，同时让人感受到法国独有的享乐主义浪漫。

有的人不喜欢伏特加，认为它代表了鲁莽粗俗，因为它口感太过直接又太简单，容易入口。实际上，伏特加的口感普遍都很烈，喝下去有种灼烧的感觉，但是灰雁伏特加却是非常平滑圆润，再加上它那微甜的香气，绝对令人心旷神怡。

与其他的伏特加不同，如果纯饮灰雁伏特加，你会发现其口感非常清新。首先是它本身的味道，然后是在你口腔的那种香味，最后是咽下去之后的回味，都给你一种非常顺滑的感觉，这个完整的过程给人以非常饱满之感。

一般来讲，伏特加是用来调制鸡尾酒的基酒，法国灰雁伏特加则是被公认为最好的基酒，是鸡尾

酒领域的精英领袖。无论你是喜欢略带辛辣口感的男士或者喜爱如糖似蜜口感的女性，法国灰雁伏特加将以其香甜甘醇的口感，配合各种优质材料，定能为你带来与众不同的体验。

法国灰雁新近推出的橙味伏特加，彻底颠覆了传统口味伏特加人工添加剂的制造工艺。该酒精心选用了来自法国的上等小麦，经过香槟区石灰岩天然过滤的泉水，并以佛罗里达的特级橙子作为原料，创造出全球最佳橙味伏特加。最为绝妙之处是，不论是味觉还是嗅觉，法国灰雁橙味伏特加都饱含了新鲜橙子从叶子到果皮直至果肉的完整香味。

无论纯饮、配搭果汁或是调制成色彩斑斓的鸡尾酒，灰雁伏特加都能完美地循着你的味蕾，美妙地传递出极致的快感和享受，仿佛妩媚的精灵在你的舌尖绽放出优雅圆润的宜人之韵，饮下的一瞬间，精调细酌的浪漫和奢华油然而生，真是无声胜千言。

无论是纯饮、配搭各种新鲜果汁，还是制作鸡尾酒，法国灰雁伏特加都能带出优雅圆润宜人的极致口感享受。在优雅的餐厅，在充满魅力的时尚派对，在阳光下的私人海岸，法国灰雁伏特加的出现永远代表着高雅的气质和品位。品尝灰雁伏特加，在感受法国优质伏特加的同时，你也会感受到法国独有的浪漫。

灰雁伏特加是一个被公认是法国美酒的优秀代表作，它的魅力也许没人能准确地一语道明，然而真正的奢华体验，真正的奢华人生，也许只有在“玩味”过灰雁伏特加之后才能懂得。

市场上，灰雁伏特加的价位比较高，几乎是绝对伏特加的两倍。其不定期推出的限量版更因其独特的包装与极少的数量，成为许多收藏者的最爱。2008年，在法国南部举行的电影界盛会——戛纳电影节上，灰雁伏特加推出了一款限量版。该款伏特加瓶身用闪耀着银白色光芒的水晶和一颗非常精致珍贵的灰色珍珠装饰，如此完美的搭配来源于法国著名设计公司 On Aura Tout Vu 的设计师们的巧妙构思。波西米亚华美的水晶，被精细地镀上白银，使它显现出更加耀眼的银白色光泽。非常珍贵的来自塔希提的灰色珍珠，成为瓶身完美的点睛之笔。这款灰雁伏特加全球限量 450 瓶，其售价有些惊人，每瓶达到了 450 欧元，当年推出后一直在法国指定的高级店铺中发售，不到两个月便被抢购一空。

全球限量仅 10 只的灰雁伏特加“笼子”

灰雁伏特加的限量版总能引来无数人的目光，其中全球限量仅 10 只的灰雁伏特加“笼子”，采用顶级银制作而成，在瓶子的上方有一个像闪光灯一样的顶部，一只灰雁伏特加的标志性形象——灰雁展翅飞翔。这款作品在法国巴黎科莱特（Colette）精品店全球独家发售，售价高达 815 美金。

法国灰雁不仅在包装上做文章，更在人们不注意的瓶塞上大胆地创新。为纪念著名珠宝腕表品牌肖邦成立 150 周年，法国灰雁发布一款极致奢华的纪念瓶塞。这款纪念瓶塞被命名为“优雅”，装饰于法国灰雁伏特加超大瓶身上。瓶塞设计为一个璀璨的地球圆体，生动的灰雁站立其上准备展翅飞翔的造型。酒瓶瓶颈上镶有雕刻着肖邦标记的圆环，尽显绝美与奢华。

十几年来，法国灰雁伏特加将法国的浪漫精神与奢华精神带到了全球各处，并将其对时尚、奢华与生命的领悟呈现给那些先锋达人们。灰雁伏特加是一个被公认是法国美酒的优秀代表作，它的魅力也许没人能准确地一语道明，然而真正的奢华体验，真正的奢华人生，也许只有在“玩味”过灰雁伏特加之后才能懂得。

ABSOLU
VODKA
This precious vodka
.C./VOL. (80 PROOF) 1 LITER
MITED EDITION

烈酒篇

如果说中国白酒有一种自由和狂放的气度，那么伏特加则带着粗犷、狂野的味道。伏特加有着“生命之水”美誉，刚诞生时只供皇室饮用，是宫廷御用酒，至今俄罗斯和波兰都将伏特加当作国酒。

什么是基酒

基酒又名酒基、底料、主料。在鸡尾酒中起决定性的作用，是鸡尾酒中的当家要素。完美的鸡尾酒绝不是基酒的独角戏，需要基酒有广阔的胸怀，能容纳各种加香、呈味、调色的材料，与各种成分充分混合，达到色、香、味、形俱佳的效果。选择基酒的首要标准是酒的品质、风格、特性，其次是价格。理想的基酒是用品质优良、价格适中的酒做基酒，既能保证利润空间，又能调出令人满意的鸡尾酒。

基酒的分类

调制鸡尾酒的酒基主要有以下几种：

1. 以金酒为酒基的鸡尾酒，如：金菲斯、阿拉斯加、新加坡司令等。

2. 以威士忌为酒基的鸡尾酒，如：老式鸡尾酒、罗伯罗伊、纽约等。

3. 以白兰地为酒基的鸡尾酒，如：亚历山大、阿拉巴马、白兰地酸酒等。

4. 以朗姆为酒基的鸡尾酒，如：百家地鸡尾酒、得其利、迈泰等。

5. 以伏特加酒为酒基的鸡尾酒，如：黑俄罗斯、血腥玛丽、螺丝钻等。

6. 以龙舌兰为酒基的鸡尾酒，如：反舌鸟、冰冻蓝色玛格丽特、草帽、野莓龙舌兰等。

伏特加的分类

一类是无色、无杂味的上等伏特加；另一类是加入各种香料的伏特加（Flavored Vodka）。

伏特加的制法是将麦芽放入稞麦、大麦、小麦、玉米等谷物或马铃薯，使其糖化后，再放入连续式蒸馏器中蒸馏，制出酒度在75%以上的蒸馏酒，再让蒸馏酒缓慢地通过白桦木炭层，制出来的成品是无色的，这种伏特加是所有酒类中最无杂味的。

伏特加的饮用方法

传说在沙皇时代，俄国人饮用伏特加时所用的酒杯极小，倒满后，一般都是一饮而尽，然后奋力将酒杯掷向壁炉砸碎。

一般来讲，伏特加都作为调制鸡尾酒的基酒，当然也适合纯饮。纯饮伏特加时最好是将酒放入冷冻室中，纯饮时亦用冰过的小酒杯，一口一杯，滋味不输在西伯利亚的风味。伏特加不但纯饮的方法特别，用来调酒变化亦多。伏特加纯净的特质，饮后不但口中无酒气，也不会有宿醉头痛的现象。

无论使用哪一种伏特加作基酒，都能轻易地与其他材料相搭配，与果汁、碳酸饮料等加以混合，都能产生绝佳的风味。不管直接饮用还是作为鸡尾酒的基酒，伏特加都须彻底冰镇。将瓶装的伏特加直接置于零下18度的冰箱中，越冰冻越能呈现伏特加的甘甜。

图书在版编目(CIP)数据

名酒赏鉴 / 李鹏著. — 北京：北京工业大学出版社，2013.1
ISBN 978-7-5639-3299-3

Ⅰ. ①名… Ⅱ. ①李… Ⅲ. ①酒 - 文化 - 世界 Ⅳ. ①TS971

中国版本图书馆 CIP 数据核字(2012)第 267804 号

名酒赏鉴

著　　者：李　鹏
责任编辑：陶国庆
封面设计：安宁书装
出版发行：北京工业大学出版社
（北京市朝阳区平乐园 100 号　100124）
010-67391722（传真）　bgdcbs@sina.com
出 版 人：郝　勇
经销单位：全国各地新华书店
承印单位：沈阳鹏达新华广告彩印有限公司
开　　本：787 mm×1092 mm　1/16
印　　张：29
字　　数：452 千字
版　　次：2013 年 1 月第 1 版
印　　次：2013 年 1 月第 1 次印刷
标准书号：ISBN 978-7-5639-3299-3
定　　价：148.00 元